本书编写人员名单

主　　编　敬中华
副 主 编　周嗣泉　王志忠
参编人员　敬玉琦　王秉利　吴　君

水产营养需求与饲料配制技术丛书

对虾
营养需求与饲料配制技术

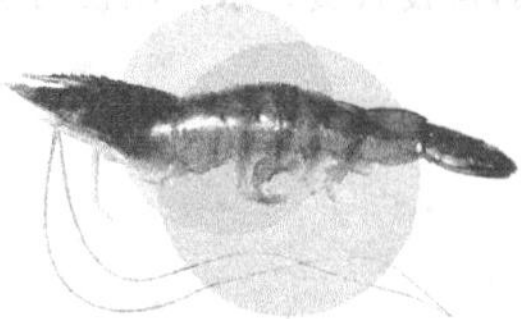

敬中华　主编　　周嗣泉　王志忠　副主编

化学工业出版社
·北京·

本书针对近年来我国对虾饲料加工和对虾养殖，特别是南美白对虾养殖生产中的一些实际问题，系统介绍了我国目前主要养殖对虾的种类与其生长特性，对虾的营养需求，饲料加工技术及饲料常用原料和营养价值，对虾配合饲料，对虾配合饲料投喂技术，南美白对虾高产稳产的几种养殖模式，膨化饲料及其在对虾养殖中的应用技术，对虾饲料营养成分分析。本书内容丰富，与对虾饲料加工和对虾养殖生产实践结合紧密，内容的可操作性和指导性较强。

本书可为广大的对虾饲料加工从业者（饲料厂）提供参考，也可为广大的对虾养殖从业者（养殖场）提供帮助，还可以供从事对虾饲料和对虾养殖的科技人员、水产院校的学生和相关管理人员参阅。

图书在版编目（CIP）数据

对虾营养需求与饲料配制技术/敬中华主编. —北京：化学工业出版社，2016.9（2023.7重印）
（水产营养需求与饲料配制技术丛书）
ISBN 978-7-122-27659-9

Ⅰ.①对… Ⅱ.①敬… Ⅲ.①对虾科-虾类养殖-动物营养②对虾科-虾类养殖-配合饲料 Ⅳ.①S968.22

中国版本图书馆 CIP 数据核字（2016）第 166667 号

责任编辑：漆艳萍　　文字编辑：周　倜
责任校对：宋　玮　　装帧设计：韩　飞

出版发行：化学工业出版社
（北京市东城区青年湖南街 13 号　邮政编码 100011）
印　　装：天津盛通数码科技有限公司
850mm×1168mm　1/32　印张 9¾　字数 258 千字
2023 年 7 月北京第 1 版第 4 次印刷

购书咨询：010-64518888
售后服务：010-64518899
网　　址：http://www.cip.com.cn
凡购买本书，如有缺损质量问题，本社销售中心负责调换。

定　　价：29.80 元

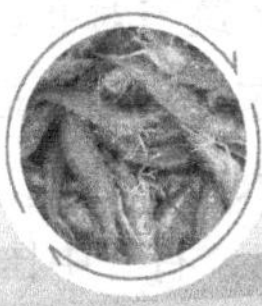

FOREWORD

前言

我国对虾养殖业的兴起是从 20 世纪 80 年代初开始的，随着对虾工厂化人工繁育技术的突破，对虾苗种实现了专业化、规模化生产，为对虾养殖业的快速发展创造了条件，促使我国对虾养殖进入大发展时期。当时北方地区的主养品种是中国对虾；南方地区的养殖品种在 1985 年以前以长毛对虾和墨吉对虾为主，兼养部分中国对虾和斑节对虾，1985 年以后，国内斑节对虾人工繁育技术获得突破，斑节对虾的苗种开始规模化供应，南方地区开始改养斑节对虾。

随着我国沿海地区对虾养殖面积的迅速扩大，精养程度的不断提高，对虾养殖业的无计划发展对环境产生的负面影响开始显露出来，导致沿岸水域出现不同程度的富营养化，对虾病害频繁发生。1993 年对虾白斑综合征病毒病在全国范围内呈暴发性流行，感染率高，病情发展快，使对虾养殖业蒙受巨大的损失，全国对虾养殖年产量曾一度下滑到 4 万吨左右。后来，随着南美白对虾养殖业的发展，我国的对虾养殖业得以逐渐恢复。目前，我国的对虾养殖已经进入一个全新的发展阶段，全国的对虾养殖产量获得了快速增长，以南美白对虾养殖为主的对虾养殖业近年来养殖产量连续多年保持稳产、高产，2014 年国内对虾养殖产量超过 120 万吨，其中南美白对虾的产量已经占到全国对虾养殖总产量的 93.4%。由此可见，南美白对虾在我国对虾养殖业中已经占据主导地位。

南美白对虾是当今世界养殖产量最高的三大虾类之一。南美白对虾原产于南美洲太平洋沿岸海域，中国科学院海洋研究所张伟权教授率先由美国引进该虾，并在 1992 年突破了育苗关，从小试到中试直至在全国各地推广养殖，到2000年南美白对虾取代了斑节对虾在南方的养殖地位，成为主养品种。目前，我国海南、广东、广西、福建、浙江、江苏、山东、河北、天津等省、自治区、市已大面积养殖，天津市汉沽区杨家泊镇由于养殖的南美白对虾世界闻名，有“中国鱼虾之乡”的美称。南美白对虾具有个体大、生长快、对环境的适应能力强、抗病力强的特点，因此，对它的养殖生产打破了地域的限制，适宜大范围养殖，既可在热带、亚热带的沿海滩涂地区进行一年多茬的养殖，也可在咸、淡水交汇的低盐度河口区养殖，还可以在一些盐碱地区养殖，经过驯化甚至在水源充足的江河流域、淡水湖周边地区均可开展养殖生产。南美白对虾的养殖已经遍布我国众多省份，养殖模式不断发展，养殖规模不断扩大，养殖产量逐年增加。

随着南美白对虾养殖的迅猛发展，也随之出现了一系列问题，如苗种种质的退化、所投喂的饲料质量参差不齐、外源污染日趋严重、对虾疾病频发、养殖新技术有待提高等。早期对虾养殖利润丰厚，对虾饲料加工企业少，几乎无竞争，加上当时进口鱼粉价格便宜，对虾饲料的配方设计采取了高鱼粉、高蛋白质的思路。虽然国内养殖对虾几十年，对虾养殖品种几经改变，但对虾饲料的配方、产品的定位思路并无太大变化，现在对虾饲料的定位依旧延续了20世纪对虾饲料的配方设计思路。出现了很多影响产业发展的不利因素，其中在对虾养殖过程中盲目追求高产，投喂高蛋白质饲料以促使对虾尽快生长；饲料选择追求价格低廉，导致饲料中不能被对虾利用的氮排放增多，对养殖的水环境造成了污染，养殖户又用一些化学产品调水改水，加剧了整个养殖水环境的恶化。

我国海岸线长，盐碱地多，适合养殖对虾尤其是南美白对虾的区域广，养殖模式也多种多样，对饲料的需求量也越来越大。为了使对虾饲料加工从业者更好地熟悉各种对虾的营养需求和养殖模式，便于加工出更适合市场需求又符合对虾营养需求的优质饲料，也为了使各地的对虾养殖从业者因地制宜开展对虾的健康、生态、高效养殖，使各地的对虾养殖从业者真正了解对虾的营养需求，并在养殖过程中选到适合自己养殖模式的质优价廉的配合饲料，本书重点介绍了目前我国主要养殖的对虾种类及生长特性、对虾类的营养需求和对虾饲料加工常用原料与营养价值、对虾饲料原料的选择及部分推荐原料、对虾饲料的配方设计和加工工艺及对虾配合饲料的特点、对虾饲料的投喂技术，总结了我国从南到北南美白对虾养殖的几种高产稳产养殖模式（即高位池模式、小拱棚模式、上粮下渔模式、汉沽模式等）。还介绍了虾类沉性膨化饲料及其在对虾养殖中的应用技术。

本书所编写的内容主要来自笔者的实践经验，部分内容参考引用了已经公开发表的论著、论文等，本书内容以对虾营养需求与对虾饲料加工为主，部分介绍了对虾饲料的投喂技术和养殖技术。力求所编内容系统、实用、易懂、科学，深入浅出，图文并茂，既可为广大的对虾饲料加工从业者（饲料厂）提供参考，也可为广大的对虾养殖从业者（养殖场）提供帮助，还可以供从事对虾饲料和对虾养殖的科技人员、水产院校的学生和相关管理人员参阅。

由于笔者的水平有限，且编写时间仓促，书中可能存在疏漏和不足，敬请读者批评指正。

编　者

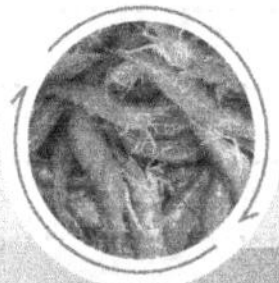

· CONTENTS ·

目录

对虾营养需求与饲料配制技术

第一章 主要养殖对虾的种类与消化吸收系统

第二章 对虾的营养需求

第三章 对虾饲料原料与营养价值

第四章　对虾配合饲料

第五章 对虾配合饲料投喂技术

第六章 南美白对虾高产稳产的几种养殖模式

第七章　膨化饲料及其在对虾养殖中的应用技术

第八章　对虾饲料营养成分分析

附 录

参考文献

第一章

主要养殖对虾的种类与消化吸收系统

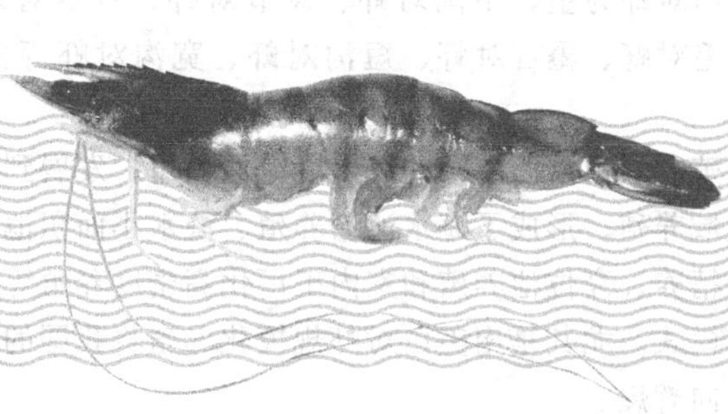

第一节

主要养殖对虾的种类

自1993年发生了全国性对虾暴发病以来，我国对虾养殖业在经历了多年的探索、徘徊之后，目前已得到了明显的恢复和发展。分析我国对虾养殖业重新崛起的原因，除了养殖条件明显改善、健康养殖观念日益普及外，养殖方式、养殖品种和养殖模式因地制宜和多样化也是一个很重要的原因。

1993年以前，我国的对虾养殖业以中国对虾养殖为主，其产量占我国养虾总产量的80%以上。1993年以后，逐渐发展到目前以南美白对虾为主，中国对虾、斑节对虾、日本对虾、刀额新对虾、长毛对虾、墨吉对虾、短沟对虾、宽沟对虾等多品种并存的局面。

养殖方式由沿海单一的海水大池塘养殖，发展到现在沿海、内陆多区域养殖。形成了海水池塘养殖、淡水小面积池塘精养、半咸水池塘精养、高位池养殖和室内工厂化高密度养殖等多种模式并存的产业模式。尤其是南美白对虾规模化养殖将我国的对虾养殖产业重新推向辉煌。

近年来，我国对虾产量基本保持着稳产、高产的态势。2012年总产量达到了145万吨；2013年由于早期死亡综合征和急性肝胰脏坏死病的暴发，产量有所下滑，险些跌破100万吨；然而随着对虾养殖模式的改进、病害的有效防控，2014年对虾养殖产量又开始回升，养殖总产量超过了120万吨。其中南美白对虾的产量占到了我国对虾总产量的90%以上。主要养殖分布区域：广东35%、广西13%、浙江8%、江苏7%、福建7%、海南6%、华北13%、其他地区11%。

一、中国对虾

中国对虾又称中国明对虾（*Penaees chinensis*）、东方对虾，属节肢动物门、甲壳纲、十足目、对虾科、对虾属。海捕的中国对虾，雄性偏黄色，雌性偏青色，过去常因成对出售，故称对虾。野生中国对虾体重一般在 30～50 克，规格越大越稀少。

我国沿海均可养殖，是我国 20 世纪 70、80 年代及 90 年代初主要的养殖种类。用此虾做的油焖大虾乃经典名吃之最，壳薄虾肉香酥绵软，回味绵延。

1. 中国对虾的生物学特性

对虾是变温动物，环境水温影响着其体内生理、生化反应的速度，因而决定其新陈代谢的速率，从而影响对虾的生长、发育、繁殖，以及对虾在自然界的分布。中国对虾在我国沿海有两个地方种群：一是分布于珠江口的种群，属于高温虾类，耐低温能力较差；二是分布于我国北方黄渤海的种群，既能耐受较高的温度，又有较强的耐低温能力。这与其起源于南海有关，既保留了耐高温的特性，又适应了北方的低温环境。黄渤海种群生活的水温范围为 8～26℃。越冬场的最低水温可达 6℃，而仔虾生活的潮间带水温可达 32℃。幼虾在 35～38℃时活动异常，39℃立即死亡。

中国对虾个体较大，体形侧扁，甲壳薄，光滑透明。雌虾体长 18～24 厘米，雄虾体长 13～17 厘米。通常雌虾个体大于雄虾。对虾全身由 20 节组成，头部 5 节、胸部 8 节、腹部 7 节。除尾节外，各节均有附肢一对。有 5 对步足，前 3 对呈钳状，后 2 对呈爪状。头胸甲前缘中央突出形成额角。额角上下缘均有锯齿。

养殖的中国对虾一般体长 12～15 厘米，体重 20～40 克。生命周期为 1 年，个别个体能活两三年。

中国对虾属于广盐性种类，它对渗透压的调节能力较强。自然条件下，中国对虾产卵、胚胎发育和幼体发育都是在近海中完成的，盐度一般 2.3%～2.9%。仔虾具有溯河的习性，多分布在河口或河道内，分布范围与河道的径流量有关。人工养殖条件下，中国对虾能在低盐水中生活，但在纯淡水中不能生存。中国对虾生存的水环境直接影响着对虾的生理功能，决定着其生存和生长发育。因此，养殖对虾的区域要避免养殖用水受各种污染。吴彰宽等研究了常见物质及药物对中国对虾幼体和幼虾的毒性，详见表 1-1。

表 1-1　常见物质及药物对中国对虾幼体和幼虾的毒性

物质名称	半致死浓度($TC_{50}\times10^{-6}$)			安全浓度 $\times10^{-6}$
	24 小时	48 小时	96 小时	
汞(Hg^{2+})	0.1	0.018		0.0002*
铜(Cu^{2+})	10.1	2.25	0.17	0.017
锌(Zn^{2+})	3.1	2.5	0.3	0.03
铅(Pb^{2+})		6.8	1.6	0.16
酚(C_6H_5OH)	27.0	25.5	7.0	0.7
氯化汞	1.52	0.57	0.42	0.04
硫酸铜	10.1	8.4	5.3	0.5
硫酸锌	12.0	7.0	4.2	0.4
原油	20.0	13.1	11.1	1.1
汽油	1.18	1.0	1.0	0.1
煤油	1.42	1.25	0.2	0.02
轻柴油	7.0	5.0		0.76*
润滑油		25.0	5.0	0.5
马拉硫磷	0.068	0.021	0.013	0.001
敌百虫			0.056	0.005
内吸磷	0.1	0.04	0.026	0.002
杀虫咪	11.5	5.9	2.85	0.3
五氯酚钠			0.32	0.03
苯酚	36.0	31.0	22.0	2.2
间苯二酚	168.0	22.5	10.0	1.0
对苯二酚	1.17	0.6	0.6	0.06

续表

物质名称	半致死浓度($TC_{50}\times10^{-6}$)			安全浓度 $\times10^{-6}$
	24 小时	48 小时	96 小时	
对氨基苯酚	3.15	1.32	1.32	0.1
甲醛	3.7	2.8	2.6	0.3
丙烯腈	25.0	16.0	7.0	0.7
水合氯醛	420.0	360.0	285.0	28.5
硫酸钠	3.21	2.28	2.0	0.2
水合肼	3.7	0.87	0.31	0.03

注：1. 安全浓度由公式 96 小时 $TC_{50}\times0.1$ 求得，* 者为由（48 小时 $TC_{50}\times0.3$）/(24 小时 TC_{50}/48 小时 TC_{50})^{2}求得。

2. 前五种是对幼体的试验，余者是对幼虾的试验结果。

3. 根据吴彰宽实验数据整理。

由于中国对虾没有攻击敌害的能力，因此它是多种肉食性动物，特别是凶猛鱼类的食饵。中国对虾预防敌害的能力除了逃避就是隐藏，因此，自然条件下中国对虾喜栖息于泥沙质海底，白天多匍匐爬行或潜伏于海底表层泥沙中，夜间活动频繁。受惊吓时腹部屈伸后跃或以尾扇击水，在水面上噼啪腾跳。对于白斑病毒的抵抗力和离水露空能力较弱。

2. 中国对虾的食性

天然海域中，中国对虾的食性和食物组成随着对虾的生长而变化。对虾幼体阶段以 10 微米左右的多甲藻等浮游生物为主要食物，其中多甲藻占食物组成的 86.1%以上，其次为硅藻，占 13.3%，硅藻中以壳长 20～70 微米的舟形藻为多，还有少量的圆筛藻、新月菱形藻；体长 6～9 毫米的仔虾以底栖的舟形藻为主，舟形藻占食物组成的 71.5%，其次是曲舟藻和圆筛藻，其食物组成中多甲藻出现率下降，偶尔见到少量的动物性饵料，如桡足类及其幼体、双壳类幼体等；幼虾以小型甲壳类（如桡足类、糠虾类、端足类等）为主食，还摄食多毛类和软体动物的幼贝和幼体；成虾以底栖的甲壳类为主，还摄食小型双壳类及复足类等小型动物。对虾摄食强度随着水环境的变化和生长发育阶段的不同而不同。还随着个体对生物饵料嗜好的差异和其所处的生理状态而变化。在人工养殖的条件下，养殖水环境的质量、水的温度和饲料的适口性等都会影响到对虾的摄食强度。

对虾摄食习性的基本演变规律是从摄食植物为主逐步转变成摄食动物为主，由滤食性逐步转到捕食习性，由吃浮游食物过渡到吃底栖食物，由只能摄食一些小型动物种类逐渐到能捕食一些较大的动物种类。对虾无节幼体靠自身卵黄作营养；溞状幼体主要摄食的是便于滤食和容易消化的藻类，后期溞状幼体捕食到的动物性饵料，主要是个体不大、活动力较弱的浮游小动物；对虾发育到糠虾期，捕食浮游动物的能力逐步增强，仔虾期摄食力量更强，饵料范围更广。对虾的摄食量相对而言较大，6 厘米长的幼虾，在 2 天时间内能摄食壳长 0.3 厘米的蓝蛤 58 个，咬碎能力也很强，能完全咬碎 0.8 厘米左右的蓝蛤。幼虾不论白天还是黑夜都摄食，特别到了夜晚更喜欢摄食。

二、南美白对虾

1. 南美白对虾的生物学特性

南美白对虾又称凡纳滨对虾（*Penaeus vannamei* Boone, 1931），原产于中美洲、南美洲太平洋沿岸水域，是迄今为止世界养殖产量最高的三大优良虾种（中国对虾、南美白对虾、斑节对虾）之一。属节肢动物门（Arthropoda）、甲壳纲（Crustacea）、十足目（Decapoda）、游泳亚目（Natantia）、对虾科（Penaeidae）、对虾属（*Penaeus*）、*Lito-Penaeus* 亚属，属于广温广盐性热带虾类。俗称白肢虾（whiteleg shrimp）、白对虾（white shrimp），曾翻译为万氏对虾，外形酷似中国对虾、墨吉对虾，其寿命可以超过 32 个月。成体体长可达 24 厘米，甲壳较薄，正常体色为浅青灰色，全身不具斑纹。人工养殖条件下其体色略有变化。步足常呈白垩状，故有白肢虾之称。与中国对虾、斑节对虾相比，具有生长快、抗病能力强、对饲料蛋白质要求低的特点。我国的南美白对虾人工养殖始于20世纪80年代末90年代初，目前已发展成为我国对虾养殖品种中养殖面积最大、产量最高的虾类。

南美白对虾额角尖端的长度不超过第1触角柄的第2节，其齿式为5-9/2-4；头胸甲较短，与腹部的比例为1∶3；额角侧沟短，到胃上刺下方即消失；头胸甲具肝刺及鳃角刺；肝刺明显；第1触角具双鞭，内鞭较外鞭纤细，长度大致相等，但皆短小（约为第1触角柄长度的1/3)；第1～3对步足的上肢十分发达，第4～5对步足无上肢，第5对步足具雏形外肢，腹部第4～6节具背脊；尾节具中央沟，但不具缘侧刺。南美白对虾外形见图1-1。

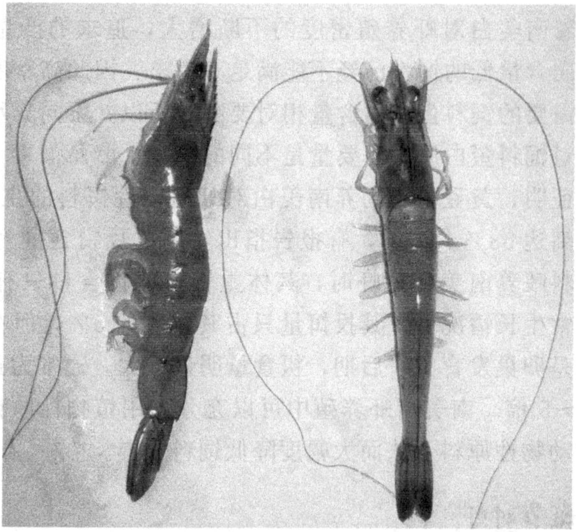

图1-1　南美白对虾外形

自然栖息区为泥质海底，水深0～70米，水温25～33℃，盐度2.8%～3.4%，pH值8.0±0.3。成虾多生活在离岸较近的沿岸水域，幼虾则喜欢在饵料丰富的河口区觅食生长。白天一般都静伏池底，晚上则活动频繁。蜕皮都在晚上（上半夜)，2次蜕皮的时间间隔为20天左右。南美白虾性情温和，实验条件下很少见到个体间有互相残杀现象发生。

南美白对虾对高温的耐受极限为43.5℃（渐变温度），但对低温的适应能力稍差，最适生长温度为25～32℃。有实验数据显示，1克左右的幼虾在30℃时生长速度最快，而12～18克的大虾则在27℃时生长最快。水温低于18℃时，其摄食活动即受影响，9℃以下时开始死亡；若温度长时间处于18℃以下或33℃以上时，则虾体处于胁迫状态，抗病力下降，食欲减退或停止摄食，易引起疾病致死。

2. 南美白对虾的食性

南美白对虾在自然界是偏向肉食性的，以小型甲壳类或桡足类等生物为主食，在人工饲养条件下，对动物性饵料的需求并不十分严格，只要饲料成分中蛋白质含量占30%以上，就可正常生长。但是，随着南美白对虾养殖密度的不断增大，追求的产量逐渐提高，蛋白质含量低的饲料已经不能满足其需求，因此高密度养殖南美白对虾需要的饲料蛋白质含量相对要高。所以，不同养殖模式南美白对虾对饲料蛋白质的需要量是不同的。

实践证明，黄豆粉是饲养南美白对虾适口性饵料的主要成分，其用量可高达53%～75%，有报告指出，用黄豆粉含量为53%与68%的饲料喂养南美白对虾时，其体重增速要比含量只有30%的更好。正常生长情况下，其投饵量只占其体重的5%，但在繁殖期间，特别是卵巢发育中、后期，摄食量明显增大，通常为正常生长时期的3～5倍。南美白虾养殖中可以充分利用植物性原料代替价格昂贵的动物性原料，从而大幅度降低饲料成本。

三、斑节对虾

1. 斑节对虾的生物学特性

斑节对虾（*Penaeus monodon*），南方俗称鬼虾、草虾、花虾，北方俗称竹节虾、斑节虾，联合国粮农组织通称大虎虾。分类学上隶属于节肢动物门（Arthropoda）、甲壳纲（Crustacea）、十足目（Decapoda）、游泳亚目（Natantia）、对虾科（Penaeidae）、对虾属（*Penaeus*），是对虾属中最大的一种虾类。体大壳厚、坚实，可食部分的比例比中国对虾低，肉质鲜美，营养丰富。斑节对虾离开水后的露空能力很强，可以销售活虾。斑节对虾的体色由棕绿色、深棕色和浅黄色环状色带相间排列，额角上缘 7～8 齿，下缘 2～3 齿，以 7/3 者为多，额角尖端超过第一触角柄的末端，额角侧沟相当深，伸至目上刺后方，但额角侧脊较低且钝，额角后脊中央沟明显，有明显的肝脊，无额胃脊。其游泳足呈浅蓝色，步足、腹肢呈桃红色。1993 年以前为我国华南沿海地区主要的养殖种类。

斑节对虾分布很广，在日本南部、韩国、中国沿海、菲律宾、澳大利亚、泰国、印度至非洲东部沿岸均有分布。我国沿海每年有 2～4 月和 8～11 月两个产卵期。斑节对虾雄虾寿命一般为 1 年半，雌虾寿命大约 2 年。斑节对虾喜栖息于沙泥或泥沙底质，一般白天潜底不动，傍晚食欲最强，开始频繁的觅食活动。对盐度的适应性较强，属于广盐性对虾种类，在 0.5%～4.5%的水域中能存活。其对盐度的适宜范围为 0.8%～3.0%，而且越接近 1.5%生长越快。长期处在高盐或低盐环境中饲养则生长缓慢，行动迟缓，食欲下降，不易蜕壳。对高温的适应能力强，适温范围为 16～34℃，最适生长水温为 25～32℃，水温低于 18℃以下时停止摄食。自然海区中捕获的斑节对虾最大体长可达 33 厘米，体重达 500～600 克。虾苗在池塘养殖 80～100 天，体长可达 12～13 厘米，体长日均生长 0.1～0.15 厘米，体重达 25 克左右。每千克虾可达 40～60 尾，一般亩（1 亩≈667 米^2）单产 180～260 千克。对水中溶解氧的消耗随着水温变动而变化。高温耗氧高，而温度低相对耗氧也低。相比较而言，对低氧的适应能力较强，溶解氧达到 3 毫克/升时，不会引起斑节对虾的死亡。体重小于 1 克的幼虾喜欢在沿岸浅水区，喜集群于水草中间，随着个体的长大逐渐向深海区移动。成熟期个体在较深水区生活，繁殖时又返回浅水区。对底质选择性少，但随着生长，喜欢底栖在沙泥或泥沙底质。

2. 斑节对虾的食性

斑节对虾的食性很广，属杂食性，但偏动物食性，不但摄食动物性食物，也摄食植物性食物，对小型贝类、小型虾类、昆虫、豆饼、花生粕、米糠、麸皮和有机碎屑等均喜采食。通常夜间或清晨摄食强度较大，幼虾白天也有较强的摄食活动。

斑节对虾在人工养殖的条件下，主要以配合饲料为食，在小型贝类、小型虾类资源丰富的海区，也常常投喂部分小型贝类、小型虾类和低值小型鱼类（碎块）等鲜活饲料。

四、日本对虾

1. 日本对虾的生物学特性

日本对虾俗称花虾、竹节虾、斑节虾、车虾，属甲壳纲（Crustacea）、十足目（Decapoda）、游泳亚目（Natantia）、对虾科（Penaeidae）、对虾属（*Penaeus*）。日本对虾体被蓝褐色横斑花纹，尾尖为鲜艳的蓝色。额角微呈正弯弓形，上缘8～12齿。具额胃脊，后端双叉形。额角侧沟长，伸至头胸甲后缘附近；额角后脊的中央沟长于头胸甲长的1/2。第一触角鞭甚短，短于头胸甲的1/2。第一对步足无座节刺，雄虾交接器中叶顶端有非常粗大的突起，雌虾交接器呈长圆柱形。成熟雌虾大于雄虾。尾节具3对活动刺。

日本对虾分布极广，日本北海道以南、中国浙江以南沿海、东南亚、澳大利亚北部、非洲东部及红海等均有栖息。在自然海区栖息的水深从几米到近百米，主要分布在10～40米水域环境中。我国沿海1～3月及9～10月均可捕到亲虾，产卵盛期为每年12月至翌年3月。常与斑节对虾、宽沟对虾混栖。喜栖息在沙质海底，属于非常典型的昼伏夜出虾类，日本对虾最大特点是潜沙的习性，小的个体潜沙深度小，一般情况下其背部埋在沙下面约1厘米处。日本对虾的这一习性决定了其一般不适合高密度养殖，因此，日本对虾的养殖主要集中在土地资源相对丰富的沿海地区。离水后耐干能力强，有利于活虾运输和销售。日本对虾适温范围相对较广，近年来在我国北方沿海地区养殖发展较快，养殖规模不断扩大，在某些地区日本对虾已经成为沿海虾池养殖的主要品种。人工养殖条件下日本对虾体长一般达8～10厘米即上市销售。

2. 日本对虾对环境的适应性

(1) 对盐度的适应　日本对虾与南美白对虾或中国对虾相比，

对盐度的适应范围略小。其对盐度的适宜范围是1.5%～3.0%，但是，在高密度养殖时适应低盐度能力较差，一般不能低于1.7%。

(2) 对温度的适应　日本对虾属亚热带种类，最适温度范围为25～30℃，在8～10℃停止摄食，5℃以下死亡，高于32℃生活不正常。

(3) 对水中溶解氧（DO）的要求　日本对虾在池塘养殖中忍受溶解氧含量的临界点是2毫克/升（27℃时），低于这一临界点即开始死亡。耐干能力强，是较易长途运输的种类。

(4) 对海水pH值的适应　海水pH值较稳定，一般在pH 8.2左右。但人工建造的虾塘pH值多数变化较大。日本对虾对pH值适应值为7.8～9.0。

3. 日本对虾的食性

日本对虾以摄食底栖生物为主，也摄食底层的浮游生物。据刘瑞玉等研究分析，其胃含物内含有16个动物类群。经常出现有13～15个类群，主要摄食小型底栖无脊椎动物，如小型软体动物、底栖小型甲壳类及多毛类、有机碎屑等。

在人工养殖的条件下，日本对虾养殖前期即幼虾期，也就是其体长在3～4厘米以前，主要靠肥水培养的小型水生生物为食。养殖的中后期，主要以配合饲料、小型低值双壳类、低值小型鱼类为食。通常要求食物蛋白质含量为42%～50%。

第二节

对虾的消化吸收系统

了解对虾的消化吸收系统，有助于理解对虾饲料加工过程中原料之所以需要超微粉碎的原因。原料需要超微粉碎的原因不仅是为了制粒工艺和对虾饲料水中稳定性的需要，更主要的是促进对虾对饲料的消化吸收，降低养殖成本，减少对养殖水体的污染，提高养殖效益与环境质量。对虾类的消化系统主要由消化道和消化腺组成。

一、消化道

对虾的消化道包括口、食管、胃、肠、肛门。由发生来源不同，可以分为外胚层发育而来的前肠和后肠，以及中胚层发育而来的中肠。

前肠包括口、食管和胃。口位于头胸部腹面，对虾类的口为上唇及口器所包被。口后即为一条直而短的食管，食管内壁覆有几丁质表皮，食管内口开口于胃。胃分为前后两个腔，前腔称贲门胃，后腔称幽门胃，胃的表面也覆有比较厚的几丁质表皮。胃内有几丁质结构的胃磨，是用来磨碎食物的构造。幽门胃中有复杂的几丁质骨片和刚毛，用来过滤食物糜渣。

中肠是一段长管状器官，从胃后消化腺开口处向腹部后端一直延伸到第六腹节处与后肠连接。在与胃及后肠相连处分别有中肠前盲囊和中肠后盲囊。盲囊的位置、数量和形态因对虾种类不同而异，其功能不详。中肠内层由单层柱状细胞组成，分为分泌型中肠细胞和吸收型中肠细胞。中肠分布有成束的纵肌和连续环肌，负责完成肠的蠕动功能。

后肠粗短，具有发达的肌肉，内表面有几丁质表皮覆盖，幼体期在周围肌肉的作用下推动肠道蠕动，使粪便进入直肠后排出体外。肛门呈狭小缝状，位于腹节的腹面。

二、消化腺

消化腺或称为中肠腺、肝胰脏，是一大型致密腺体，位于头胸部中央、心脏前方，包被在中肠前端及幽门胃之外。在养殖生产及其病害防治中，更习惯称消化腺为对虾肝胰脏。肝胰脏由中肠分化而来，由多级分支的囊状肝管组成，最终的分支叫肝小管。肝小管具有单层柱状上皮细胞构成的管壁，内为具有许多微绒毛状突起的腔室，肝管内腔汇集后开口于胃与中肠连接处。

消化腺的主要功能是分泌消化酶和吸收、储存营养物质。中肠也有部分吸收功能，前肠和后肠无吸收功能。对虾摄取食物后，经大颚等口器进行初步咀嚼、撕碎后经食管进入胃中，在胃中被进一步磨碎，并与来自肝胰脏的消化分泌物混合、消化。混合食糜经幽门胃过滤后，颗粒小于 1 微米的液体进入消化腺管中被进一步消化、吸收，部分较大的颗粒返回胃中重新消化，大部分未被消化的食物残渣进入中肠。在中肠前部分分泌产生一层围食膜包被在残渣之外，将其向后输送。肠中残渣的输送是由肠蠕动来完成的，肠道有规律地蠕动，残渣在围食膜中由前向后运动进入后肠，随肛门间隙性的开闭被排出体外。

第二章

对虾的营养需求

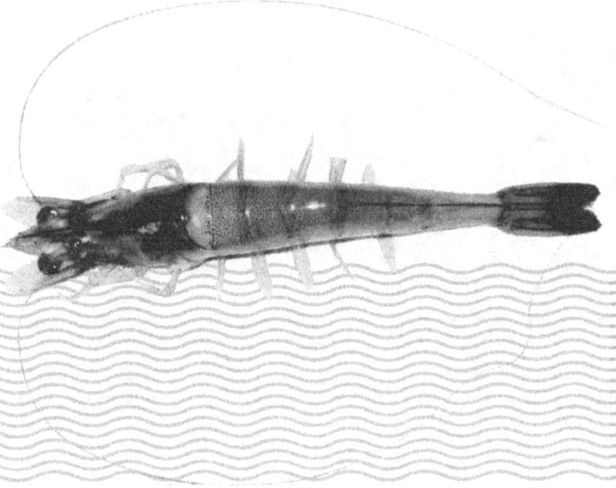

第一节

基本知识

我国真正面向养殖和饲料工业化的水产动物营养需求研究，是从20世纪80年代开始的。在国内相关院校、科研院所等部门的共同努力下，相继开展研究了主要水产养殖动物的营养学、饲料配方、饲料质量的检测和饲料配制技术等。取得了主要水产养殖动物的营养需求和配合饲料的主要营养参数，为实用饲料配制提供了理论依据。对虾的营养需求和饲料配制技术即是成果之一。对虾饲料是对虾维持生命和生长、繁殖的物质基础。对虾营养是指对虾摄取饲料中营养物质，消化、吸收、代谢的全过程，是一系列体内物理、化学及生理变化过程的总称。研究对虾营养的科学即为对虾营养学。饲料是营养元素的载体，含有对虾所需要的营养元素。所谓营养物质就是指能够在各种对虾体内消化吸收、供给能量、构成体质及调节生理功能的物质。对虾与其他水产养殖动物一样，也需要蛋白质、脂肪、糖类（碳水化合物）、维生素、矿物质等营养来维持其正常生理和生长的需求。

一、概念与定义

1. 能量

能量是由糖类、脂肪和氨基酸在体内氧化释放的。动物的绝对能量需求可以通过测定动物耗氧量或产热量而确定。

2. 能量需求

动物要生长发育，首先必须生存，所以能量摄入是一个基本的需求。设计饲料配方时，应优先考虑的是饲料能量。对对虾来说同样如此。

3. 必需氨基酸

必需氨基酸是指水生动物自身不能合成或合成量较少而不能满足自身的需要，必须由食物提供的氨基酸。研究表明，蛋白质是由氨基酸组成，氨基酸共有20余种，其中10种为必需氨基酸，即精氨酸、组氨酸、异亮氨酸、亮氨酸、蛋氨酸、赖氨酸、苯丙氨酸、苏氨酸、色氨酸和缬氨酸。

4. 必需脂肪酸（essential fatty acid，EFA）

必需脂肪酸（EFA）是指虾类生长所必需但其体内不能合成，必须由饲料直接提供的脂肪酸。从其化学组成和结构看，必需脂肪酸均是含有两个或两个以上双键的不饱和脂肪酸。对虾自身能合成 n-7 和 n-9 系列不饱和脂肪酸，但不能合成 n-3 和 n-6 系列的不饱和脂肪酸。因此，n-3 和 n-6 系列不饱和脂肪酸为对虾的必需脂肪酸。

5. 抗营养因子

对虾饲料中除了含有各种营养物质外，还含有能消弱和破坏营养素功能的物质，这些物质习惯上称为抗营养因子。在设计对虾饲料配方时各种饲料原料所含的抗营养因子要考虑周全，尽可能地减少抗营养因子的副作用。

6. 内源性抗营养素

内源性抗营养素是机体或有机物固有的物质，主要包括胰蛋白酶抑制剂、血细胞凝集剂、棉酚、植酸、环丙烯脂肪酸、硫葡萄糖苷、芥子酸、生物碱、硫胺素酶。

7. 外源性抗营养素

是指抗营养作用的有毒、有害污染物，主要包括黄曲霉毒素、氧化酸败物、重金属、多氯联苯、杀虫剂等。

8. 能量蛋白比（energy/protein ratio，E/P）

能量蛋白比是指单位重量饲料中所含的总能与饲料中粗蛋白含量的比值。

9. 饲料系数

饲料系数是动物摄食量与增重量之比值。由于对虾苗种个体很小，放苗时大都以尾或万尾为单位计算，体重小到可以忽略不计的程度。因此在生产习惯上，对虾饲料系数是指对虾摄入饲料的重量与对虾产量之比。饲料系数越低，表明饲料质量越好。

10. 饲料效率

饲料效率是指动物增重量与摄食量的百分比。饲料效率的概念对对虾来说同样适用。饲料效率越高，饲料的质量就越好。

11. 消化吸收率

对虾摄食某种饲料后，其中一部分饲料被虾体消化吸收，另一部分不能被吸收利用的以残渣（粪便）等形式排出体外。把被消化吸收的饲料占摄食饲料总量的百分比称为饲料的消化吸收率，又称消化率。

12. 饲料成本

即生产千克对虾所需饲料的费用。它是由饲料系数和饲料价格决定的。饲料成本越高，说明其营养价值越低；反之，则表明饲料营养价值较高，其质量就越好。

二、对虾营养需求概述

对虾食性较广，属于以动物性饵料为主食的杂食性种类，在不同的生长发育阶段其摄食饵料的种类和组成有所差异。溞状幼体、糠虾幼体及仔虾主要摄食多甲藻、硅藻等浮游植物（藻类），也摄食少量浮游动物，如双壳类幼体、桡足类及其幼体等；幼虾以小型甲壳类（如介形类、糠虾类、桡足类等）作为主要食物，还摄食软体动物的幼体和小鱼等；成虾主要以底栖的甲壳类、双壳类、短尾类、长尾类为食。在人工养殖条件下，不论是对虾苗种培育或成虾养殖，使用配合饲料均能满足对虾生长发育的需要。但是，作为饲料厂来说也要考虑到对虾苗种期的营养与成年虾需求的营养差别，详见表 2-1。

由表 2-1 可知，育苗场所用饵料营养非常高，且所用原料都是优质易消化的，但 42%的商品虾料与育苗场料营养跨度太大，原料品质有所下降。在虾苗从育苗场的室内水泥池转移到室外养殖池

表 2-1 苗场饵料与商品料营养水平对比

营养指标	虾片(苗场饵料)	虾料(成虾饲料)
粗蛋白/%	55	42.36
粗脂肪/%	8	8.36
粗灰分/%	17	12.92
赖氨酸/%	3.2	2.5
蛋氨酸/%	1.38	0.83
苏氨酸/%	1.74	1.45
异亮氨酸/%	1.98	1.69
组氨酸/%	0.9	0.86
缬氨酸/%	2.17	1.99
亮氨酸/%	3.14	2.77
精氨酸/%	4.4	2.51
苯丙氨酸/%	2.65	1.79
酪氨酸/%	1.21	0.98
甘氨酸/%	4.66	2.28
丝氨酸/%	1.69	1.39
天冬氨酸/%		3.68
丙氨酸/%		2.16
胱氨酸/%		0.24
谷氨酸/%		6.72
脯氨酸/%		1.81

塘，环境改变，对虾有应激的情况下，使用42%蛋白质的虾料显然不能满足实际需求，所以养殖者一般通过肥水培藻来解决这一过渡问题。但实际养殖过程中，养殖者的养殖管理水平参差不齐，很

多养殖者肥水培藻的效果并不理想，甚至因此导致一批虾苗养殖失败。另外，在放苗后40天内，是对虾养殖高风险期，此期间如果虾发病，死亡率高，虾规格小，养殖者选择出虾，基本无法挽回前期的投入，同时时间也被消耗掉。所以养殖者对此期间的虾料有较高的要求。

目前，对虾营养需求的研究报道虽然很多，但到目前为止，还没有哪种人工配合饲料的营养效果能与摄食天然饵料相比。在人工养殖过程中，使用营养不够全面的人工配合饲料，是当今对虾养殖难以发挥对虾遗传潜力的重要因素。养殖过程中对虾的营养需求不能得到充分的满足，也是引起养殖对虾发病的原因之一。经验丰富的养虾者总是想尽办法，通过肥水培养浮游生物来增加对虾养殖池内对虾可利用的天然饵料生物，以促进对虾的生长，增加对虾的免疫能力和抗病能力。所以，如何提高对虾对天然饵料的利用至关重要。在对虾养殖系统中，养殖池塘内繁殖对虾可利用的大量天然饵料生物，不但可以直接转化为养殖对虾的产量，而且由于它们和人工配合饲料相结合，可以为对虾提供人工配合饲料不具有的营养要素，增强其抗病力，提高对虾的生长速度。Anderson 等（1987）、Cam 等（1998）、张硕等（2001）分别利用相关技术，研究养殖池内日本对虾、南美白对虾、中国对虾和斑节对虾等对天然饵料的利用，表明在养殖前期、中期，池塘内天然饵料对对虾的贡献率在60%以上，前期甚至高达70%以上。养殖后期虽然人工配合饲料贡献率达60%以上，但天然饵料在对虾生长速度上的贡献率仍然十分重要。

在研究对虾主要营养物质需求的同时，还要注意饲料源对于对虾的适应性。研究表明，应用各种生物组织直接饲喂中国对虾幼虾，或者对虾使用这些食材配制的配合饲料，观察其生长、成活特征，发现饲喂的多种饲料原料，不但适口性有很大差别，而且摄食后的生长效果也不尽相同，有的还出现了负增长现象。总的趋势是水生动物，尤其是水生无脊椎动物是对虾的优良饵料或饲料源。值得注意的是，陆生脊椎动物加工下脚料、昆虫以及大多数真菌类，却不是对虾适合的饲料源，所以在对虾饲料配方中添加量一定不能太多。

第二节

对虾对蛋白质的需求

对虾对饲料蛋白质的需求量明显高于鱼类，更高于陆生的恒温动物。蛋白质是对虾生命活动的物质基础，在对虾的生存、生长、繁殖等生命活动中具有很重要的意义。处于生长阶段的对虾组织，若以干物质计，其蛋白质含量可达到77%～88%，蛋白质中的必需氨基酸含量可达46%以上。因此，对虾对蛋白质数量和质量的要求，是对虾营养要求和饲料选择的重要参数之一。

一、蛋白质的分类

蛋白质分类的方法有多种，常见分类方法有以下几种。

1. 根据化学组成分类

根据蛋白质的化学组成不同，蛋白质可分成简单蛋白质、结合蛋白质、衍生蛋白质。

(1) 简单蛋白质　是指水解产物全部为氨基酸，没有其他成分的一类蛋白质。根据其溶解性质的差别又可将其分为清蛋白、球蛋白、谷蛋白、醇溶蛋白、鱼精蛋白、组蛋白和硬蛋白，其中清蛋白、组蛋白、鱼精蛋白溶于水及稀酸，而球蛋白、谷蛋白、醇溶蛋白和硬蛋白却难溶于水。

(2) 结合蛋白质　其水解产物中除氨基酸外还有非氨基酸成分，根据其非氨基酸成分的不同，又可以细分为核蛋白、脂蛋白、糖蛋白、磷蛋白、金属蛋白、血红素蛋白和黄素蛋白。

(3) 衍生蛋白质　是指经过物理或化学作用，由简单蛋白质或结合蛋白质产生的一部分蛋白质，如变性蛋白、胨等。

2. 根据分子形状分类

可分成球状蛋白质和纤维状蛋白质两类。

(1) 球状蛋白质　近似球形或卵圆形，较易溶解。大多数蛋白质属于这一类。

(2) 纤维状蛋白质　分子形状不对称，类似细杆状或纤维状。有的可溶，如肌球蛋白、血纤维蛋白原等；大多数不溶，如胶原蛋白、弹性蛋白、丝心蛋白等。

3. 根据生物学功能分类

蛋白质可分为酶、运输蛋白质、储存蛋白质、收缩蛋白质（运动蛋白质）、结构蛋白质、防御蛋白质等。

4. 根据营养分类

根据蛋白质的营养可以分为两类，即完全、部分不完全、不完全蛋白质和动物性、植物性蛋白质。

(1) 完全、部分不完全、不完全蛋白质　如全卵蛋白质、酪蛋白质、胶原蛋白质等。

(2) 动物性、植物性蛋白质　从营养角度看，动物性蛋白质和植物性蛋白质中氨基酸的组成有显著的差异。一般来说，动物性蛋白质优于植物性蛋白质。

5. 根据来源分类

在饲料原料学和动物营养学中，常按此法对蛋白质进行分类，如动物蛋白、植物蛋白、菌体蛋白等。

二、蛋白质的组成结构

组成蛋白质的元素为 C、H、O、N、S，少数含有 P、Fe、Cu、I 等。蛋白质是氨基酸的聚合物，由于构成蛋白质的氨基酸的数量、种类和排列顺序不同而形成了各种各样的蛋白质。目前各种生物体中发现的氨基酸已有 180 多种，但常见的构成动物体、植物体蛋白质的氨基酸只有 20 种，植物能合成自己全部所需的氨基酸，动物蛋白质虽然含有与植物蛋白质同样的氨基酸，但动物所需的氨基酸不能全部自己合成。

氨基酸的通式可表示为一个短链羧酸的 α-碳原子上结合一个氨基，其基本结构式如下。

$$R-\overset{\displaystyle NH_2 \atop \displaystyle |}{CH}-COOH \quad 或 \quad R-\overset{\displaystyle NH_3^+ \atop \displaystyle |}{CH}-COO^-$$

通常根据氨基酸所含 R 基团的种类以及氨基、羧基的数目，按酸碱性进行分类。R 基团无环状结构，一般称脂肪族氨基酸，其中有分支的称为支链氨基酸，如缬氨酸、亮氨酸和异亮氨酸。

氨基酸有 L 型和 D 型两种构型，除蛋氨酸外，L 型的氨基酸生物学效价较 D 型的氨基酸高，且大多数 D 型氨基酸不能被动物利用或利用率很低。天然饲料中仅含有易被利用的 L 型氨基酸。微生物能合成 L 型和 D 型两种氨基酸，化学合成的氨基酸多为 D 型、L 型混合物。

三、蛋白质的生理功能

蛋白质是对虾类必需的、其他营养物质所不能替代的重要营养物质之一。对虾不和陆生哺乳动物一样可以利用碳水化合物转化成蛋白质，而是需要蛋白质含量较高的饲料。因此，饲料中的蛋白质是对虾生长发育的物质基础，蛋白质含量的多少和蛋白质质量的优劣会直接影响到对虾的生长。对虾从饲料中摄取的蛋白质主要有以下几方面的生理功能。

① 用于对虾机体的生长，即体蛋白质的增加。

② 为对虾机体组织蛋白质的更新、修复和维持体蛋白质现状提供保证。

③ 用于能量的消耗和储存。

④ 组成机体各种激素和酶类等具有特殊生物学功能的物质。

蛋白质的上述生理功能是相互作用、相互影响的。用于机体生长的蛋白质比例高，那么用于其他方面的蛋白质比例就低；用于机体生长的蛋白质比例低，那么用于其他方面的蛋白质就高。我们当然希望用于生长的比例越高越好，这期间的比例受许多因素的影响，主要取决于饲料蛋白质的营养价值。营养价值高的饲料用于生长和代谢的比例大，用于能量的比例小；营养价值低的饲料则相反。因此，在配合饲料中适量搭配能量饲料，如碳水化合物和脂肪，就能减少蛋白质的能耗，提高饲料蛋白质的利用率，加快对虾的生长。

四、对虾的变态和食性变化

对虾一生身体的变态可以分为幼体阶段和成体阶段，幼体阶段变态频繁，根据变态情况，幼体阶段又分为无节幼体阶段（无节幼体又分为Ⅰ到Ⅵ期）、溞状幼体阶段（溞状幼体又分为Ⅰ到Ⅲ期）、糠虾幼体阶段（糠虾幼体又分为Ⅰ到Ⅲ期）、仔虾幼体阶段（仔虾幼体分为Ⅰ到Ⅻ期）。

对虾幼体阶段变态频繁，食性的变化一方面是由于口器对食物选择原因，另一方面是由于营养需求。无节幼体期依靠体内卵黄积累的物质提供能量，无口器，因此对虾类无节幼体期不摄食食物。溞状幼体Ⅰ期具有口器，依靠滤食摄食，以摄食单细胞藻类为主。溞状幼体Ⅱ期以滤食为主，略具捕食能力，以单细胞藻类为主，可以捕食小型浮游动物（如轮虫等）。溞状幼体Ⅲ期基本以捕食动物性饵料为主，辅以单细胞藻类。糠虾幼体Ⅰ期、Ⅱ期、Ⅲ期均以捕食浮游动物为主，辅以很少量的单细胞藻类。仔虾前期可捕食浮游动物，但很快即转化为以捕食底栖生物为主，缺乏底栖生物时，仍然对浮游动物有很强的捕食能力。幼体的食性转换，可以表现在幼体体内消化酶活性变化，随着幼体的生长、变态转化，胃蛋白酶、类胰蛋白酶活力逐渐增大，而淀粉酶活力呈下降趋势，纤维素酶和脂肪酶活力甚微（潘鲁青，1997）。

在对虾的人工育苗过程中，推荐的饵料组成：溞状幼体Ⅰ期至仔虾期，应以角毛藻、扁藻为主；溞状幼体Ⅱ期至仔虾期，增加轮虫；溞状幼体Ⅲ期至仔虾期，增加丰年虫无节幼体；仔虾期以后可以增加丰年虫成体。对虾幼体阶段要求的饲料中的最适蛋白质含量，一般在43%～55%，目前尚没有统一、确切的数据。

对虾成体阶段是指对虾仔虾后期到尚未性成熟的成年虾阶段。这个阶段研究其营养时应主要考虑对虾肌肉组织积累生长的需要。对虾的消化生理和鱼类有很大的差别，不能用鱼类的营养模式设计对虾的人工配合饲料，其营养需要的参数不但考虑化学组成，还要考虑营养成分的形态。

五、对虾对蛋白质的需求量

对虾对蛋白质的需求因对虾的种类及生长发育阶段而各异。不同的对虾品种和同一品种的不同生长发育阶段对蛋白质的需求不一样，不同学者研究的结果也不完全相同，这与所在地区养殖的环境、研究方法、饲料组成、对虾规格及其肌肉氨基酸组成等因素的差异有关。大致上日本对虾与中国对虾等对蛋白质需求量较高，而斑节对虾、墨吉对虾等对蛋白质需求量低。养殖南美白对虾，据国外学者 Andrews 等报道称，南美白对虾饲料中蛋白质的需要量为28%～32%，1999 年青岛海洋大学李广丽等人在分析不同蛋白质对南美白对虾生长影响时指出，南美白对虾最适宜蛋白质水平为39.75%～42.15%。显然他们的研究结果与 Andnews 等的意见相差较大。台湾大学郭光雄教授在 1988 年发表的《白虾病变与疾病控制》一文中特别指出，养殖南美白对虾必须要用好的饲料，要含有较高的优质蛋白质，否则对虾易发病。为加速对虾增肉长壮，可投喂一些鲜活的小贝类肉，贝类中含有粗蛋白质达 61%以上，含有对虾肌肉所必需的氨基酸，所以南美白对虾的饲料蛋白质的含量应该不低于 40%。

南美白对虾蛋白质需求研究的结果受对虾初始规格、养殖环境、蛋白质源质量等方面的影响而差异较大。总体来看，仔虾阶段需要 40%～55%的饲料蛋白质（Samocha 等，1993），而幼虾需要至少 36%的蛋白质才能维持较快的生长速度（Smith et al，1985；刘立鹤等，2003），李广丽等（2001）认为南美白对虾幼虾阶段需要 42.37%～44.12%的饲料蛋白质。此外，饲料蛋白质需求可能受盐度影响很大，Villarreal 和 Castio（1992）认为在适宜盐度中

35%的蛋白质即可满足对虾的需求，而淡水条件下其蛋白质需求可能比此水平高得多（黄凯等，2003；李二超等，2010）。Roberson等（1993）则发现高盐度水体中南美白对虾的蛋白质需求比最适盐度条件下更高。这些研究结果可能说明，在适宜条件下南美白对虾蛋白质需求较低，而不适宜的盐度条件下需要南美白对虾分解更多蛋白质以产生氨基酸来调节体内外的渗透压。

黄文文等（2014）以特定生长率为评价指标，经折线模型拟合回归方程后得出，南美白对虾幼虾阶段和养成阶段的蛋白质需要量分别为38.6%和36.8%。李勇等（2010）认为高密度养殖南美白对虾获得最大增重的蛋白质需要量为43.73%；获得最佳生长和氮减排的蛋白质需要量为40.42%。陈义方等研究表明，0.6～4克、4～10克、10～18克3种规格南美白对虾饲料中适宜蛋白质含量分别为40%、38%、34%。

张加润研究了斑节对虾幼虾对蛋白质的需要量。选用鱼粉、豆粕和大豆浓缩蛋白为主要蛋白质源，配制6个蛋白质水平梯度（36%、38%、40%、42%、44%和46%）的饲料，对斑节对虾幼虾（1.03克±0.02克）进行56天养殖试验，研究饲料中不同蛋白质含量对斑节对虾幼虾生长及消化酶活性的影响。结果表明，通过饲料中蛋白质含量与增重率的回归分析，斑节对虾幼虾的饲料蛋白质的适宜含量为39.70%。

当然，不同地区的海域环境与养殖的模式不同，情况也不相同。在粗养模式中就不需要高蛋白质，粗养主要依赖海区中的自然生物饵料，人工配合饲料或搭配饲料用量不多，所以对饲料的蛋白质要求就不那么高。

不同种类的对虾以及同一种对虾在生长的不同阶段所需蛋白质含量还受蛋白质源的影响。尤其是不同的蛋白质源对幼体的利用有重要影响，蛋白质总量不是关键，关键是必需氨基酸是否齐全和比例是否合理，对虾幼体阶段需要的必需氨基酸可以用幼虾身体的氨基酸组成作参考，对虾对必需氨基酸总量的要求较高，大约占饲料蛋白质总量的49.8%。在饲料营养学文献中，蛋白质的表达通常用粗蛋白（CP）来表示，CP定义为$N\times6.25$，这一表达的假设是蛋白质含16%的氮（N）。

在生长阶段的对虾组织，以干物质计算的话，蛋白质含量高达75%以上，蛋白质中的必需氨基酸含量在46%以上。因此，对虾对蛋白质质量和数量的要求是对虾营养要求和饲料选择的重要参数。利用人工配合饲料研究对虾对蛋白质的需要量，目前虽然做了大量的实验和研究，但是仍然没有取得一致的数据，各种对虾之间不但存在差别，而且同种对虾研究结果也有差别。目前比较倾向的研究结果是，中国对虾对蛋白质的要求是30%～45%，斑节对虾是36%～45%，日本对虾是45%～60%，南美白对虾是25%～40%。形成如此差别的原因是，影响对虾对蛋白质需要的因素很多，凡是影响到对虾氮代谢的因子，几乎都影响到对虾对蛋白质的需求。如蛋白质源的差异，不同蛋白质源的必需氨基酸数量和比例；对虾在不同环境下的生理差异和发育阶段的差异；主要环境因子（养殖水体的溶解氧、水温、盐度、酸碱度、氨氮、亚硝酸盐等）对饲料利用的影响；人工配合饲料中其他组分（如非蛋白质原料和某些添加剂等）的影响等。

对虾配合饲料中的其他组成成分也对蛋白质含量要求有较大影响，如配合饲料中不同糖类的含量、脂肪量，都能影响到蛋白质的需求量，通常在适量范围内呈负相关。

部分种类的对虾对盐度的适应范围虽然很广泛，但是不同种类的对虾随盐度的变化，对蛋白质的需求也不完全一致。盐度越低，斑节对虾幼虾需要消耗更多的氮源供能量消耗。斑节对虾幼虾在海水盐度为3.2%的情况下，需要的蛋白质量为40%；而在半咸水中，盐度为1.6%的情况下，蛋白质的需要量为44%（Shiau，1998）。而南美白对虾则相反。Robertson等（1993）研究了海水盐度和饲料蛋白质含量对南美白对虾生长的影响，在盐度为4.6%的海水中，饲料蛋白质含量为45%时，南美白对虾生长比饲料蛋白质含量为35%和25%的蛋白质组快；而在盐度为1.2%的半咸水中，45%蛋白质组的虾生长都没有35%和25%蛋白质组快。

Shiau 等（1991）认为虾类蛋白质的需求量受环境的影响，这是由于其在不同盐度下调节渗透压耗能和对饲料蛋白质的消化率不同所致，即高盐度下用于调节渗透压的能量消耗较大。因此对于南美白对虾来说，盐度较高时，饲料蛋白质的含量应较高。

Sheen（1994）研究指出，蛋白质品质、生理功能、天然饵料、投食率等许多生物的和非生物的因素会影响鱼虾对蛋白质的需要量。由于不同研究者在配方设计中能量标准有所不同，使实验结果有所差异。

蛋白质对对虾免疫的影响。虾类摄入蛋白质不足时，生长缓慢，机体免疫力下降，组织更新缓慢，创伤愈合力差，容易感染疾病。反之，蛋白质过多，消化不了而排出体外，从而降低蛋白质的消化率，也易引起消化道疾病，并易败坏水质，引起虾类免疫力下降。必需氨基酸不足将影响到蛋白质的利用，表现为生长缓慢和产生缺乏症，如缺少赖氨酸，生长慢，死亡率高。在适当范围下，提高饲料中蛋白质的含量，可以提高虾类的抗病力和免疫力。在斑节对虾饲料中添加 AP950A（一种改进型动物功能性蛋白质饲料），可抑制白斑病的流行，提高斑节对虾的抗病能力和免疫能力（宋盛宪等，2001）。在低盐度条件下，南美白对虾饲料蛋白质低于20%，会导致其免疫状况降低（刘栋辉等，2005）；当南美白对虾饲料配方中蛋白质含量为 40%时，能提高南美白对虾的免疫力，增强抵抗白斑病毒（WSSV）感染的能力，降低死亡率（蒋伟明等，2005）。韩阿寿等（1995）研究表明，在饲料中添加蛋氨酸，对虾的增重率、成活率明显升高，烂尾率明显下降，当蛋氨酸占蛋白质比为 4.24%时，能获得最大的增重率并消除烂尾；色氨酸含量低时（0.58%～0.96%）烂尾率较高，色氨酸含量为 1.35%时能获得最大的增长并消除烂尾。

所谓对虾对蛋白质的需要量就是指能满足对虾氨基酸需求并能使对虾获得最佳生长的最低蛋白质含量。表 2-2 列出了主要养殖对虾的蛋白质需求量。这些结果主要依据投喂由优质蛋白质源配制的蛋白质浓度梯度饲料或商业饲料后表现出的剂量效应曲线而测定的。评定的效应指标是增重，蛋白质需要量是以饲料干基百分比来表示的。虽然以饲料蛋白质和饲料能量的比例来表示能突出蛋白质是一种很重要的能量物质，但是有些资料难以这样表示，因为饲料的可消化能（DE）值资料缺乏，而且不同著者引用的饲料原料的能量值也不完全一致。随着对虾的生长发育，其对蛋白质的需要量是否随之下降，不同的研究者有着不同的结论，不同的学者有不同的看法，目前仍然没有一致的结论。关于对虾对蛋白质的需求研究成果及推荐水平见表 2-3 和表 2-4。

表 2-2 主要养殖对虾的蛋白质需求量

对虾种类	主要蛋白质源	蛋白质需求量/%
中国对虾	鱼粉、鱿鱼(内脏)粉、虾头粉	36～50
南美白对虾	鱼粉、鱿鱼(内脏)粉、虾头粉	30～37
斑节对虾	黄豆粕、鱼粉、鱿鱼粉、酪蛋白	40～46
日本对虾	鱼粉、酪蛋白、乌贼粉	52～60
印度对虾	酪蛋白、虾粉	43
桃红对虾	酪蛋白、白鱼粉、虾粉	45～54

注：摘自 D'Abramo 等，1995。

表 2-3 对虾的蛋白质需求研究成果

品种	蛋白质需求量/%	研究人员
南美白对虾仔虾	40～55	Samocha 等(1993)
南美白对虾幼虾	28～32	Andrews 等(1972)
南美白对虾幼虾	＜30	Colvin 和 Brand(1977)
南美白对虾幼虾	36	Smith 和 Lawrence(1988)
南美白对虾	35～40	Pedrazzoli 等(1998)
南美白对虾幼体	＞36	Smith 等(1985)
南美白对虾幼虾	25～33	Velasco(1998)
南美白对虾幼虾	42.37～44.12	李广丽(2001)
南美白对虾幼虾	36	刘立鹤等(2003)
南美白对虾幼虾	40.42～43.73	李勇等(2010)

续表

品种	蛋白质需求量/%	研究人员
南美白对虾幼虾阶段	38.6	黄文文等(2014)
南美白对虾成虾阶段	36.8	黄文文等(2014)
斑节对虾	40～50	Chen 等(1995)

表 2-4 不同对虾的推荐蛋白质水平（NRC，2011）

蛋白质需要量/% 体重范围 对虾品种	0.1～5 克	5～20 克	＞30 克
斑节对虾	45	40	40
南美白对虾	40	35～40	35
日本对虾	50	45	40

六、对虾对氨基酸的需求

蛋白质是由 20 种氨基酸通过肽链连接而成的大分子化合物。肽链由双硫键、氢键和范德华力作用而相互交联、折叠等形成更为复杂的高级结构。因此对虾对饲料蛋白质的需求，从本质上讲就是对虾对氨基酸的需求。对虾从饲料中摄取的蛋白质，只有在消化道内被消化、分解成肽和氨基酸等小分子化合物后才能被机体吸收利用，转化为虾体本身的蛋白质。氨基酸又分为必需氨基酸和非必需氨基酸两大类。因此，对虾对蛋白质的需求不仅是从蛋白质数量上需求，更重要的是蛋白质的质量，也就是饲料蛋白质氨基酸的组成与比例。优质饲料蛋白质必需氨基酸的含量和比例适宜、合理，能够最大限度地发挥其生理功能，对虾容易吸收利用，能够利于对虾的生长。目前对中国对虾、斑节对虾、日本对虾、南美白对虾等的必需氨基酸研究表明，对虾需要 10 种必需氨基酸（必需氨基酸是指对虾自身不能合成或合成量很少不能满足其生长发育的需要）。这 10 种必需氨基酸分别是精氨酸、组氨酸、异亮氨酸、亮氨酸、赖氨酸、蛋氨酸、苯丙氨酸、苏氨酸、色氨酸、缬氨酸，而且必需氨基酸之间的比例相对稳定，其中精氨酸、赖氨酸等占有较多的比例（金泽沼夫，1981；何海琪，1988；Shiau，1998）。必需氨基酸中以苏氨酸、赖氨酸、精氨酸、蛋氨酸较为重要。其中赖氨酸和精氨酸有拮抗性，一般认为赖氨酸和精氨酸的比例应保持在 1∶1 为宜。

在对虾人工配合饲料中，和饲养其他动物一样，在饲料中添加结晶氨基酸，调节饲料蛋白质氨基酸平衡，以期望提高蛋白质利用率，却没有达到预想的效果。原因是，饲料中游离氨基酸在进入对虾中肠之前，绝大部分已被中肠腺吸收，它不仅与结合态氨基酸不能同步吸收，而且严重影响别的必需氨基酸同步吸收，从而影响饲料蛋白质的效率（麦康森，1987）。Diakaran（1994）在饲料中添加聚合氨基酸饲养南美白对虾，没有起到明显的作用。研究表明，随着养殖水体盐度的增加，南美白对虾体内的鲜味氨基酸（如谷氨酸、天冬氨酸、甘氨酸、丙氨酸、脯氨酸）含量有增加的趋势。

蛋白质，特别是饲料蛋白质中不同氨基酸的含量比例差异很大。一些蛋白质（如明胶和玉米蛋白）中有一种或多种氨基酸含量不足或完全缺乏；而有些蛋白质（如鱼粉）含有平衡而充足、能满足对虾营养需求的全部氨基酸。可见，不同饲料蛋白质源的营养价值存在较大差异。而且同种饲料蛋白质源随产地、加工方法等的不同，其营养价值也会存在差异。饲料中的蛋白质主要功能是为对虾提供必需氨基酸。同时饲料蛋白质也为对虾提供非必需氨基酸或充足的氨基氮用以合成这些非必需氨基酸或其他必要的生理活性物质。因为非必需氨基酸的合成是一个耗能的过程，在非必需氨基酸合成过程中需要消耗大量的能量，所以，配合饲料中的氨基酸组成与虾类必需氨基酸和非必需氨基酸需求越接近，配合饲料的饲料效率就越高。因此，人工配合饲料中的氨基酸是否平衡是决定蛋白质需求量的关键因素。对虾必需氨基酸的需要量主要根据剂量效应曲线测定，效应指标为增重率。Akiyama 等（1991）认为，当对虾饲料中必需氨基酸的数量与对虾肌肉所含的氨基酸接近时，对虾生长良好，并且对虾成活率也高。

蛋白质营养实际上是氨基酸的营养，饲料中氨基酸不平衡容易导致氨基酸分解增加，饲料转化率和蛋白质效率下降。不同研究者由于试验材料和研究方法的差异，获得的结果也不完全相同。Fox等（1995）研究认为，南美白对虾饲料中限制性氨基酸的顺序为赖氨酸、蛋氨酸和精氨酸。在饲料蛋白质45%条件下，南美白对虾的赖氨酸需求为2.10%（占蛋白质的4.67%）；而当饲料蛋白质水平为35%时，其赖氨酸需要量为1.82%（占蛋白质的4.49%）。谭北平等（2001）则认为南美白对虾饲料中赖氨酸和蛋氨酸含量应分别不低于2.50%和0.9%，两者比例关系应在（2.5～2.8）：1。陈义方等研究表明，0.6～4克规格南美白对虾最适蛋氨酸含量为0.91%（饲料干物质）、2.28%（饲料蛋白质），总的含硫氨基酸含量为1.39%（饲料干物质）；当饲料蛋氨酸水平为0.67%时，就可满足4～10克规格南美白对虾的蛋氨酸需要量；10～18克规格饲料最适蛋氨酸含量为0.66%（饲料干物质）、1.94%（饲料蛋白质），饲料总的含硫氨基酸需要量为1.1%（饲料干物质）。周歧存等（2015）以增重率为判定指标，通过折线模型得到南美白对虾幼虾的缬氨酸需要量为占饲料干物质的1.79%（占饲料蛋白质的4.48%），考虑到晶体氨基酸在海水中的溶失，以缬氨酸在海水中浸泡30分钟内的溶失率为16.81%计，核定南美白对虾幼虾的缬氨酸需要量为占饲料干物质的1.53%（占饲料蛋白质的3.8%～3.5%）。曾雯娉等认为，南美白对虾幼虾饲料中赖氨酸的适宜需要量为2.05%饲料（蛋白质的4.92%）；蛋氨酸的需要量为0.89%饲料（蛋白质含量的2.16%）；精氨酸的需要量为2.16%饲料（蛋白质含量的5.27%）；苯丙氨酸的需要量为1.92%饲料，占蛋白质含量的4.54%。考虑到苯丙氨酸的需求受饲料中酪氨酸含量的影响，饲料中酪氨酸含量为0.84%，南美白对虾幼虾总芳香族氨基酸需要量为2.76%（蛋白质含量的6.52%）。王用黎等研究结果表明，南美白对虾（0.53克）的最适苏氨酸需要量为饲料的1.51%（占饲料蛋白质的3.53%）；最适色氨酸需要量为饲料的0.28%

（占饲料蛋白质的0.68%）；最适缬氨酸需要量为饲料的1.79%（占饲料蛋白质的4.33%）。刘福佳等（2014）以增重率为指标，根据折线模型获得低盐度条件下南美白对虾幼虾的亮氨酸最适需要量为饲料的2.48%（占饲料蛋白质6.20%）。黄凯等（2003）根据虾体必需氨基酸（EAA）生长及维持量代谢，研究了南美白对虾必需氨基酸的需求量，结果表明，要满足幼虾正常生长，各种EAA需求量（每天每百克虾体重的需求量）为苏氨酸（Thr）0.046克，缬氨酸（Val）0.054克，蛋氨酸（Met）0.029克，异亮氨酸（Ile）0.069克，亮氨酸（Leu）0.087克，苯丙氨酸（Phe）0.051克，赖氨酸（Lys）0.086克，组氨酸（His）0.025克，精氨酸（Arg）0.097克。如饲料蛋白质水平为40%，蛋白质利用率50%，虾摄食率为20%，推算得出饲料中EAA需求量（%）为苏氨酸（Thr）1.15，缬氨酸（Val）1.35，蛋氨酸0.73，异亮氨酸（Ile）1.73，亮氨酸（Leu）2.18，苯丙氨酸（Phe）1.28，赖氨酸（Lys）2.15，组氨酸（His）0.63，精氨酸（Arg）2.43。

张加润研究表明，基于饲料赖氨酸含量与对虾WG和SGR的折线回归模型得出，斑节对虾幼虾对赖氨酸的需求量占饲料干物质的2.37%，占饲料蛋白质5.88%。

李爱杰等研究了中国对虾的必需氨基酸需要量，并将必需氨基酸之间的比值与日本对虾的氨基酸比值做了比较（表2-5）。

表2-5 中国对虾的必需氨基酸需要量与比值

必需氨基酸	需要量 中国对虾（占饲料的）/%		氨基酸比值 中国对虾		氨基酸比值 日本对虾
蛋氨酸	1.24	1.06	1.0	1.0	1.0
苏氨酸	1.78	1.74	1.4	1.6	1.4
缬氨酸	2.14	2.26	1.7	2.1	1.8
异亮氨酸	1.76	1.80	1.4	1.7	1.7
亮氨酸	2.93	3.15	2.4	3.0	2.6

续表

必需氨基酸	需要量 中国对虾(占饲料的)/%		氨基酸比值		
			中国对虾		日本对虾
苯丙氨酸	1.47	1.62	1.2	1.5	1.6
赖氨酸	3.10	3.12	2.5	2.9	2.6
色氨酸	0.32	0.56	0.3	0.5	—
组氨酸	0.86	0.77	0.7	0.7	0.7
精氨酸	4.0	3.33	3.2	3.1	3.4

注：1. 氨基酸比值是以蛋氨酸为1，其他氨基酸以蛋氨酸为基准计算而得出的。

2. 摘自李爱杰等，1994。

根据实际饲养效果，推荐对虾商业饲料中必需氨基酸的含量见表2-6。

表2-6 对虾商业饲料中必需氨基酸的含量

氨基酸	占蛋白质的百分比/%	占饲料的百分比/%			
		36%①	38%①	40%①	45%①
精氨酸	5.8	2.09	2.20	2.32	2.61
组氨酸	2.1	0.76	0.80	0.84	0.95
异亮氨酸	3.5	1.26	1.33	1.40	1.58
亮氨酸	5.4	1.94	2.05	2.16	2.43
赖氨酸	5.3	1.91	2.01	2.12	2.39
蛋氨酸	2.4	0.86	0.91	0.96	1.08
蛋氨酸+胱氨酸	3.6	1.30	1.37	1.44	1.62
苯丙氨酸	4.0	1.44	1.52	1.60	1.80
苯丙氨酸+酪氨酸	7.1	2.57	2.70	2.84	3.20
苏氨酸	3.6	1.30	1.37	1.44	2.62
色氨酸	0.8	0.26	0.30	0.32	0.36
缬氨酸	4.0	1.44	1.52	1.60	1.80

① 饲料中蛋白质含量。

注：摘自 Akiyama 等，1991。

七、不同饲料蛋白质源的消化率

消化率是指动物从食物中所消化吸收的营养物质占总摄入食物总量的百分比，是评价饲料营养价值的重要指标之一，它也是配制全价高效人工饲料的基础。在掌握动物对饲料原料消化率的基础上，才有可能最大限度地充分利用各种饲料原料，从而降低饲料成本，提高动物的生长性能以及降低对养殖环境的破坏。

每种饲料原料蛋白质的营养价值都不尽相同，所以在进行对虾饲料配制时，应充分考虑饲料原料的营养价值和有效氨基酸含量，使各种饲料原料合理搭配，发挥蛋白质的互补作用，达到有效必需氨基酸平衡，以保证对虾配合饲料蛋白质具有较高的营养价值。

由于各种饲料蛋白质源品质（主要是氨基酸组成比例）和性状不一样，对虾对天然饵料的长期适应性等关系，导致对虾对其消化利用特性不一样。蛋白质表观消化率是决定饲料蛋白质是否被有效利用的重要参考依据（Akiyama 等，1989）。在饲料配方中，常用的蛋白质源有鱼粉、大豆蛋白产品（如普通豆粕、发酵豆粕、膨化豆粕、大豆浓缩蛋白）、植物蛋白浓缩物、畜禽屠宰副产品以及谷物加工副产品等。Shiau 等（1992b）在对比不同盐度下斑节对虾对饲料中鱼粉、豆粕和干酪素蛋白表观消化率的试验中发现，盐度对酪蛋白和鱼粉的表观消化率无影响，但对豆粕的蛋白质表观消化率有影响，且酪蛋白的表观消化率最好，其次是豆粕和鱼粉。Sudaryono 等（1996）研究斑节对虾对渔业副产品饲料蛋白质源的表观消化率，结果显示，软体动物和甲壳类碎肉组、沙丁鱼和龙虾下脚料组、鳀鱼和对虾组这三组作为蛋白质源，辅以豆粉、面粉和米粉作为植物蛋白质源，三组的表观干物质消化率和表观蛋白质消化率相近。而沙丁鱼和虾头组，辅以羽扇豆粉，其效果明显差于上述三组。Bombeo 等（1995）将金苹蜗牛和木薯或玉米混合使用饲喂斑节对虾，其获得较优生长性能，但以玉米或者金苹蜗牛单独投喂，生长性能差。南美白对虾的生长率与饲料的质量（主要是蛋白质源）息息相关（Smbeo 等，1985；Dominy 等，1988）。

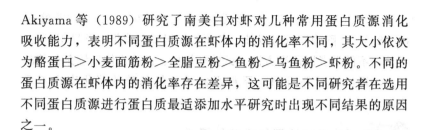

Akiyama 等（1989）研究了南美白对虾对几种常用蛋白质源消化吸收能力，表明不同蛋白质源在虾体内的消化率不同，其大小依次为酪蛋白>小麦面筋粉>全脂豆粉>鱼粉>乌鱼粉>虾粉。不同的蛋白质源在虾体内的消化率存在差异，这可能是不同研究者在选用不同蛋白质源进行蛋白质最适添加水平研究时出现不同结果的原因之一。

杨志强等（2010）研究了南美白对虾对肠膜蛋白粉、肉骨粉、鸡肉粉、喷雾干燥血粉、羽毛粉、玉米蛋白粉和花生粕 7 种蛋白质原料蛋白质的表观消化率，分别为 86.38%、71.29%、72.55%、79.62%、53.04%、63.46%、79.82%；以及氨基酸的表观消化率。刘襄河等测定了南美白对虾（4.45 克±0.21 克）对 12 种蛋白质原料干物质、粗蛋白、粗脂肪、灰分、能量和氨基酸的表观消化率。结果表明，各种蛋白质原料干物质表观消化率为 48.61%～86.98%，粗蛋白表观消化率为 55.74%～92.35%，粗脂肪的表观消化率为 −0.23%～92.64%，灰分表观消化率为 60.83%～96.30%，总能表观消化率为 51.11%～97.27%；鱼粉、豆粕和花生粕的总氨基酸表观消化率分别为 90.56%、92.67%和 90.61%，显著高于其他蛋白质原料（$P<0.05$）；玉米蛋白粉的总氨基酸表观消化率最低，仅为 59.15%，显著低于其他蛋白质原料（$P<0.05$）；12 种蛋白质原料总氨基酸表观消化率高低顺序为豆粕>花生粕>鱼粉>鸡肉粉>虾头粉>饲料酵母>菜粕>肉骨粉>乌贼内脏粉>血粉>棉粕>玉米蛋白粉。韩斌等（2009）研究南美白对虾对玉米蛋白粉、鱼粉和豆粕的干物质和蛋白质表观消化率，结果表明，三者的干物质和蛋白质表观消化率都较高；南美白对虾对豆粕的干物质和蛋白质表观消化率（87.31%和 94.77%）均显著高于前两者；玉米蛋白粉的干物质和蛋白质表观消化率分别为 82.61%和 90.40%，虽然均高于对鱼粉的干物质和蛋白质表观消化率（78.94%和 89.88%），但二者没有显著性差异。唐晓亮等（2010）得出对南美白对虾的粗蛋白消化率为大豆浓缩蛋白（83.98%）>发酵豆粕（78.28%）>棉粕（77.40%）>菜粕（69.49%）>直火鱼粉（64.78%）＞发酵蚕蛹粉（63.20%）＞啤酒酵母（44.85%）；除啤酒酵母以外，各原料间粗蛋白消化率差异不显著。可见，不同学者因研究方法、试验虾规格、试验水体环境条件等的差异，得出的对虾对饲料原料蛋白质和氨基酸的消化率也不尽相同。

八、影响蛋白质消化吸收的因素

（1）动物因素　对虾种类、生长阶段、生理状况。

（2）饲料因素　淀粉含量、纤维水平、蛋白酶抑制因子、非淀粉多糖的影响。

（3）水温　在一定范围内，水温升高，水产动物代谢强度增强，对虾也是一样，随着水温的升高，代谢强度增强，吸收就好。

（4）加工工艺　粉碎粒度、调质时间、温度、蒸汽压力及饱和度。

在实际生产中，可以为对虾饲料提供蛋白质的饲料源很多，目前主要使用以下几种蛋白质资源：鱼粉，花生饼粕，大豆或豆粕，水生无脊椎动物及其加工产物（例如各种低值贝类、甲壳类、头足类和棘皮动物类等）。

第三节

对虾对脂类的需求

一、脂类的组成与分类

脂类是在动、植物组织中广泛存在的一类不易溶于水而溶于醚、氯仿、苯等有机溶剂的物质的总称。在饲料营养成分分析时所测得的粗脂肪（乙醚浸出物）就是平时所说的脂类，也就是饲料中的脂类物质。

① 按化学组成脂类物质可分为单纯脂、复合脂和衍生脂三大类。

单纯脂是由脂肪酸和甘油形成的酯。脂肪的性质主要取决于所含的脂肪酸种类。凡是氢原子数为碳原子数 2 倍者，称为饱和脂肪酸。以饱和脂肪酸为主的脂肪，熔点较高，在常温下多为固态。凡是氢原子数低于 2 倍碳原子数者，称为不饱和脂肪酸。以不饱和脂肪酸为主的脂肪，熔点较低，在常温下多为液态。复合脂是指除了含有脂肪酸和醇外，尚有其他非脂分子的成分，如磷脂和糖脂。衍生脂是指由单纯脂和复合脂衍生而来或与之关系密切，但也有脂质一般性质的物质，主要有取代烃、固醇类和萜类及其他脂质。

② 按其结构，脂类物质可分为脂肪和类脂两大类。

脂肪俗称油脂，是脂肪酸和甘油形成的脂类化合物。一般来说，脂肪的性质是由脂肪酸决定的。脂肪酸的种类很多，在自然中约有 40 多种，它又分为饱和脂肪酸和不饱和脂肪酸。饱和脂肪酸碳链上没有不饱和键。不饱和脂肪酸碳链上有不饱和键。有两个以上不饱和键的称为高度不饱和脂肪酸。

类脂的种类很多，其结构也是多样的，比较常见的有磷脂、固醇、糖脂和蜡等，与营养关系密切的有磷脂、糖脂和固醇等。

二、脂类的作用

脂类在对虾生命代谢过程中具有多种生理功能，是对虾所必需的营养物质。饲料中脂肪含量不足或缺乏，可导致对虾代谢紊乱，饲料蛋白质利用率下降，还可能并发脂溶性维生素和必需脂肪酸缺乏症。但是饲料中脂肪含量过高，又会导致对虾体内脂肪沉积过多，引起其抵抗力和品质质量的下降，不利于饲料的加工和储藏。脂类的主要生理功能如下。

1. 提供能量

脂肪是能量含量最高的营养素，是饲料中的高能量物质。其产热量高于糖类和蛋白质，每克脂肪在体内氧化可释放出 37.656 千焦的能量。相当于蛋白质和碳水化合物的 2.25 倍。直接来自饲料的甘油酯或体内代谢产生的游离脂肪酸是对虾生长发育的重要能量来源。对虾由于对糖类特别是多糖利用率低，因此，脂肪作为能源物质的利用显得特别重要。同时，脂肪组织含水量低，占体积小，所以储备脂肪是对虾储存能量以备越冬利用的最好形式。

2. 作为组织细胞的组成成分

一般组织细胞中均含有 1%～2%的脂类物质。特别是磷脂和糖脂是细胞膜的重要组成成分。蛋白质与类脂质的不同排列与组合，构成功能各异的各种生物膜。对虾体各组织器官都含有脂肪，对虾组织的修补和新组织的生长都要求从饲料中摄取一定量的脂质。此外，脂肪还是体内绝大多数器官和神经组织的防护性隔离层，可保护和固定内脏器官，并作为一种填充衬垫，避免机械摩擦，并使之能承受一定压力。

3. 利于脂溶性维生素的吸收运输

维生素 A、维生素 D、维生素 E、维生素 K 等脂溶性维生素，只有当脂类物质存在时，方可被吸收、利用。其体内运输也必须有脂类参加。脂类不足或缺乏，则影响这类维生素的吸收和利用。饲喂脂类缺乏的饲料，对虾一般会并发脂溶性维生素缺乏症。

4. 提供必需脂肪酸

某些高度不饱和脂肪酸为对虾维持正常生长、发育、健康所必需，但对虾本身不能合成或合成量不能满足需要，必须依赖饲料中脂类直接提供。

5. 作为某些激素和维生素的合成原料

如麦角固醇可转化为维生素 D_2，而胆固醇则是合成性激素的重要原料。而甲壳类不能合成胆固醇，必须由食物提供。

6. 节省饲料蛋白质、提高饲料蛋白质利用率

当饲料中含有适量脂肪时，可减少蛋白质的分解供能，节约饲料蛋白质用量，这一作用称为脂肪的节约蛋白质作用。因此脂肪对蛋白质具有节约作用。

三、对虾对脂肪、脂肪酸的需求

脂肪是虾类生长发育过程中所必需的重要能量物质，对虾饲料中的脂肪是影响对虾体重、体长、生长比速的第一限制因素，它可以提供对虾生长所必需的必需脂肪酸、胆固醇及磷脂等营养物质。饲料中的脂肪所含必需脂肪酸的全面性与含量，决定着饲料的优劣。对虾是低脂肪的动物，对饲料中的脂肪含量要求不高，其对脂肪的需求量与生长阶段、饲料中糖类和蛋白质含量及环境温度有关。通常粗脂肪要求量为4%～8%。虽然在对虾组织中脂肪含量较低，但是脂类中的必需脂肪酸、不饱和脂肪酸、磷脂和胆甾醇含量要求较高。

研究表明，日本对虾、中国对虾和斑节对虾等虾类需要四类必需脂肪酸：亚油酸（18：2*n*-6）、亚麻酸（18：3*n*-3）、二十碳五烯酸（20：5*n*-3，EPA）、二十二碳六烯酸（22：6*n*-3，DHA）。尤其是后两种不饱和脂肪酸，一般称为高度不饱和脂肪酸（HUFA），它的数量对对虾健康生长十分重要。日本对虾幼虾要求饲料中高度不饱和脂肪酸（HUFA）含量为1%；斑节对虾幼虾要求高度不饱和脂肪酸（HUFA）含量为1%～0.5%；中国对虾要求亚油酸含量为2.16%～1.95%，亚麻酸为0.87%～1.09%，高度不饱和脂肪酸（HUFA）含量为1%～0.57%，其中EPA为0.2%，DHA为0.37%（金泽沼夫，1977；任泽林，1994；王树森，1992；Chen，1986）。季文娟（1994）认为，花生四烯酸是中国对虾的必需脂肪酸，在试验饲料中的适宜量为1%。就中国对虾的生长速度、成活率做指标，比较几种不饱和脂肪酸的作用，排序为二十二碳六烯酸（DHA）＞花生四烯酸＞亚麻酸＞亚油酸。

脂肪中的必需脂肪酸（EFA）不能在体内合成或合成很少，必须由饲料中提供；对虾缺乏必需脂肪酸就会导致一系列脂肪酸缺乏症，如生长差、血清蛋白量及可食部分百分比减少、蜕皮间期延长、虾壳重量减轻等（李文立等，1996）。饲料配制的同时必须注意亚油酸、亚麻酸等的添加，因为二者在南美白对虾体内不能合成，是南美白对虾的必需脂肪酸。同时，饲料不饱和脂肪酸的含量对体脂组成也有影响。

斑节对虾幼虾对 18 碳以下的脂肪酸转化能力有限，在斑节对虾幼虾的养殖饲料中直接添加含有 HUFA 的脂肪源是必要的（高淳仁等，1997）。从成活率、蜕皮次数、增重率等实验结果发现，二十二碳六烯酸（DHA）对中国明对虾具有较高的营养价值（季文娟等，1994）。进一步研究发现，EPA 在与亲虾产卵有关的卵巢发育过程中起重要作用，而 DHA 在胚胎的发生发育中起某种特殊的作用（季文娟，1998）。

Zhou 等（2007）研究发现亚油酸（18∶2*n*-6）、亚麻酸（18∶3*n*-3）、二十碳五烯酸（20∶5*n*-3，EPA）、二十二碳六烯酸（22∶6*n*-3，DHA）均是南美白对虾的必需脂肪酸（Lim 等，1979），但其中 *n*-3 系列的作用更为重要，且高度不饱和脂肪酸 EPA（20∶5*n*-3）和 DHA（22∶6*n*-3）的促生长作用相对其他两种脂肪酸更好。商业饲料中上述 4 种必需脂肪酸的适宜添加量分别为 0.4%、0.3%、0.4%和 0.4%（谭北平等，2001）。研究表明，对虾类饲料中添加 5%～8%的单一或混合油脂时，可获得最佳的生长和成活率（Castell 等，1976；Davis 等，1986）。

南美白对虾对能量的需求不高，Dokken（1987）认为饲料中 90～120 毫克/千卡[1]的蛋白质能量比最为适宜；Cousin 等（1993）认为当饲料中蛋白质能量比为 100 毫克/千卡时最合适对虾的生长。目前虾类的脂类需要量尚不知晓，对虾商业饲料中推荐的脂肪添加水平为 6%～7.5%，且建议最高水平不要超过 10%（Akiyama 等，1991）。

四、对虾对类脂的需求

1. 对虾对胆固醇的需求

胆固醇又称胆甾醇，是类脂固醇的代表性物质。一种环戊烷多

---

[1] 1 千卡＝4.1840 千焦。

氢菲的衍生物。1816 年化学家本歇尔将这种具脂类性质的物质命名为胆固醇。广泛存在于动物体内，尤以脑及神经组织中最为丰富，其溶解性与脂肪类似，不溶于水，易溶于乙醚、氯仿等溶剂。是动物组织细胞所不可缺少的重要物质，它不仅参与形成细胞膜，而且是合成胆汁酸、维生素 D 以及甾体激素的原料。

胆固醇为性激素、脱皮激素、肾上腺皮质激素、胆汁酸和维生素 D 的前体，具有重要的生理功能。胆固醇对中国明对虾有显著的促生长和提高存活率的效果（周洪琪等，1991）。但是甲壳动物不能在体内合成固醇，需要饵料补充添加（李超春等，2005）。

关于对虾类对胆甾醇的需要量研究较多。日本对虾饲料中的胆甾醇适宜量通常认为是 0.5%。斑节对虾饲料中的胆甾醇适宜量为 0.2%～0.8%，中国对虾的饲料适宜量为 0.5%～1%（金泽沼夫，1971；刘发义，1993；Sheen，1994）。Teshima 等（1982）发现，日本对虾幼体需要 1%的胆甾醇。如果用不含胆甾醇的饲料来喂养糠虾幼体，在糠虾Ⅰ期时即全部死亡。金泽等（1971）的研究表明，在饲料中添加胆甾醇和不添加胆甾醇相比，对虾成活率和增重率（试验期 40 天）有明显差异。添加组成活率为 86%～95%、增重率为 56%～98%；而不添加组分别为 45%～78%、22%～64%。胆甾醇添加量以 1%为最适宜（成活率 92%，增重率 84%）。在饲料中加入麦角固醇、豆固醇或β-谷固醇，成活率与胆甾醇相同（83%～86%），但增重率均低于胆甾醇组。他还证实，对虾有将麦角固醇等转化为胆甾醇的能力。弟子丸（1981）研究，对虾对胆甾醇的需要量为 2%，这与金泽等的研究结果有相当差距。关于这方面的研究还应做进一步的探讨。但是业已证实，添加量过多（如对虾饲料中超过 5%）会抑制生长。

胆固醇是南美白对虾所必需的。Kanzawa（1971）等运用放射性同位素法证实了甲壳类动物在体内不能合成胆固醇，确定了胆固醇是对虾的必需物质，必须由饲料中提供。Gong 等（2000）研究发现南美白对虾的胆固醇需求与饲料磷脂（PL）含量有交互关系，当饲料不添加 PL 时，胆固醇需要量为 0.35%，而当饲料 PL 添加量为1.5%和3%时，胆固醇需要量为0.14%和0.13%。Duerr和Walsh（1996）在以豆粕为主要蛋白质源饲料中进行研究时，则发现当饲料中添加0.23%或0.42%胆固醇时南美白对虾生长最好。南美白对虾饲料中胆固醇的添加量以1%左右为宜。在实际生产中，南美白对虾的需求量还因养殖环境而异，在低密度养殖环境中的饵料生物可以提供游离的固醇给对虾，因此其需求量可能比研究结果要低。

2. 对虾对磷脂的需求

对虾对饲料中磷脂的需要量，与磷脂的种类有很大关系，以结合胆碱（卵磷脂）、肌醇最有效。磷脂在对虾营养中的功能有，可以促进营养物质的消化，加速脂类的吸收；可以提高制粒的物理质量，减少营养素在水中的溶失；保护饲料中的不饱和脂肪酸；作为对虾的诱食剂，引诱对虾采食；提供未知生长因子。对虾虽然自身能够合成部分磷脂，但对于高密度养殖中快速生长的对虾来说，其自身的合成量不能满足对虾需要，在饲料中必须补充磷脂。一般情况下，对虾饲料中的营养要求量为1%～2%。

磷脂在南美白对虾幼体及亲虾营养中均起重要的作用（Cahu等，1994）。Gong等（1998）发现饲料中添加不同梯度的大豆卵磷脂显著促进对虾的生长及肌肉中卵磷脂胆碱和胆固醇的含量。对虾的饲料中需要磷脂，特别是磷脂酰胆碱，这在各种对虾，包括对虾幼体（Teshima等，1982；Kanzawa等，1985）和后幼体（Chen和Jenn，1991）、斑节对虾（Chen，1993）和中国对虾（Kanzawa，1993）已经得到证明。在所报道的各种对虾饲料中磷脂的添加水平变动范围在0.84%～1.25%。一般来说，商业饲料中建议卵磷脂的添加量为1.0%～1.5%（谭北平等，2001；Coutteau等，1996）。不同来源的磷脂营养作用不同，Coutteau等（2000）发现大豆磷脂的效果要好于鱼卵磷脂。大豆磷脂中起作用的营养物质是磷脂酰胆碱，Coutteau等（1996）发现将大豆卵磷脂中磷脂酰胆碱（PC）去除后，在饲料中添加则达不到补充磷脂的效果。此外，饲料中补充大豆磷脂酰胆碱会促进虾体脂肪20：

1n-9、n-6 系列高度不饱和脂肪酸和二十碳五烯酸含量的升高，而 18∶1n-9 和单脂肪酸含量降低（Coutteau 等，1996；2000）。日本囊对虾幼体投喂不含磷脂的饵料时不能变态至后期幼体，并在 7 天内死亡；当饵料中含 1.0%19∶1n-9 和 1.0%多不饱和脂肪酸（HUFA）时，添加 6.0%的大豆卵磷脂，日本囊对虾生长率和成活率最高；当以 8.0%的鳕鱼肝油为脂肪源时，3.5%的大豆卵磷脂就足以获得理想的生长和成活效果（Kanzawa，1977a）。

五、脂肪氧化酸败与危害

饲料中的脂肪含有不饱和脂肪酸，虽然是对虾生长发育所必需，但是，很容易氧化酸败而产生大量有毒的化学物质。脂肪的氧化酸败通常有两种类型。

（1）脂肪中的不饱和脂肪酸的双键被空气中的氧气所氧化，生成分子量较低的醛和酸的复合混合物　这个过程在光、热和某些部分催化剂（如铜、叶绿素等）存在时更容易发生，并且是一自身催化型反应（也就是反应一经开始，就将以越来越快的速度继续进行下去，直到最后反应完成）。这一类型的氧化酸败多发生在含有相当数量的高度不饱和脂肪酸的油脂中，是油脂酸败中最常见、最主要的变化。

（2）脂肪的氧化酸败在微生物的作用下发生　在通风不良、高温、高湿的环境下，微生物（主要是霉菌）或植物细胞内部释放出的脂肪酶可使油脂水解为甘油和脂肪酸，脂肪酸进一步在微生物的作用下，在β-碳原子上发生氧化，生成的β-酮酸经过脱羟生成酮。这一类型在米糠等饲料原料中容易发生。

脂肪氧化酸败产生的危害是其结果产生大量具有不良气味的醛、酮等低分子化合物，使脂肪的营养价值和饲料适口性下降；在氧化过程中产生的过氧化物会破坏某些维生素；使蛋白质的消化率明显降低；氧化过程中产生的醛、酮对对虾有毒害作用。脂肪含量高的饲料或饲料原料，储存时间越长，氧化酸败的发生率就越高，氧化酸败程度就越严重。所以，饲料或饲料原料的储存环境要干燥、避光、通风。防止饲料原料或成品氧化酸败关键在于改善仓储条件，缩短储存时间，防止霉变发生。对于脂肪含量较高的饲料，在饲料中添加适量的维生素 E、抗氧化剂等，可以防止饲料中的脂肪被氧化变质。

在对虾饲料的生产过程中，可以为对虾饲料提供脂类营养的饲料源为鱼油（特别是鳀鱼油）、大豆油、贝类、小型虾蟹类、头足类。

第四节

对虾对碳水化合物（糖类）的需求

一、碳水化合物（糖类）的种类

糖类习惯上称碳水化合物（carbohydrate），通常由碳、氢、氧三种元素按 $C_n(H_2O)_n$ 通式组成。但是用碳水化合物这一名称来表达糖类是不确切的。例如，甲醛（CH_2O）、乙酸（$C_2H_4O_2$）虽然符合该通式但明显不属于糖类。而一些糖的化学组成也不一定符合上面的通式，如脱氧核糖（$C_5H_{10}O_4$）。糖类的准确定义应该为多羟基醛或多羟基酮以及水解后能够产生多羟基醛或多羟基酮的一类有机化合物。碳水化合物是一种最容易得到、最廉价的能源物质。因此，在饲料中如果能充分合理地利用碳水化合物，将大大降低饲料成本，取得理想的养殖效果。

碳水化合物按其营养特点可分为无氮浸出物和粗纤维。无氮浸出物是指碳水化合物中溶于弱酸和弱碱的物质，包括单糖、双糖和多糖。单糖包括葡萄糖、果糖、半乳糖、甘露糖等。双糖包括蔗糖、乳糖、麦芽糖等。多糖包括淀粉、糊精、糖原、海藻多糖类的琼脂、羧甲基纤维素（CMC）等。粗纤维包括纤维素、半纤维素、木质素、果胶等。无氮浸出物是可消化糖类，粗纤维是不可消化糖类。

二、碳水化合物（糖类）的生理功能

碳水化合物主要的生理功能有以下几个方面：为动物机体提供能量；形成肌体体脂；为体内合成非必需氨基酸提供碳架；是组织细胞的构成成分，构成体组织；节省体蛋白和改善蛋白质的利用等。具体来说其主要的生理功能表现在如下方面。

1. 机体组织细胞的组成成分

糖类及其衍生物是对虾体组织细胞的组成成分。如五碳糖是细胞核核酸的组成成分，半乳糖是构成神经组织的必需物质，糖蛋白则参与细胞膜的形成。

2. 提供能量

糖类可以为对虾提供能量。吸收进入对虾体内的葡萄糖经氧化分解，释放出能量，供机体利用。除蛋白质和脂肪外，糖类也是重要的能量来源。摄入的糖类在满足对虾能量需要后，多余部分则被运送至某些器官、组织中（主要是肝脏和肌肉组织）合成糖原，储存备用。

3. 合成体脂肪

糖类是合成体脂的主要原料。当肝脏和肌肉组织中储存足量的糖原后，继续进入体内的糖类则合成脂肪，储存于体内。

4. 合成非必需氨基酸

糖类可以为对虾合成非必需氨基酸提供碳架。葡萄糖的代谢中间产物如磷酸甘油酸、α-酮戊二酸、丙酮酸可用于合成一些非必需氨基酸。

5. 节约蛋白质作用

糖类可以改善饲料蛋白质的利用，有一定的节约蛋白质作用。当饲料中含有适量的糖类时可减少蛋白质的分解供能。

粗纤维包括纤维素、半纤维素、木质素等，一般不能被对虾消化、利用，但却是维持对虾健康所必需的。饲料中适当含量的纤维素具有刺激消化酶分泌、促进消化道蠕动的作用。

胡毅等（2009）研究发现当饲料碳水化合物从13.82%升高到25.72%时，饲料蛋白质可以从45.86%降低到37.82%，而对虾特定生长率无显著差异，说明饲料碳水化合物对蛋白质有一定的节约作用，这与Cousin等（1993）的研究结果相似。

6. *糖类在对虾的免疫系统中起重要的作用*

研究表明，多肽糖能增加对虾血液中吞噬细胞的活力，提高其抗病力，并有助生长及提高饵料利用率。多糖又称多聚糖，是生物有机体内普遍存在的一类生物大分子。它不仅参与组织细胞的构成，而且是多种内源性活性分子的重要组成成分。人们研究发现，多糖及糖缀合物（如糖蛋白和糖脂等）参与了细胞各种生命活动的调节，如免疫细胞间信息的传递和接收，这与细胞表面多糖体的介导有密切关系。多糖又是细胞表面各种抗原与药物的受体，同时还参与细胞的转化和分裂再生等各种生理过程的调节。多糖被认为是一种广谱的非特异性免疫促进剂，能够增强机体的细胞免疫和体液免疫功能，可激活巨噬细胞，促进抗体的形成，激活补体及诱导产生干扰素等。利用免疫多糖可提高虾类的免疫功能和机体防御能力，从而达到防病抗病的目的，已经为越来越多的研究工作者所重视。庄承纪等（1998）用玻璃缸培育罗氏沼虾和斑节对虾苗，在水体中添加不同浓度的壳多糖，人为感染气单胞菌或弧菌，发现壳多糖可抑制气单胞菌和弧菌的生长繁殖，增强抗病能力，提高虾苗的成活率。刘恒、李光友（1998）利用海藻提取的与微生物多糖有类似结构和性质的免疫多糖作为饲料添加剂，以口服形式对南美白对虾进行免疫，实验组的南美白对虾酚氧化酶的活力、溶菌、抗菌活力和超氧化物歧化酶活力，均高于对照组。研究发现注射海藻多糖和北虫草多糖能提高日本囊对虾、中国明对虾和日本沼虾的免疫力（刘树青等，1999；江晓路等，1999；刘岩等，2000；昌鸣先等，2001，2003）。

葡聚糖（BG）主要机能是增强水产动物的非特异性免疫系统功能。具体作用机制是水产动物机体内巨噬细胞的表面上存在着一个葡聚糖的特殊受体，当葡聚糖与巨噬细胞结合后，激活巨噬细胞的活性，继而诱发一系列的免疫反应，从而使机体通过吞噬作用吸收、破坏和清除体内的病原微生物，进而提高了水产动物的免疫功能（凌统等，2005）。在饲料中添加葡聚糖能有效提高斑节对虾的免疫力以及抗 WSSV 的能力，显著提高斑节对虾增重、存活率，同时降低饲料系数（杨会军等，2001；Chang 等，2003）。用 β-1,3-1,6-葡聚糖浸浴斑节对虾，发现其酚氧化酶和抗菌酶活性均有提高（Sung 等，1994）。也有研究者用 β-葡聚糖溶液对中国明对虾溞状幼体、糠虾幼体进行 3 小时浸浴，48 小时后用浓度为 5.9×10^6 CFU/毫升的副溶血弧菌进行攻毒，发现可以提高溞状和糠虾幼体攻毒后的存活率（王新霞等，2004）。

肽聚糖（PG）是细菌等原核生物的细胞壁内含有的一类由聚糖链、肽亚单位等组成的大分子聚合物，可增强斑节对虾的免疫力，提高其生长速度及其成活率（Boonyaratpalin 等，1995）。用肽聚糖投喂日本囊对虾，发现可提高其对弧菌和 WSSV 的抵抗力，有效提高其成活率（Itami Toshiaki 等，1998）。当对虾饲料中使用一定浓度的肽聚糖，可以通过提高对虾血清中酚氧化酶等因子活力而达到提高非特异免疫力的目的，而且能够提高感染 WSSV 后仔虾的存活率，从而达到防病治病、增加生产收益的目的（王秀华等，2005；宋晓玲等，2005；陈国福等，2004，2005）。

三、对虾对碳水化合物（糖类）的需求量

对虾体内虽然存在不同活性的淀粉酶、几丁质分解酶和纤维素酶等，但其利用糖类的能力远比鱼类低，因此对糖类的需要量低于鱼类。研究结果表明，饲料中少量的纤维素有利于促进对虾胃肠的蠕动，能减慢食物在肠道中的通过速度，有利于营养素的吸收利用。据报道，在南美白对虾饲料中添加 0.52% 葡萄糖胺可改善其生长，而添加甲壳质会使其生长受阻。但 Akiyama 等认为，甲壳质是虾外骨骼的主要结构成分，对对虾的生长有促进作用，建议南美白对虾饲料中甲壳质的最低水平为 0.5%。相比较而言，糖类是

廉价的能源，但对虾利用糖类的能力较弱，饲料中糖类含量过高，对虾生长不利。

由于不同的虾类其消化酶的种类与变化规律存在差异，导致其食性与消化特性各异。一般来说杂食性和草食性的虾类饲料中糖类需求量高（20%～26%），肉食性虾类饲料中糖类需求量低（10%～12%）。

对虾不同发育阶段，由于消化酶的种类和活性存在差异，这也影响虾类对糖类的营养需求和消化吸收。一般是在幼体阶段消化糖类的消化酶分泌能力不足。因此，此时饲料中的糖类含量要略低。随着对虾的生长发育，虾类饲料中糖类的含量可以适当增加。

Pascual 等（2004）研究表明，野生对虾饲料中糖类的利用与乳酸盐、蛋白质和血细胞水平直接相关，饲料中的糖类可以通过转氨作用合成蛋白质，而对饲养驯养的第 7 代对虾研究表明，饲料中糖类合成蛋白质作用被抑制，这可能是人工养殖对虾饲料中需要较多的蛋白质，而糖类不能过多的原因之一。

不同的糖源，虾类需求量不同。Davis 和 Arnold（1993）比较了小麦淀粉、全麦、营养性添加剂、高粱、蒸汽碎裂玉米的表观可消化系数。结果发现，小麦淀粉的表观干物质消化率和表观可消化能最高，其次是高粱，蒸汽碎裂玉米最差。饲料的消耗量与消化性系数呈负相关，说明消耗量可能是能量调节的。Cousin 等（1996）采用体内和体外的研究方法，对体重为 18～25 克的南美白对虾对来源不同的 8 种淀粉的消化性进行了研究。表观消化率（ADC）从高直链玉米淀粉的 63.1%到糊化蜡状玉米淀粉的 95.8%；体外水解初始速率（IRH）从高直链玉米淀粉的 14×10^{-4} 微克/分钟到糊化蜡状玉米淀粉的 89×10^{-4} 微克/分钟。可以看出，IRH 更适于估计体内的淀粉可消化性。

Rosas 等（2001）研究表明，南美白对虾幼体饲料中的糖类含量与质量会影响能量代谢、机体渗透压以及生长。幼体氨的分泌、血淋巴葡萄糖以及消化腺中的糖原含量还受蛋白质能量比的影响。Cousin 等的研究表明，南美白对虾饲料中糖类水平可以达到 35%。

胡毅等（2009）试验结果显示饲料中13.82%的碳水化合物不能满足南美白对虾的正常需要，其碳水化合物需求量应高于此水平。Cruz-Suarez等（1994）研究了南美白对虾对7种来源于不同谷类的淀粉（小麦粉、玉米粉、高粱粉、小米粉、大米粉、面饼副产品和蛋糕副产品）的消化吸收率，以及比较了这7种糖源对南美白对虾生长性能的影响，结果表明，小麦粉和蛋糕副产品组的生长最好，其次是大米粉组，而玉米粉、高粱粉、小米粉和面饼副产品组的生长最差。Cruz研究报道，在基础饲料中添加近22%不同来源的糖类物质，南美白对虾（0.7克）显示出不同的生长特性。投喂小麦生长率最好，其次是饼干饲料，含有水稻饲料则有中等水平，而含有高粱、小米、玉米和食用面糊的饲料生长率较低。测定的消化率也有明显的差异。投喂含有食用面糊饲料的南美白对虾有最高的消耗量，其次为饼干和小麦饲料，而水稻、高粱、小米和玉米饲料有类似的消耗量。但从对虾生产的成本来看，廉价的糖源价格能够与稍高的饲料系数相抵消。对虾饲料使用的饼干和食用面糊的潜力很大，价格便宜，而且使用会产生较好的生长率。

对于水产动物来讲，碳水化合物（CBH）是提供能量的一种重要物质，但是由于大部分水产动物对碳水化合物的消化和利用能力有限，更倾向于利用蛋白质作为能源，其在水产动物饲料中的添加量不能太高。一般认为在海水养殖环境下，南美白对虾对碳水化合物的需要量为20%～30%（杨奇慧等2005）。关于低盐度环境下，南美白对虾对碳水化合物饲料中需要量的研究也有不少报道。Rosas等（2001）报道，在低盐度下投喂高蛋白质（50%）低CBH（1%）的情况下，南美白对虾生长不受影响。郭冉等（2007）研究表明，在盐度为0.6%～1.4%时，糖和蛋白质的水平对南美白对虾幼虾干物质和蛋白质消化率的影响不显著（$P>0.05$）；糖的消化率在以蛋白质为35%、糖为20%时最高。由此可见，在南美白对虾饲料中碳水化合物的添加量应随着蛋白质需要量的不同而作相应的调整。

目前，关于对虾对葡萄糖利用率低的机制仍不大清楚。一种观点是借用于鱼类说法，认为单糖穿过消化管的速率快；淀粉等多糖则需要酶的水解作用，穿过消化管的速率慢。释放慢的糖利用率高于迅速释放的糖。另一种解释是肠中的葡萄糖抑制了氨基酸的正常吸收。因此，对虾对葡萄糖利用率低的真正机制有待进一步的深入研究。

总的来说，虾类对糖的利用率很差。对虾对糖类的消化吸收，一般认为，南美白对虾＞斑节对虾＞中国对虾＞日本对虾。高含量的单糖对虾类的生长有抑制作用，虽然低聚糖显示出了良好的生长效果，但它在虾类饲料中应用还不普遍，与各种淀粉相比，低聚糖就不具优势了。通过对各种淀粉进行研究表明，虾类对小麦淀粉的吸收和利用较好，而在淀粉含量高的面粉中，也是小麦面粉有较好的表观消化率。因此，从工业上大规模的饲料生产来看，使用小麦面粉是较好的选择。

对虾对单糖类如葡萄糖利用率很低，但是对多种谷物类的淀粉却能很好地利用。Shiau 等用斑节对虾实验证实，饲料中适量增加淀粉量，可以减少蛋白质的需要量（Shiau，1992）。通常对虾对糖类（淀粉为主）的营养需要量，在人工配合饲料中为 20%～25%。

对虾饲料中或多或少地含有粗纤维，少量的粗纤维可促进肠道蠕动，甚至提高生长速度和蛋白质利用率。但是，粗纤维含量过高就会影响对虾对饲料的消化吸收，从而抑制生长。对虾饲料中幼虾期粗纤维含量应不高于 2%，成虾期粗纤维含量应控制在 5%以内为适宜。

在对虾饲料生产过程中，原料都要经过制粒前的高温调质处理使淀粉充分糊化，这样既提高了糖类的利用率，同时又起到黏结作用，提高了颗粒在水中的稳定性。在南美白对虾饲料配方中，糖类水平可依配方成本而定。为对虾饲料提供碳水化合物的饲料源一般推荐使用饼粕类和谷物淀粉等。

虾类养殖的蓬勃发展，极大地推动了其配合饲料的研发、应用与推广，但有关虾类营养的基础研究远不能满足优质虾类配合饲料研发的要求。尽管近年来，有关虾类对糖类的营养需求及利用方面的研究取得了较大进展，特别是中国明对虾（中国对虾）、日本囊对虾（即日本对虾）、斑节对虾、凡纳滨对虾（南美白对虾）、细角滨对虾等虾类的糖类营养需求开展了一系列有益的工作，但尚不够完善、深入、系统。今后应加强以下几方面的研究：深入了解与虾类糖代谢有关酶活性的变化以及不同阶段对糖的利用率等，以探明虾类糖类代谢机制；研究养殖虾类各生长发育阶段对糖类的最适需求量；研究糖类营养与虾类免疫的关系，探明糖类需求与虾类疾病的关系，以期通过营养调控增强虾类自身免疫力，提高虾类抗病能力；探讨糖类对虾类生殖性能的影响；探讨虾类对糖类需求量与脂肪需求量和蛋白质需求量之间的合理关系，探明糖类节约蛋白质效应，为研发营养平衡、优质高效的无公害系列配合饲料提供科学依据；探讨虾类养殖模式和环境因子对糖类的营养需求及其利用的影响等。为开发出适应不同养殖模式和各种养殖环境的虾类系列配合饲料提供理论依据。

第五节

对虾对矿物质的需求

一、矿物质的生理作用

矿物质又称无机盐或灰分，是饲料燃烧后的残留物。它是水产动物营养中的一大类无机营养物质，与大多数陆生动物不同的是，水产动物除了从饲料中获得矿物质营养外，还可以从水环境中吸收矿物质。矿物质在生物体内的各种成分中，虽然所占的比例很小，但是，它是维持对虾生命活动所必需的营养物质。它们在对虾生理活动中具有很重要的作用，可是矿物质的作用往往不被重视或被忽视。在对虾体内，矿物质的生理功能主要有以下几个方面。

① 矿物质是构成对虾机体的主要成分之一。矿物质参与肌体外骨骼的形成，构成对虾的外甲壳。例如钙、磷是构成对虾甲壳的主要成分。

② 调节机体渗透压的平衡和酸碱平衡。各种矿物质元素在对虾机体组织中，大部分以可溶性无机盐的形式存在。无机盐是体液的电解质，维持、调节对虾机体渗透压的平衡和酸碱平衡，虾类可以通过鳃、体表从生活的水环境中直接吸收矿物质。所以，虾类需要经常维持体液和周围水环境之间的渗透压平衡。

③ 构成组织、酶、维生素、色素的必需成分，参与神经传导和肌肉收缩。

④ 矿物质是激素、酶的重要成分，并且能激活酶。

二、矿物质的组成

到目前为止，已发现有 29 种矿物质是动物的必需营养物质。按其在机体的含量可以分为三大类：碳、氢、氮、氧、硫在体内含量很高，每千克体重含量以克计，称为大量元素；钙、磷、镁、钠、钾、氯六种元素，在体内含量也较高，每千克体重含量以克计，称为常量元素；剩余的元素在体内含量很低，每千克体重含量以毫克计，称为微量元素，其中含量极微的又称为痕量元素。通常所说的矿物质即指常量元素和微量元素。按动物对矿物质的依赖程度，可将矿物质分为必需矿物质和非必需矿物质。研究发现，有 15 种微量元素是动物所必需的。其中，锌、铁、铜、锰、钴、碘、硒、钼、铬、氟的生理功能已经比较清楚了。在个别动物上也观察到镍、钒、锶、或砷的缺乏症，但目前这几种元素的必需性尚未得到证实。此外，镉、铅、镍、锡等元素的必需性尚需要进一步研究。

确定一种矿物质是否为机体所必需的依据，一是当动物摄入该矿物质不足就会导致生理功能异常，当补足后缺乏症消失；二是如果缺乏该矿物质，动物既不能正常生长也无法完成其正常的生命周期；三是该矿物质是通过影响机体代谢过程而对动物直接起作用；四是该矿物质的功能是无法由其他矿物质完全替代的。

三、对虾对矿物质的需求量

矿物质是虾类生长发育与繁殖不可缺少的营养物质。虾类虽然能从养殖水体中吸收一部分矿物元素，但由于蜕壳的关系而常常丢失一定的矿物质。在养殖中，尤其是高密度养殖饲料中必须添加矿物质。然而，矿物质在饲料中添加过多又会引起对虾慢性中毒，矿物质元素过量可抑制酶的生理活性、污染水环境，而且在虾体通过富集作用而危害人体健康，因此，饲料中添加矿物质元素必须慎重，要选择利用率高的剂型，要弄清对虾的最适需要量。对虾对各种矿物质的需要量甚微，加之水中存在一定的矿物质，很难准确配成某种矿物质含量梯度饲料，因而其饲料中矿物质的适宜添加量应根据养殖环境的不同而变化。

海水中富含钙，海水养殖南美白对虾，不需另外添加钙源饲料。Davis 等（1993）证明对于南美白对虾饲料中添加钙没有必要，但该种类对磷的需要量取决于饲料中钙的含量。若不添加钙，基础饲料中所含的 0.35%的磷足够维持对虾好的生长和存活。若添加 1.0%和 2.0%的钙，则需相应各自添加 0.5%～1.0%和 1.0%～2.0%的磷，才可维持对虾的正常生长。可见对虾对磷的需要量取决于饲料中钙的含量。因此，饲料配方的设计应注意钙、磷添加的比例。建议商业对虾饲料中的钙含量不得超过 3%（Davis 和 Gatlin）。

镁（Mg）是多种酶的辅基和激活剂。Liu 和 Lawrence 报道，南美白对虾对镁的需要量为 0.12%，反映出南美白对虾对镁有较高的需求。如果南美白对虾经淡化后养殖，饲料中镁的添加量还应适当提高。

锌（Zn）是虾体必需的微量元素，参与机体的新陈代谢。据报道，南美白对虾对饲料中锌的需要量为 0.058%；对于体质量 0.058 克的中国对虾锌的需要量为 218 毫克/千克。而 Davis 等推荐南美白对虾锌需要量为110毫克/千克。一些研究表明，水产动物对氨基酸螯合态锌盐的利用率要比无机态的高得多。若南美白对虾饲料中添加氨基酸螯合态的锌盐，则锌需要量可以显著降低。

铜（Cu）是对虾血蓝蛋白的组成成分，同时也是多种酶包括细胞色素氧化酶、酪氨酸酶、抗坏血酸酶和酚氧化酶的成分，影响体表色素形成、生殖系统和神经系统的功能，同时影响对虾的非特异性免疫。据报道，南美白对虾对饲料中铜的需要量为0.023%；刘发义等报道，中国对虾对铜的需要量为53毫克/千克，进一步添加会导致铜在肝胰脏的大量积累；Davis等（1993）发现饲料中缺乏铜时，南美白对虾心脏肿大，血淋巴、甲壳和肝胰腺中铜水平均显著降低，生长明显下降。南美白对虾对铜的需求量为16～32毫克/千克，34毫克/千克的铜足以满足南美白对虾的需要，但当铜含量达到120毫克/千克时也没有表现出副作用。Akiyama等（1989）推荐商业对虾饲料铜的添加量为25毫克/千克。郭志勋等（2003）在商业饲料配方中以硫酸铜形式添加30毫克/千克铜时发现南美白对虾生长最好，且对虾血淋巴中酚氧化酶和超氧化物歧化酶（SOD）活力都显著升高；而与硫酸铜相比，蛋氨酸铜没有显著的促生长效果，对肌肉和肝铜含量以及SOD活性没有显著影响（郭志勋等，2005）。

刘发义等报道，饲料中钴（Co）含量50～70毫克/千克时，中国对虾增重率最高。Davis等认为，南美白对虾饲料中钴的添加量以70毫克/千克为宜。

硒（Se）是有毒元素，又是动物生命活动所必需的元素。根据Davis等的研究结果，对虾饲料中硒的添加量推荐为0.2～0.4毫克/千克。Davis等认为0.3克的幼虾饲料不必添加锰（Mn），对于1克重的幼虾锰的添加量为每千克饲料中添加70～140毫克。由于饲料原料如小麦次粉以及米糠等都是较好的锰源，因此南美白对虾饲料中可以不添加锰（Davis等，1993）。南美白对虾基础饲料中铁（Fe）的含量，不必添加便可以满足对虾的生理需要。鉴于对虾饲料中富含较多的不饱和脂肪酸，商业对虾饲料应限定铁添加量，以免铁离子影响不饱和脂肪酸以及抗坏血酸的稳定性，进而影响饲料的品质（Davis 等，1992）。

Davis 等（1992）评价了 13 种矿物元素对南美白对虾的必需性，结果发现饲料中缺乏镁、锰、铁、锌和铜时会导致南美白对虾体组织中此矿物元素含量的下降，且铜缺乏时显著抑制南美白对虾的生长，硒缺乏时导致对虾甲壳灰分含量的增加，钠缺乏时对虾反而生长较好，因此钠不是南美白对虾的必需矿物元素。Davis（1997）分别在饲料中添加 0.025%～0.4%的镁投喂南美白对虾，结果发现饲料中 0.12%镁组表现出最好的生长性能，0.4%的镁反而抑制对虾生长，而不添加镁时，南美白对虾肝胰腺镁含量下降，增重率并未显著降低。

Zhu 等（2006）研究了海水中钾离子对南美白对虾饲料中钾离子需求的影响结果表明，当环境中钾离子充足的情况下，饲料中补充钾来提高对虾的生长有一定的限制作用。

关于低盐度环境相关的矿物质研究也有报道。Cheng 等研究了饵料中钙、磷含量及钙磷比对低盐度下南美白对虾生长的影响，发现盐度为 0.2%时，南美白对虾饵料中钙和磷的营养需求分别为 0.77%和 0.93%，且当饵料钙含量为 1%和总磷含量为 2%时，南美白对虾可以得到较好的生长速度（Cheng 等，2006）。黄凯等（2004）研究表明，在基础饲料中钙和磷的含量分别为 0.27%和 0.49%时，南美白对虾饲料中钙、磷适宜添加量分别为 0.8%和 1.2%；在低盐度水体以磷酸二氢钙作为钙、磷添加剂原料，南美白对虾饲料中添加磷酸二氢钙 1%～3%较为合适。Saoud 等（2007）研究表明，在试验饲料中添加螯合钾可以促进南美白对虾的生长。但并未得出低盐环境下补充钾的最适宜添加量。Roy 等（2007）研究饲料中补充钾、镁、氯化钠对低盐养殖环境下南美白对虾的影响，表明饲料中添加钾离子氨基酸复合物可以促进低盐环境对虾的生长。王兴强等（2006）认为，在盐度为 0.1%的水体中，南美白对虾饲料中添加氯化钠 0.08%较为适宜。在盐度变化较大地区商业饲料中镁离子应做适当调整。

一些微量元素对虾类的影响，除了生长发育上造成差别外，某些免疫指标也会起变化。关于微量元素对虾类的免疫、抗病的影响，很多学者对铜和锌元素做了大量的研究。稚虾对饵料中铜的需求量为 34×10^{-6}，缺铜会造成虾的生长缓慢、心脏增大、血淋巴和甲壳及肝胰腺中铜的含量降低。镁、锰、铁、锌、铜的缺乏还会导致组织矿化程度下降，缺硒则会使甲壳灰分显著增加（艾春香，2000）。当海水中锌离子为20～40微克/升时，可以明显激活仔虾体内碱性磷酸酶的活性，但大于此浓度时则使该酶的活性降低；当海水添加锰离子时，也能提高仔虾体内碱性磷酸酶的活性。研究表明斑节对虾饲料中必须含有一定量的铜，当饲料中铜含量在15～21毫克/千克时，能显著提高肝胰腺指数和细胞内超氧阴离子（O_2^-）的产量；也有研究表明饲料中铜的含量对南美白对虾生长影响显著，并影响其免疫能力。在斑节对虾饲料中添加锌含量为35～48毫克/千克时，能显著提高肝胰腺指数和细胞内超氧阴离子（O_2^-）的产量。在以酪蛋白为主要蛋白质源的基础饲料中添加两种不同形式的铜盐（CuMet和$CuSO_4$），发现添加螯合态的铜盐既有利于减少环境污染，同时也能促进对虾的生长，减少元素之间的拮抗作用。目前，关于其他微量元素对虾类免疫力影响，相关研究做得较少。王宏伟等（2005）在饲料中添加微量元素硒，对中华米虾体内SOD的激活作用显著，并表现出明显的剂量效应。此外，磷的消化吸收利用还受饲料pH的影响，过高的磷含量可能会通过抑制其他矿物元素的吸收而影响对虾的生长。

Davis和Arnold研究磷的消化吸收率时发现，南美白对虾对不同磷源中磷的利用率差异很大：磷酸二氢钙46.3%，磷酸氢钙19.1%，磷酸二氢钾68.1%，磷酸二氢钠68.2%。因此，建议在商业饲料成本允许的前提下，可考虑使用磷酸二氢钾或磷酸二氢钠作为磷源，应尽量选择消化利用率高的磷源，以保证南美白对虾正常生长，并减少磷向水体中的排放，这对于南美白对虾健康、可持续养殖具有重要的意义。

目前，在饲料生产中一些矿物质营养要求的经验性参数可供参考。对虾对矿物质营养要求见表 2-7。

表 2-7 对虾对矿物质营养要求

矿物质	每千克饲料的含量			
	中国对虾①	对虾饲料推荐量	日本对虾②	南美白对虾③
钙	1%	2%	1%	非必需
磷	1%	1.5%	1%	1%～2%
镁	0.2%	0.2%	0.3%	
钠	0.6%	0.6%		
钾	0.9%	0.9%	0.9%	
铁		100 毫克		
铜	53 毫克	35 毫克		32 毫克
锌	100～200 毫克	110 毫克		
锰	60～80 毫克	50 毫克		
硒	20 毫克	1 毫克		
钴	130 毫克	10 毫克		

①综合李爱杰、刘发义、梁德海、李荷芳等资料。②Kanazawa et al，1984。③Davis et al，1993。

四、矿物质缺乏症

矿物质对虾类的营养很重要，但是在矿物质含量过高时，就会引起虾类慢性中毒，抑制酶的生理活性，取代酶的必需金属离子，改变生物大分子的活性，从而引起虾类的形态、生理和行为的变化，对虾类的生长不利，而且通过富集作用，会对人体健康产生危害。

1. 常量元素的生理功能与缺乏症

（1）钙和磷　钙、磷常放在一起讨论，这是因为它们在对虾代谢中紧密相连，并且在营养上缺乏任何一种时，会影响到另外一种的营养价值。钙、磷构成骨、齿及甲壳，是虾体内含量很高的无机元素。除骨骼外，钙还广泛分布于软组织、血浆和体液中。钙在软组织中的生理功能是参与肌肉收缩、血液凝固、神经传导、某些酶的激活以及细胞膜的完整性和通透性的维持。在细胞膜中，钙磷紧密结合，由此控制膜的通透性和控制细胞对营养成分的吸收。血钙过低，则会使神经组织应激性提高，并导致痉挛和惊厥。磷是腺苷三磷酸、核酸、磷脂、细胞膜和多种辅酶的重要组成成分，磷与能量转化、细胞膜通透性、遗传密码以及生殖和生长有密切关系；磷还用作缓冲液，以保持体液和细胞内液的正常 pH。

钙、磷缺乏时，表现为生长缓慢，外骨骼（甲壳）中灰分含量降低，饲料效率低和死亡率高。

（2）镁　镁作为磷酸化酶、磷酸转移酶、脱羧酶和酰基转移酶等的辅基和激活剂，具有重要作用。它也是细胞膜的重要构成成分。心肌、骨骼肌、神经组织的活动有赖于钙镁离子间维持适当的平衡。

水产动物镁缺乏症表现为生长缓慢、肌肉软弱、痉挛惊厥、白内障、骨骼变形、食欲减退、死亡率高。骨骼中的钙镁比可用来判断饲料中是否缺镁。

（3）钾、钠、氯　它们是生物体中最丰富的电解质，主要分布在体液和组织中，维持渗透压和酸碱平衡，控制营养物质进入细胞和水代谢等。此外，钾对维持神经和肌肉的兴奋性很重要，而且与碳水化合物的代谢有关。钠离子还参与糖和氨基酸的主动转运。

虾类调节钠、钾、氯离子含量的功能完善。在正常的情况下，未曾发现虾类钾、钠、氯缺乏症。但这些离子过量时，机体可呈现中毒症状。

2. 微量元素的生理功能和缺乏症

（1）铁　铁对于维持虾类组织器官的正常功能起着重要作用，是因为它在氧气运输和细胞呼吸中扮演着重要角色。铁的作用主要是构成血红蛋白（血红蛋白是红细胞中的载氧体），参与氧气运输。

铁缺乏时主要表现为贫血，含铁酶功能下降，脑神经系统异常，机体防御能力下降，体重增长迟缓，骨骼发育异常等。

（2）铜　铜在对虾体内参与铁的吸收及新陈代谢，为血红蛋白合成及红细胞成熟所必需。铜也是软体动物和节肢动物血蓝蛋白的组成成分，作为血液的氧载体参与氧的运输。铜是细胞色素氧化酶、酪氨酸酶和抗坏血酸氧化酶的成分，具有影响体表色素形成、骨骼发育和生殖系统的功能。含铜的赖氨酸氧化酶可直接由组织细胞产生，促进弹性蛋白和胶原蛋白的联结。

铜缺乏时主要表现为生长缓慢、免疫力下降。

（3）锌　锌分布于机体所有器官、组织和体液中，其中以肝脏和肌肉中的含量较高。锌是许多酶（如碳酸酐酶、羧肽酶、碱性磷酸酶、乳酸脱氢酶等）的组成成分或激活剂。它的生理作用是通过体内某些酶的作用而发挥的。在生物体内，锌参与多种代谢过程，不仅包括糖类、脂类、蛋白质与核酸的合成与降解，而且还在骨骼发育和生长、凝血、生物膜稳定等生理功能中担负起重要角色。锌还参与胰岛素及其他激素的合成与代谢。此外，锌在动物繁殖免疫方面和调节淋巴细胞前体的死亡过程中具有重要的作用。

缺乏锌时主要表现为生长迟缓、采食量下降、表皮损害、免疫力下降、生殖功能受损、死亡率上升等。

（4）锰　锰广泛存在于对虾组织中，其作用与镁类似，是很多酶的激化剂。此外，锰在三羧酸循环中起重要作用。

锰缺乏时主要表现为生长不良，免疫力下降，卵死亡率升高，孵化率下降。

（5）钴、碘、硒、铬　钴除了构成维生素 B_{12} 外，还是某些酶的激活因子。碘一半以上集中在甲状腺内，影响甲状腺的代谢。缺碘就会甲状腺增生，产生甲状腺肿大。硒是有毒元素，又是动物生命活动所必需的元素。它是谷胱甘肽氧化酶的组成成分，防止细胞线粒体的脂类过氧化。缺硒，动物抗氧化力下降，死亡率升高。铬有助于脂肪和糖类的正常代谢及维持血液中胆固醇的恒定。其生物作用与胰岛素有关。

第六节

对虾对维生素的需求

维生素是调节对虾新陈代谢、维持生命活动所必需的微量小分子有机活性物质。对虾对其需要量虽然不大，但是维生素在对虾生理活动中的作用却很大。这类物质在对虾体内一般不能自身合成或虽能合成却满足不了对虾生理活动之需。因此，对虾所需要的维生素必须从摄食的饲料中获得。而对虾饲料都要投入水中才能被对虾摄食利用，饲料中的水溶性维生素在水中必然会有一部分因溶解而损失，所以研究探讨对虾对维生素的适宜需要量和对虾饲料中维生素应该添加的适宜量具有很重要的意义。

一、维生素的种类

维生素种类较多，化学组成、性质各异，一般按其溶解性分为脂溶性维生素和水溶性维生素两大类。脂溶性维生素是可以溶于脂肪或脂肪溶剂（如乙醚、氯仿、四氯化碳）而不溶于水的维生素，包括维生素A（视黄醇）、维生素D（钙化醇）、维生素E（生育酚）和维生素K。水溶性维生素是能够溶解于水的维生素，对酸稳定，易被碱破坏，包括维生素B_1（硫胺素）、维生素B_2（核黄素）、泛酸（遍多酸）、烟酸（尼克酸）、烟酰胺（尼克酰胺）、维生素B_6（吡哆素）、生物素（维生素H）、叶酸、维生素B_{12}（氰钴素）、胆碱、肌醇和维生素C（抗坏血酸）等。

二、维生素的作用

1. 脂溶性维生素的生理作用

脂溶性维生素主要作为生理活性物质起作用。

(1) 维生素A(视黄醇) 维生素A易被氧化失效。其主要生理功能，一是参与眼睛视网膜光敏物质视紫红质的再生，维持正常的视觉功能；二是参与细胞分化；三是参与其他一些重要生理功能，如繁殖(精子生成)、免疫反应和抗氧化等。

(2) 维生素D(钙化醇) 维生素D主要存在于动物的肝、鱼肝油、卵黄和牛乳中。主要生理功能是通过增强肠道对钙、磷的吸收和通过肾脏对钙、磷的重吸收来维持体内血钙、血磷浓度的稳定，参与体内矿物质平衡的调节。1,25-二羟胆固醇具有溶骨和成骨的双重作用。1,25-二羟胆固醇能刺激破骨细胞活性和加速破骨细胞的生成，从而促进溶骨作用；同时还可通过刺激成骨细胞分泌胶原等，促进骨的生成。在免疫方面，维生素D可以调节淋巴细胞、单核细胞的增殖分化，以及这些细胞由免疫器官向血液转移。

(3) 维生素E(生育酚) 主要存在于植物油中，对热比较稳定，容易被氧化。主要生理功能是清除细胞内自由基，从而防止自由基、氧化剂对生物膜中多不饱和脂肪酸、富含巯基的蛋白质成分以及细胞核和骨架的损伤；保持细胞、细胞膜的完整性和正常功能；维持正常免疫功能，特别是对T淋巴细胞的功能有重要作用。

(4) 维生素K 对热稳定，主要存在于绿色植物及动物肝脏中。主要作用是促进肝脏凝血酶原的合成，参与凝血反应。同时，血液凝血因子Ⅶ、Ⅸ和Ⅹ的合成也需要维生素K。

2. 水溶性维生素的生理作用

(1) 维生素B_1(硫胺素) 主要存在于谷粒的外皮、麸皮、酵母、瘦肉、胚芽中。在酸性条件下稳定。其主要功能是参与糖的代谢。维生素B_1在体内主要以焦磷酸硫胺素(TPP)作为α-酮酸脱羧酶的辅酶参与α-酮酸(如丙酮酸和α-葡萄糖酮酸)的氧化脱羧反应，作为α-酮戊二酸氧化脱羧酶的辅酶参与氨基酸的氧化脱羧反应。TPP在磷酸戊糖代谢途径中参与转酮醇作用，并与核酸合成、脂肪酸合成相关联。维生素B_1的非辅酶作用包括维持神经组织和心肌的正常生理功能等。

(2) 维生素B_2(核黄素) 主要存在于油粕类、蛋、奶中。在碱性条件下不稳定，在热、酸和氧等条件下均稳定。可促进动物的生长与繁殖。维生素 B_2 在体内是以黄素单核苷酸（FMN）和黄素腺嘌呤二核苷酸（FAD）的形式存在。FMN 和 FAD 是体内多种氧化还原酶的辅酶，催化多种氧化还原反应，参与多种物质如蛋白质、脂质的中间代谢过程。通过参与谷胱甘肽氧化还原循环，产生预防生物膜过氧化损伤的作用。此外维生素 B_2 对维护表皮、黏膜和视觉的正常功能均有重要的作用。

（3）泛酸（遍多酸） 主要存在于麸皮、米糠、乳、肝脏、卵黄、紫苜蓿中。在酸、碱、热条件下不稳定。在脂肪代谢中具有重要作用。泛酸作为辅酶 A（CoA）的组成成分发挥重要作用，CoA 在机体物质代谢和能量产生中具有关键性的作用。乙酰辅酶 A 是许多物质生物合成的直接原料，在脂肪酸、胆固醇、固醇类激素、酮体等物质的合成代谢中，起着重要的中间代谢作用。

泛酸的非辅酶作用表现在可以刺激抗体的合成而提高机体对病原体的抵抗能力。泛酸也是蛋白质及其他物质的乙酰化、酯酰化修饰所必需的物质。

（4）烟酸［尼克酸、烟酰胺（尼克酰胺）］ 主要存在于花生、鱼粉、紫苜蓿中。在酸、碱、热条件下比较稳定，可参与蛋白质、脂肪和糖类的能量释放过程。烟酰胺主要作为烟酰胺腺嘌呤二核苷酸（又称辅酶Ⅰ，NAD^+）和烟酰胺腺嘌呤二核苷酸磷酸（又称辅酶Ⅱ，$NADP^+$）的组成成分参与体内的代谢。此外，烟酸的突出药理功能是降低血脂。同时，烟酸可以与体内的三价铬形成烟酸铬。

（5）维生素 B_6（吡哆素） 主要存在于肝脏、牛奶、谷物和植物性油脂中。对酸、碱、热均稳定。在体内参与多种物质的代谢。维生素 B_6 主要以磷酸吡哆醛形式参与蛋白质、脂肪酸和糖的多种代谢反应。吡哆醛为 100 多种酶的辅酶。维生素 B_6 的缺乏对神经系统结构和功能具有重要的影响，并由此产生多种全身性综合生理反应。维生素 B_6 在肝脂质代谢中具有重要作用。在细胞免疫方面也具有重要作用。

(6) 生物素(维生素 H) 主要存在于肾脏、肝脏、牛奶、卵黄中。对热很稳定，在酸碱条件下较稳定，在脂肪酸的生物合成、碳水化合物的氧化过程中具有重要作用。生物素是体内许多羧化酶的辅酶，参与物质代谢过程中的羧化反应(如丙酮酸羧化为草酰乙酸等)，在体内合成脂肪酸的过程中起着重要的作用。

(7) 叶酸 主要存在于植物的叶和动物肝中。可溶于水，在酸热条件下不稳定。对核蛋白的代谢有重要作用。也是生成红细胞的重要物质，与动物巨细胞性贫血有重要关系。与核苷酸的合成有密切关系，是维持免疫系统正常功能的必需物质。

(8) 维生素 B_{12} 主要存在于鱼粉、动物性饲料、发酵副产品中。易溶于水，在酸、碱条件下不稳定，不易被氧化，对热稳定。其生理功能是提高产卵率和孵化率，促进幼体生长，促进蛋白质合成。在糖代谢中发挥重要作用。维生素 B_{12} 能使机体的造血功能处于正常状态，促进红细胞的发育和成熟。

(9) 维生素 C(抗坏血酸) 主要存在于新鲜的茎叶类、豆芽、人乳、酸性水果中。维生素 C 受热分解，容易氧化，极不稳定，尤其是在碱性和中性溶液中更甚。它是合成胶原蛋白和黏多糖等细胞间质的必需物质；能使机体内氧化型谷胱甘肽转变为还原型谷胱甘肽，从而起到保护酶的活性巯基，解毒重金属毒性的作用；作为一种还原剂，参与体内的氧化还原反应；参与体内其他代谢反应，如在叶酸转变为四氢叶酸、酪氨酸代谢及肾上腺皮质激素合成过程中都需要维生素 C；参与肠道对铁的吸收。

(10) 胆碱 主要存在于鱼粉、肝脏、豆饼、谷类、小麦芽、酵母中。在酸和热的条件下稳定。胆碱作为卵磷脂的构成成分参与生物膜的构建，是重要的细胞结构物质。胆碱可以促进肝脂肪以卵磷脂形式输送，或提高脂肪酸本身在肝脏内的氧化作用，故有防止脂肪肝的作用。胆碱有三个不稳定的甲基，在转甲基反应中起着甲基供体的作用。胆碱的衍生物乙酰胆碱在神经冲动的传递上很重要。

(11) 肌醇 主要存在于麸皮、米糠中。在酸和热的条件下稳定。肌醇以磷脂酰肌醇的形式参与生物膜的构成。肌醇参与某些脂类的代谢，防止脂肪在肝脏中的沉积、避免脂肪肝的发生。此外，还发现磷脂酰肌醇参与一些代谢过程的信号转导。

三、维生素的稳定性与饲料加工中的损耗

绝大多数维生素的生物活性都是不稳定的。例如维生素A、维生素C遇到光和热容易被破坏，维生素B_1在碱性条件下容易被破坏，维生素B_1、维生素B_2、维生素C遇到微量的金属离子被破坏。因此，维生素在饲料加工过程中、储存期间和饲料在水中投喂时，都会有或多或少的损失，在对虾饲料配方设计中确定维生素的添加量时，要适量大于对虾的实际需求量，以弥补维生素在上述情况下的损失。但是，切忌维生素添加过多。过多的维生素不但造成浪费，增加成本，某些维生素过多甚至造成危害，如胆碱过多会降低其他维生素的活性。

四、对虾对维生素的需求量

对虾饲料中各种维生素含量的多少与平衡是决定对虾生长速度、抗病能力、免疫能力的重要因素。对虾对维生素的需求虽然做了大量的研究，但是得出的结论却有很大差别。

维生素是维持甲壳动物正常生理功能必需的营养素。维生素不同于氨基酸、糖类，其需要量甚微，而且虾体自身基本不能合成，主要从饲料中摄取。由于受发育阶段、饲料组成和品质、环境因素以及营养素间的相互关系等影响，因此对虾对维生素的需要量较难确定。对虾饲料中缺乏维生素会导致生长缓慢，产生维生素缺乏症；某些维生素过多也对虾的生长不利。除生物素等少数维生素外，对虾对维生素的需要量普遍高于鱼类，尤其是高于鲑、鳟鱼类。

He等在南美白对虾维生素需求方面进行了研究。首先以添加全价维生素预混料的饲料为对照组，从全价的维生素预混料中分别除去其中的一种维生素作为实验组，初步研究了维生素B_1、维生

素 B_2、维生素 B_6、泛酸钙、烟酸、生物素、叶酸、维生素 B_{12}、氯化胆碱、肌醇和维生素 C 11 种水溶性维生素对南美白对虾的影响，不添加维生素 B_1 和维生素 B_2，对虾的存活率明显低于对照组。He 等（1992）在另一实验中用半精饲料研究了维生素 A、维生素 D、维生素 E、维生素 K 的效应，经过 3 周的试验发现，添加维生素 A、维生素 D、维生素 E 和维生素 K 的对照组生长最好（增重 72.83%），缺乏维生素 A、维生素 D 或维生素 E 的试验组生长慢，其增重分别为 62.42%、55.88%、48.21%。另外，缺乏维生素 E 试验组虾的成活率较低。结果表明，维生素 A、维生素 D、维生素 E 是南美白对虾所必需的，而维生素 K 是非必需的。He 等（1993）进一步研究发现，投喂仔虾 PL（5～6 天），含有维生素 E 0～100 毫克/千克饲料的南美白对虾的重量增加，但是当投喂量增至 100～600 毫克/千克时，增重则无明显变化，经曲线回归表明，南美白对虾所需维生素 E 为 99 毫克/千克。并且用 L-抗坏血酸基-2-聚磷酸作为维生素 C 源对南美白对虾维生素 C 需求量进行了研究，在投喂含 0、25 毫克 AAE/千克饲料、50 毫克 AAE/千克饲料、75 毫克 AAE/千克饲料和 100 毫克维生素 C 当量（AAE）/千克饲料 14 天后，南美白对虾幼虾存活率明显比投喂含 1000 毫克 AAE/千克的对照组要低。当饲料中维生素 C 含量从 0 增至 1000 毫克 AAE/千克时，存活率从 23%增加至 92%。研究还表明，南美白对虾对维生素 C 的需要量随虾体重的增加而增大，0.1 克重的对虾所需维生素 C 为 20 毫克 AAE/千克，而 0.5 克重的南美白对虾需求量则增至 41 毫克 AAE/千克。

Lavens 等（1999）研究南美白对虾幼体对维生素 C 需要量时发现，饵料中不添加维生素 C（L-抗坏血酸-2-磷酸酯）则生长显著缓慢，并以增重为判断依据，根据折线模型确定出南美白对虾幼体维生素 C 需要量为 130 毫克/千克。周歧存等研究了维生素 C-2-磷酸酯对南美白对虾生长及抗病力的影响，在对虾幼虾阶段，维生素 C 具有显著提高对虾增重率的作用，而到了养成阶段维生素 C 具有显著提高对虾成活率的作用，以生长、成活和酚氧化酶活力为指标，饲料中维生素C-2-磷酸酯的适宜添加量为150毫克/千克。同时，维生素C能使南美白对虾的蜕壳频率增加，蜕壳是南美白对虾的一种生理过程，蜕壳前体内维生素C含量急剧升高，体内积蓄大量的维生素C有利于蜕壳后身体的恢复。因此，研究者所用的维生素C剂型不同，得出的结论相差很大。

适当的动植物蛋白比可以满足对虾对各种氨基酸的适宜需求，对于低盐度环境下南美白对虾对维生素需要量的研究甚少。李二超等（2009）在盐度为0.3%的条件下对南美白对虾进行研究，结果认为南美白对虾最适维生素B_6的含量为106.9～151.92毫克/千克饲料。

维生素A对水生动物维持免疫系统正常功能是必需的，对虾养殖生产中频繁发生的烂眼病，常常是因缺乏维生素A产生病变，而后为细菌侵袭所致（陈四清等，1994）。投喂缺乏维生素A饲料的中国明对虾幼体死亡率高，可能是由于维生素A的不足导致对细菌感染的抵抗力下降，进而使死亡率上升（梁萌青，1999）。饲料中补充维生素E能显著增强中国明对虾血清中酚氧化酶活力，并且随着维生素E浓度的升高，酚氧化酶活力增强；一定量的维生素E能促进酚氧化酶原的合成，增强中国明对虾血清对副溶血弧菌和溶藻弧菌的吞噬活力（王伟庆，1996）。维生素C可提高虾类的抗病能力和免疫能力，减轻维生素B_1、维生素B_2、泛酸和生物素等不足引起的缺乏症。饵料中添加维生素C能明显降低受副溶血弧菌感染的中国对虾的死亡率（王安利等，1996）。中国明对虾细胞的吞噬能力随饵料中添加维生素C多聚磷酸酯（LAPP）量的增加而增强；同时，LAPP能提高中国明对虾对缺氧的耐受力。配合饲料中添加维生素C还能增强中国对虾的抗低氧能力并降低发病率与死亡率。变动的维生素C适宜添加量对于中国对虾具有明显的促进生长、增强抗病力和抗低氧能力，以及提高存活率的作用（王伟庆，1996）。有人做过研究，用从病虾中分离出来的弧菌感染日本囊对虾稚虾1周后，投喂缺乏维生素C的饵料，成活率仅为14%，而投喂添加维生素C 5毫克/100克饲料，虾成活率可达80%（Kanazawa等，1979）。饲料中肌醇缺乏或不足，日本囊对虾增重率降低、死亡率升高、饲料效率低下；肌醇不足会导致中国对虾对细菌感染的抵抗力下降，进而使死亡率上升（刘铁斌等，1994）。在斑节对虾饲料中添加维生素C能提高其非特异性免疫，如肝胰腺指数、超氧阴离子产量、PO活力等（李贵生等，2000）。进一步研究发现，维生素C能降低斑节对虾杆状病毒的感染度，起到预防杆状病毒病发作的作用（Lee等，2002）。

主要养殖品种的对虾对维生素的需要量见表2-8。

表2-8 四种对虾对维生素的需要量

维生素	每千克饲料的需要量/毫克			
	中国对虾	斑节对虾	日本对虾	南美白对虾
维生素 B_1	60	14	60～120	50
维生素 B_2	150	22.5	80	40
维生素 B_6	140		120	80～100
维生素 B_3	100			75
维生素 B_5	400	7.2	400	200
维生素 B_6	140		120	50
维生素 B_{12}	0.015			0.1
维生素A	150000国际单位			10000国际单位
维生素D	60000国际单位	0.1		5000国际单位
维生素K	34	30～40		5
维生素E	400国际单位			300
维生素C	1000	2000	3000	1000
肌醇	4000		2000～3000	300
生物素	0.8			1
叶酸	8	2～8		10
胆碱	6000	600		400

注：依据张道波，1998；Shiau，1998；Lawrence，1996。

因为在人工养殖条件下，对虾在养殖环境中能从池塘中的单细胞藻类、菌类中获取多种维生素，还因为对虾对维生素的需求研究得还不够深入、细致，不同的研究者有不同的结论，同一研究者因为试验条件等的不同得出的结果也有差异，所以，所列出的参数，对于每一个饲料厂或养虾场在做对虾配合饲料的加工时，还应做一些调整。

由于维生素C非常容易氧化，在对虾人工配合饲料的加工时推荐使用包膜等高稳定性维生素C。

五、对虾维生素缺乏症

对虾饲料要投入水中且在水中要有一定的浸泡时间才能被对虾摄食，因此，饲料中的水溶性维生素必然有一部分因溶解而损失。如果饲料配方中添加的维生素量不合适就会引起对虾发生营养性疾病。例如，对虾的痉挛病，病因之一就是饲料中缺乏B族维生素；对虾体质差、抗病力差原因之一是饲料中维生素C和维生素E缺乏引起。所以，设计对虾饲料配方既要考虑各种维生素的损耗情况又要考虑对虾自身在养殖环境中能够获取的各种维生素的多寡综合考虑。

第七节

对虾营养标准

关于对虾的营养需求，国家和很多企业制定了对虾配合饲料的行业标准和企业标准。虽然对于全球主要养殖种类的对虾在营养需求方面进行了很多研究，已经形成理论的书籍很多，已报道的研究成果也不少。但是，对于每种对虾的非常确切的营养物质需求及其相互作用，还是有不同的争议。对虾对营养物质需求的研究，因不同的研究人员采用的对虾品种、对虾生长阶段与体质、研究时间和地点、研究试验材料、试验环境条件等的差异，得出的结论也有差别。特别是在生产性应用中，由于种质资源、生理状态、环境条件、饲料原料与质量、池塘内基础饲料生物种类和数量的差异、饲料使用技术等因素的干扰形成的误差，远远大于这些营养要素细微变化形成的差异。不可能为每一种对虾制定出被所有人都认可的特定营养物质需求量。因此，对虾的营养标准目前尚未有所有专家都统一的意见，只是根据已有的研究数据和实际试验情况，提出了比较实用的配合饲料的主要营养要素的数量和配比，目前都比较倾向的营养参数如下。

对虾对蛋白质的需要量，目前虽然做了大量的实验和研究，但是仍然没有取得统一、一致的数据，各种对虾之间不但存在差别，而且同种对虾对蛋白质需求的研究结果也有差别。目前比较倾向的研究结果是，中国对虾对蛋白质的要求是40%～45%，其中动物性蛋白质应占三分之一以上，粗脂肪含量4%～6%，碳水化合物20%以下，无机盐10%～20%，其中钙磷总量约占2%，钙磷的比例为1∶(1～1.7)，此外，还要有维生素、固醇等；斑节对虾对蛋白质的需要量是36%～45%，日本对虾对蛋白质的需要量是45%～55%，南美白对虾对蛋白质的需要量是30%～40%。

大部分对虾对粗脂肪的要求是4%～8%。日本对虾对胆固醇的适宜需要量为0.5%，斑节对虾为0.2%～0.8%，中国对虾为0.5%～1%，南美白对虾为1%左右。

对虾对饲料中磷脂的需要量，和磷脂的种类有很大关系，以结合胆碱（卵磷脂）、肌醇最有效。在饲料中必须补充磷脂。一般情况下，对虾饲料中的营养要求量为1%～2%。

通常对虾对糖类（淀粉为主）的营养需求量，在饲料中为20%～25%。

在实际生产中需要添加的维生素主要有维生素C、维生素E、肌醇、胆碱。四种对虾对维生素的需要量详见表2-8。对虾对矿物质营养要求详见表2-7。

一般而言，对虾饲料的营养要素符合下面的数值就可以供养殖生产使用。每100克饲料中应含有蛋白质35～45克，粗脂肪6～7.5克，糖类30～35克，纤维素及矿物质10～15克，水分应少于10克。

第三章

对虾饲料原料与营养价值

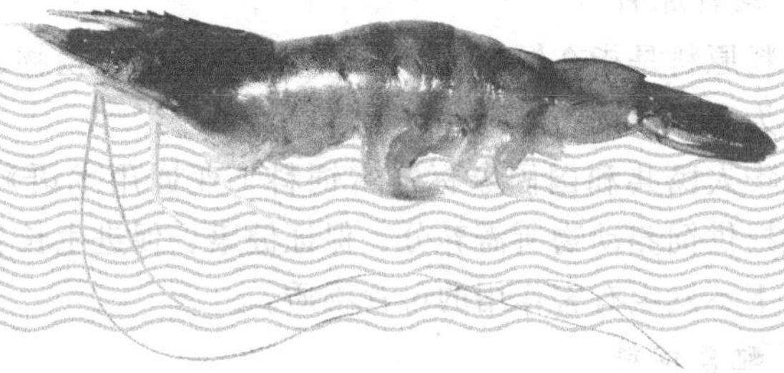

第一节

饲料原料的相关概念与分类

一、基本概念

1. 饲料

通常所说的饲料是指自然界天然存在的、含有能够满足各种动物所需的营养成分的可食成分。渔用饲料就是指为水产养殖动物提供能量、蛋白质、糖类、脂肪、矿物质和维生素等营养的物质。对虾饲料就是指能够维持对虾生命、生长并为对虾提供蛋白质、能量、糖类、脂肪、矿物质和维生素等营养的各种物质。

2. 饲料原料

饲料原料是指在饲料加工中，以一种动物、植物、微生物或矿物质等为来源的饲料。

中华人民共和国国家标准《饲料工业通用术语》对饲料的定义：能提供饲养动物所需养分、保证健康、促进生长和生产且在合理使用下不发生有害作用的可食物质。

3. 配合饲料

配合饲料是指根据鱼、虾、蟹等水生动物的不同生长阶段、不同生产目的营养需求标准，把不同来源的饲料原料按一定比例均匀混合，经加工（或再加工）而制成的具有一定形状的饲料产品。

4. 预混料

预混料是指一种或多种饲料添加剂按一定比例配制的均匀混合物。也称添加剂预混合饲料（feed additive premix）。

5. 粗饲料

粗饲料是指饲料干物质中粗纤维含量大于或等于 18%，以风干物为饲喂形式的饲料，如干草类、农作物秸秆等。

6. 青绿饲料

青绿饲料是指天然水分含量在60%以上的青绿牧草、饲用作物、树叶类及非淀粉质的根茎、瓜果类。

7. 青贮饲料

青贮饲料是指以天然新鲜青绿植物性饲料为原料，在厌氧条件下，经过以乳酸菌为主的微生物发酵后制成的饲料，具有青绿多汁的特点，如玉米青贮。

8. 能量饲料

能量饲料是指饲料干物质中粗纤维含量小于18%，同时粗蛋白质含量小于20%的饲料，如谷实类、麸皮、淀粉质的根茎、瓜果类。

9. 蛋白质补充料

蛋白质补充料是指饲料干物质中粗纤维含量小于18%，而粗蛋白质含量大于或等于20%的饲料，如鱼粉、豆饼（粕）等。

10. 矿物质饲料

矿物质饲料是指可供饲用的天然矿物质、化工合成无机盐类和有机配位体与金属离子的螯合物。

11. 维生素饲料

维生素饲料是指由工业合成或提取的单一种或复合维生素。

12. 饲料添加剂

饲料添加剂是指为了利于营养物质的消化吸收，改善饲料品质，促进动物生长和繁殖，保障动物健康而添加到饲料中的少量或微量物质。

二、我国传统饲料的分类法

1. 按养殖者饲喂时的习惯分类

将饲料原料分为精饲料、粗饲料和多汁饲料三类。

2. 按饲料来源分类

可将饲料原料分为植物性饲料、动物性饲料、矿物质饲料、维生素饲料和饲料添加剂。

3. 按饲料的营养成分分类

将饲料原料分为能量饲料、蛋白质饲料、维生素饲料、矿物质饲料和饲料添加剂五类。

在对虾配合饲料的加工生产过程中，根据日常习惯和原料来源，通常按第三种分类方法。

第二节 蛋白质饲料

蛋白质饲料是指饲料干物质中粗纤维含量少于18%而粗蛋白质含量大于20%的饲料。蛋白质饲料与能量饲料最大的区别在于干物质中蛋白质含量特别高，而无氮浸出物含量相对较低，但是这两者的能值差别不大。由于虾类等水生动物饲料的特点是高蛋白质低糖类，因而蛋白质饲料在对虾饲料配方中的用量一般都在40%以上，有的可达80%以上；配合饲料的粗蛋白质品质（氨基酸组成比例）主要取决于所用的各种蛋白质饲料的蛋白质品质及相互间的互补能力。因此，掌握各种蛋白质饲料的营养特性与含量，有助于提高配方设计的准确性和配方的营养水平。蛋白质饲料种类很多，一般按其来源可分为植物性蛋白饲料、动物性蛋白饲料和单细胞蛋白饲料。

一、植物性蛋白饲料

1. 豆科籽实即各种豆类

用于鱼、虾、蟹等水产动物饲料的豆科籽实包括大豆、豌豆、蚕豆等。其共同特点是蛋白质含量高，蛋白质品质较好，表现为植物性饲料中限制性氨基酸之一的赖氨酸含量较高，可消化吸收利用的蛋白质是谷实类的几倍。而糖类含量较谷实类低，其中大豆类含糖量仅为28%左右，蚕豆、豌豆含糖量（淀粉）较高，为57%～63%。在脂肪含量方面，大豆含脂量较高（19%左右），而蚕豆、豌豆的含脂量较低（1.4%～1.5%）。此外，豆科籽实的维生素含量丰富（胡萝卜素、维生素D、维生素B_1、维生素B_2），磷的含量也较高。但是豆科籽实的蛋氨酸含量相对较低，并且含有一些抗营养因子或毒素，如生大豆含有胰蛋白酶、血细胞凝集素、异黄酮、皂素、植酸等物质，影响饲料的适口性、消化性和水生动物的生理过程，鱼类采食大量生大豆后表现为生长下降、肾脏病变、甲状腺肿大、死亡率升高。因此在饲料加工使用时必须进行适当的处理才能使用。

2. 饼粕类

饼粕类是油料籽实及含脂量高的植物籽实，以压榨法榨油或浸提法提取油脂后的残余部分。压榨法榨油得到的是油饼，浸提法得到的是油粕。饼粕类饲料是动物饲料的主要蛋白质源饲料之一，广泛应用于各种动物包括水生动物的饲料加工。在我国，资源量较大的有豆饼（粕）、棉籽饼（粕）、菜籽饼、花生饼（粕）、葵花籽饼。除此之外，还有一定数量的芝麻饼、亚麻饼、椰子饼、棕榈饼。由于其蛋白质含量高，且残留一定的油脂，因而营养价值较高。

饼粕类的营养价值，随原料种类的不同和加工方法的差异而不同。同种饼粕类的营养价值还因产地的不同而略有差异。但是其共同的特点是蛋白质和脂肪含量高，一般粗蛋白质含量都能达到35%甚至42%以上，脂肪的含量差别较大，浸提法提取油脂的粕类脂肪含量为1%～3%，压榨法提取油脂的饼类脂肪含量为4%～8%。无氮浸出物比一般的谷实类饲料低，因此饼粕类不但是优质的蛋白质饲料而且是良好的能量饲料，营养价值很高，是目前水产饲料加工的主要植物蛋白源。

(1) 豆饼（粕） 质量上乘、稳定的豆饼和豆粕的颜色纯正，具有油香的气味。它们是传统的大宗植物性蛋白饲料，是饼粕类饲料中数量最多的一种。它具有蛋白质含量高（42%～48%）、品质好（虾类对熟豆饼粗蛋白质的消化率一般都为85%以上，赖氨酸含量丰富）及消化能值高等优点。其必需氨基酸的含量比其他的植物性蛋白饲料含量高。因此，无论是国内还是国外都致力于用大豆辅以少量蛋氨酸替代鱼粉的研究，以期降低饲料成本。

在水产饲料加工过程中，影响大豆饼（粕）使用效果的因素主要来自两个方面：一是大豆饼粕蛋氨酸含量比较低，蛋氨酸为豆饼的第一限制性氨基酸；二是热处理程度不够的浸提豆粕中含有较多的抗胰蛋白酶、血细胞凝集素等抗营养因子，从而影响豆粕的利用和虾类等水生动物的生长，因此在作为饲料或饲料原料使用时须进行高温加热灭活处理。

（2）棉籽饼（粕） 我国棉花种植面积很大，棉籽饼（粕）的资源量极为丰富，据不完全统计，年产大约在400万吨，棉籽饼（粕）的粗蛋白质含量次于豆粕。棉籽饼（粕）的粗蛋白质含量取决于制油前去壳程度和出油率，去壳彻底、残油3%～5%的棉仁饼蛋白质含量可达40%，而带壳榨油的棉籽饼粗蛋白质含量一般为27%～33%。棉籽饼的蛋白质消化率一般可达到80%以上。从棉籽饼（粕）的氨基酸组成来看，除了精氨酸、苯丙氨酸含量较多外，其他氨基酸的含量均低于虾类生长需要量，尤其是赖氨酸，不但含量低，而且其利用率也低。棉籽中的赖氨酸只有66%左右，可以被动物吸收利用。磷的含量与豆饼（粕）相似，但是钙和维生素A、维生素D含量略低，因此棉籽饼（粕）营养价值要低于豆饼（粕）。但棉籽饼（粕）可作为水产动物饲料尤其是淡水养殖饲料的重要蛋白质来源。

棉籽饼中含有棉酚等有毒物质，其适口性没有豆饼（粕）好。棉酚有游离棉酚和结合棉酚之分，游离棉酚对动物有害，而结合棉酚则无害。棉籽中游离棉酚含量较高（1%左右），但在制油加工过程中，大量的游离棉酚可与磷脂及蛋白质中的赖氨酸结合，形成结合棉酚，因此挤榨棉籽饼的游离棉酚含量很低（0.05%～0.08%）。制油加工虽然降低了游离棉酚的含量，但同时也损失了部分赖氨酸

(这是棉籽饼中赖氨酸利用率低的原因之一)。棉籽饼在作为饲料或饲料原料使用时，须进行高温加热灭活处理，以提高其营养效果。

(3) 菜籽饼（粕） 油菜籽提取油脂后的副产品即为菜籽饼(粕)。我国南方地区菜籽饼（粕）原料充足，货源量较大，价格相对低廉，营养亦算全面。我国年产菜籽饼（粕）约350万吨。菜籽饼（粕）粗蛋白含量一般为35%～38%，但蛋白质消化率较豆饼(粕）和棉籽饼（粕）低，在氨基酸组成方面与棉籽饼（粕）相似，赖氨酸、蛋氨酸含量及其利用率低，脂肪含量较低，但是B族维生素含量丰富，是水产饲料尤其是淡水养殖饲料加工中使用的植物蛋白饲料之一。

菜籽饼（粕）中含有一些毒素及抗营养因子，如芥子苷、芥子碱、单宁、植酸，主要影响其适口性和矿物质的利用率。芥子苷(硫葡萄糖苷)，虽然本身无毒，但与芥子酶作用后，可生成噁唑烷硫酮和硫氰酸盐以及能破坏消化道表层黏膜的异硫氰酸盐。因此，使用菜籽饼投喂，一般都会不同程度地出现采食量下降等现象，而且生长速度较低，使用时可进行脱毒处理并注意限量使用。

菜籽饼（粕）的脱毒方法很多，可采用碱性脱毒法、水浸法、坑埋法、固体发酵法及结合制油进行脱毒等。

(4) 花生饼（粕） 花生饼（粕）是花生提油后的副产品，具有香甜味。对水产动物来说，适口性较强，能量价值高。目前市售花生饼有以下几种：一种是花生米加热压榨制油后的副产品，称花生饼，脂肪含量较高，粗蛋白质含量为45%左右，具有花生米的香味；另一种是花生米用溶剂抽提油脂后的副产品，称为花生粕，脂肪含量低而粗蛋白质含量较高（48%～50%），无香味；还有一种是带壳花生压榨后的副产品，也称花生饼，粗蛋白质含量低(26%～28%)，粗纤维含量高（15%），饲用价值低。就适口性和饲料效果而言，压榨法所生产的饼明显优于浸出粕。

花生粕的蛋白质品质较好，其蛋白质的消化率可达91.9%，虽然其蛋氨酸、赖氨酸含量略低于大豆饼，但组氨酸、精氨酸含量丰富。花生饼中含维生素 B_1 较多，但维生素A、维生素D、维生

素 B_2 含量较低。因为花生饼含有抗胰蛋白酶，所以浸提花生粕使用前应进行热处理（120℃加热使其含有的抗胰蛋白酶失活）。

花生饼（粕）的缺陷主要是花生饼（粕）非常容易被黄曲霉菌感染，被黄曲霉菌感染后产生的黄曲霉毒素对虾类等多种水产动物有毒，因此还要注意通风、干燥储藏，谨防黄曲霉菌污染。

（5）向日葵饼（粕） 向日葵的外壳厚实、坚硬，外壳能够占籽实的35%～40%，粗蛋白质含量主要取决于去壳情况。去壳较完全的葵花籽饼粗蛋白质含量能达到40%以上，而带壳榨油后的葵花籽饼粗蛋白质含量25%左右，也有少部分带壳的葵花籽饼粗蛋白质含量为27%～32%。蛋白质中蛋氨酸含量高于大豆饼，达到1.6%，钙、磷的含量要高于同类饲料，B族维生素含量丰富并且容易消化。

向日葵饼（粕）的适口性好，蛋白质消化率高（与豆饼相当），是虾类等水生动物饲料的优良蛋白质源，但目前生产的完全脱壳的葵花籽饼很少，多为带壳产品，带壳的葵花籽饼中含有大量的木质素，水生动物比较难于消化吸收。粗纤维含量较高，国内产量又不是很稳定。因此，在水产饲料加工过程中用量不宜太大。

（6）亚麻仁饼 亚麻仁饼的钙含量丰富，粗蛋白质含量一般为35%以上，容易被消化，适口性好，但是其含有的亚麻酸和亚麻配糖体能产生氢氰酸，对水产动物有毒害作用。目前水产饲料加工几乎不用。

3. 其他加工副产品

在植物性蛋白饲料中，还包括一些轻工业及食品业的加工副产品，如玉米面筋及酒糟等糟渣类。本类饲料是谷实类中大量糖类被提取后的多水分残渣物，粗纤维、粗蛋白质和粗脂肪的含量均较原材料高，其中干物质中粗蛋白质含量可达22%～43%，被列入蛋白质饲料范畴。

（1）玉米面筋 玉米面筋为淀粉加工业的副产品，它包括玉米中除淀粉之外的其他所有物质，粗蛋白质含量可达40%以上。但其蛋白质品质较差，同时由于淀粉提取过程中多次水洗的缘故，水溶性物质损失较多，尤其是水溶性维生素损失更多，因此其营养价值较低。

(2) 酒糟　酒糟为酿造工业的副产品，水分含量高，B族维生素含量丰富，由于酒糟中几乎保留了原料中所有的蛋白质，而且加入了微生物菌体，因而干物质中粗蛋白质含量较高。但酒糟的营养成分、含量与酿酒原料、酿造工艺关系密切，使用时应注意区别对待。在酿造过程中，常需要加入谷壳等通气（加入量因厂而异），从而导致酒糟的营养价值大大降低。由于酒糟水分含量高，不宜久储，故需及时制成干品。酒糟在饲料中的添加用量取决于养殖动物的种类和酒糟的质量优劣。

4. 草粉和叶蛋白类饲料

优质豆科牧草粉（苜蓿、三叶草等）粗蛋白质含量丰富，如优质苜蓿草粉粗蛋白质含量达26%，而且含有较多的类胡萝卜素，这是对动物产品的着色十分有益的，对于提高养殖动物的商品价值有重要意义。此外，草粉中含有一种未知促生长因子——草汁因子，能够促进养殖动物的生长。但草叶粉粗纤维含量高，且含有一些有害物质，如抗胰蛋白酶、单宁、生物碱及其他一些配糖体，其资源量也不十分稳定，故在水产饲料中的用量不宜太大或干脆不用。

叶蛋白是从植物叶片中提取出来的蛋白质，其商业化产品是浓缩植物性蛋白饲料。叶蛋白饲料的粗蛋白质含量取决于提取及蛋白质凝集物的分离技术，一般为32%～58%，且蛋白质品质较好，精氨酸、亮氨酸、异亮氨酸、赖氨酸、苯丙氨酸等氨基酸含量丰富，但蛋氨酸含量较低（蛋氨酸为叶蛋白饲料的第一限制氨基酸）。

二、动物性蛋白饲料

动物性蛋白饲料主要包括鱼、虾、贝类、水产副产品和畜禽副产品等，这类饲料的特点，一是蛋白质含量丰富，无氮浸出物含量少，品质较好，富含赖氨酸、蛋氨酸、苏氨酸、色氨酸等必需氨基酸，干物质蛋白质含量为30%以上；二是某些种类含脂肪较多，如肉粉、蚕蛹，脂肪含量过高，容易酸败变质，应进行脱脂处理；三是糖类含量低，几乎不含粗纤维；四是灰分含量高，这不仅因为有肉骨、鱼骨，而且动物软组织本身灰分含量就高，如血、肝、乳品等灰分含量都在5%以上；五是此类饲料维生素含量丰富，特别是B族维生素，此外，还含有一种包含维生素B_{12}在内的动物蛋白因子，能促进动物对营养物质的利用；六是含有特殊的未知生长因子，有特殊的营养作用。

水产饲料中常用的动物性蛋白饲料有各种鱼粉、肉粉、肉骨粉、血粉、羽毛粉、蚕蛹、虾糠、虾头粉、动物内脏粉和其他鲜活饲料等。还有的部分利用水解羽毛粉作为动物性蛋白饲料之一添加于配方中。但是对虾饲料中不宜用水解羽毛粉。

1. 鱼粉

鱼粉是由低质、低值鱼类或鱼产品加工副产品经过蒸煮、压榨、脱水干燥、粉碎制成，其质量取决于生产原料和加工方法。以水产品加工废弃物（鱼骨、鱼头、鱼皮、鱼内脏等）为原料生产的鱼粉一般称为粗鱼粉。在加工过程中分离出油脂的鱼粉称为脱脂鱼粉，未分离出油脂的鱼粉称为全鱼粉。粗鱼粉的粗蛋白含量较低而灰分含量较高，其营养价值低于全鱼制造的鱼粉。一般鱼粉粗脂肪含量为5%左右，如果鱼粉的粗脂肪含量超过10%，那么该鱼粉的质量就会下降。一般而言，鱼粉的质量与其脂肪的含量呈负相关关系。也就是说鱼粉的脂肪含量越高，其质量越差。

鱼粉是目前国内外公认的一种优质饲料蛋白质源，广泛应用于各种养殖动物的饲料加工。特别是各种水生养殖动物的饲料加工，鱼粉是必不可少的重要原料。鱼粉一般含粗蛋白质55%～70%，鱼粉粗蛋白质中必需氨基酸比例显著高于植物性蛋白饲料，此外，鱼粉中还含有丰富的矿物质和多种维生素。易消化，适口性好，蛋白质利用率高。

目前进口鱼粉有两种，即白色鱼粉和褐色鱼粉，前者原料主要为鲽、鳕、狭鳕等，呈淡黄色，含蛋白质65%～70%、脂肪2%～6%，质量较好；后者原料为沙丁鱼、竹刀鱼、太平洋鲱等，呈褐色，蛋白质含量较前者略低，脂肪含量高（10%～13%），不饱和脂肪酸含量丰富。褐色鱼粉多从秘鲁、智利进口。

国产鱼粉因所用原料鱼的不同和加工方法的差异，其质量差异很大，随着国内鱼粉加工技术的提高，好的国产鱼粉其质量不低于进口鱼粉。在对虾饲料的生产过程中几种鱼粉的品控指标和几种比较难品控的饲料原料见表 3-1 和表 3-2。

表 3-1 几种鱼粉的品控指标 %

指标	超级蒸汽鱼粉	普通蒸汽鱼粉	65%国产鱼粉
粗蛋白质	≥68.0	≥65.0	≥65.0
钙	2.5～6.0	3.5～6.0	3.5～6.0
总磷	≥2.2	≥2.2	≥2.2
盐	盐+砂≤5.0	盐+砂≤5.0	盐+砂≤2.5
粗脂肪	≤10.0	≤10.0	≤12.0
VBN	≤70mg/100g	≤150mg/100g	≤150mg/100g
酸价	≤2.0mg KOH/g	≤4.0mg KOH/g	≤3.0mg KOH/g
组胺	≤500mg/kg	≤500mg/kg	≤500mg/kg
TBA	≤2mg/kg	≤2.5mg/kg	≤2.5mg/kg

表 3-2 几种比较难品控的饲料原料

原料	花生麸	乌贼膏	虾壳粉
优点	蛋白质、脂肪高	诱食性好	诱食性好
缺点	小厂压榨，不稳定	掺入载体，不稳定	盐分高，难储存
主要危害	黄曲霉毒素	重金属	同源性病毒
用量	10%～18%	0～3%	0～3%

2. 肉粉、肉骨粉

由陆生动物内脏及不为人类食用的肉类残渣及畜禽的躯体、胚胎、骨头，经过高压、高温、干燥加工，并经过脱脂制成，其原料包括不能食用的动物内脏、废弃胴体和胚胎及经消毒的病死畜禽等，一般呈灰黄或深棕色。由于其原料质量不稳定，因而其营养成分差异较大。一般将粗蛋白质含量较高的、灰分含量较低的称为肉粉，而将粗蛋白质含量相对较低、灰分含量较高的称为肉骨粉。

肉粉的粗蛋白质含量一般为54%～65%，肉骨粉粗蛋白质含量可达30%～50%。肉骨粉的粗脂肪含量为9%～18%，矿物质含量一般为10%～25%，钙、磷和B族维生素含量丰富。蛋白质消化率取决于原料加工方法，一般为60%～90%。由于这类饲料脂肪含量较高，容易氧化酸败，因此，在选购、使用和储藏时注意鉴别和保存。在对虾饲料中建议不大量使用。

3. 血粉

血粉是由畜禽血液脱水干燥制成，优质的血粉多呈暗棕色，粒度均匀，粗蛋白质含量很高，可达80%以上，且含有丰富的赖氨酸、蛋氨酸。但由于高温干燥，血粉适口性差，蛋白质消化率和赖氨酸利用率只有40%～50%，氨基酸比例很不平衡，饲喂虾类的效果很差。用于水产动物养殖，适口性差，通常情况下作为蛋白质的补充饲料使用。如果采用真空干燥等新工艺或对血粉进行发酵处理，则可大大提高血粉蛋白质的利用率。

4. 羽毛粉

羽毛粉是家禽羽毛经过高压水解后的一种产品。我国羽毛粉资源丰富，羽毛中粗蛋白质含量达80%以上，氨基酸中蛋氨酸和赖氨酸缺乏，胱氨酸、苏氨酸含量较为丰富，可以替代某些蛋白质饲料。但由于其蛋白质中含有较多的二硫键，溶解性差，不能被动物有效地消化吸收，羽毛蛋白的胃蛋白酶分解率仅3%左右。因此，只有对羽毛粉进行适当处理，破坏羽毛蛋白中的二硫键，方可用作饲料原料。处理羽毛蛋白的方法主要有高温高压处理法和酸碱水解处理法。但是这些方法不够完善，高温高压处理对二硫键破坏有限，且能耗较高；而酸碱处理可彻底破坏二硫键，但同时也破坏氨基酸，产品回收率低，而且生产的羽毛制品有臭味，适口性差，难干燥而导致原料流动性下降。此外，酸碱处理的羽毛制品含盐量偏高。在水产饲料尤其是对虾饲料加工中不建议使用。

5. 蚕蛹

蚕蛹是一种优质的蛋白质饲料，是蚕茧缫丝后的副产品。干蚕蛹蛋白质含量达55%～62%，蛋白质消化率一般为80%左右，且赖氨酸、色氨酸、蛋氨酸等必需氨基酸含量丰富。但存在着非蛋白氮含量高的缺点，尤其是几丁质氮含量较高。蚕蛹粗脂肪含量高，一般在10%以上，不易长久储藏，而且还有一种特殊的气味，在饲料中不宜过多使用。蚕蛹榨取油脂后即为脱脂蚕蛹，由于脱脂蚕蛹脂肪含量低（4%），不仅利于储藏，而且粗蛋白质含量更高（80%）。在对虾饲料的生产过程中不建议大量使用。

6. 虾糠、虾头粉

虾糠是甲壳类动物加工后的副产品，尤其以小杂虾加工海米的副产品为最多，蛋白质含量一般为35%左右，类脂质含量为2.5%，胆固醇含量为1%左右，还含有较多的甲壳质和虾红素。虾头粉为对虾加工无头虾的副产品，虾头约占整虾的45%，蛋白质含量为50%以上，类脂质含量15%左右，还含有大量的甲壳质、虾红素等。其缺点是受原材料加工的影响，原材料的供应量存在不稳定性。该产品季节性较强，不能够一年四季稳量供应。

虾糠、虾头粉被广泛使用于虾类饲料的加工，是对虾配合饲料必须添加的优质原料。

7. 乌贼及水生各种软体动物内脏

它们是加工乌贼及其他软体动物制品的下脚料，蛋白质含量为60%左右，氨基酸配比良好，富含精氨酸、组氨酸，脂肪含量为5%～8%，磷脂、胆固醇、维生素含量较多，诱食性很好，是良好的水产饲料原料。在对虾饲料中不但作为蛋白质饲料，而且作为诱食剂被广泛应用。

8. 其他鲜活微小型动物饲料

如沙蚕、蚯蚓、蝇蛆、福寿螺、贻贝、蛤仔等，这些鲜活饵料的营养价值与鱼粉相当或优于鱼粉，其中许多种类有诱食作用。这类鲜活饵料或由于具有更高的使用价值，或由于尚未形成规模化生产，因此，目前没有或不大可能大量用于虾类配合饲料，但都是极具开发前途的优质动物蛋白源。

三、单细胞蛋白饲料

单细胞蛋白饲料也称微生物饲料，是一些单细胞藻类、细菌、酵母菌等微型生物体的干制品。它们是养殖动物饲料的重要蛋白质来源，因为它们具有很高的繁殖速度和蛋白质生产效率，同时微生物产品蛋白质含量丰富，一般为42%～55%，蛋白质质量接近于动物蛋白，蛋白质消化率一般为80%，特别是赖氨酸、亮氨酸含量丰富，但含硫氨基酸含量偏低。维生素和矿物质含量也很丰富。

此外，由于微生物具有很快的生长繁殖速度，不需要复杂的生产设备和工艺，培养基的原料种类多、来源广，并含有一些生理活性物质，目前已受到饲料工作者的广泛重视。

1. 单细胞藻类

水产上常用的单细胞藻类包括小球藻、螺旋藻等，其粗蛋白质及粗脂肪含量均较高，氨基酸种类齐全，含有水产动物所需的不饱和脂肪酸，如小球藻粗蛋白质含量为55%，粗脂肪含量为18%。以小球藻作为温水性鱼的饲料，其消化率及饲喂效果仅次于鱼粉而优于豆饼。目前在水产品种的育苗生产过程中被广泛使用且前景广阔。更为重要的是单细胞藻类可以通过其光合作用释放出氧气和吸收水中富营养化物质成分，可以净化水质和保护水环境。因此，生产单细胞蛋白兼有处理废水、废渣的功效，且占地少，应大力推广进行工业化生产。

2. 酵母类

水产养殖业应用较多的酵母根据其培养基质的不同，一般分为啤酒酵母、饲料酵母、石油酵母和海洋酵母等。啤酒酵母和饲料酵母均含有丰富的水溶性维生素，还含有多种矿物质和酶，可促进水产动物对蛋白质和糖的吸收，在饲料加工中使用上比较广泛。

(1) 啤酒酵母　是酿造啤酒后沉淀在桶底的酵母菌生物体经干燥而成。由于混有啤酒花及其他杂物略带苦味，适口性较差。

(2) 饲料酵母　泛指以蜜糖、味精、酒精、造纸等的废液为培养基生产的酵母菌菌体，外观呈淡褐色，粗蛋白质含量一般为45%～60%，与鱼粉相比，其蛋氨酸含量稍低。大量实验表明，饲料酵母是虾类的好饲料。在目前鱼粉价格很高的情况下，可以适量添加一定比例的饲料酵母而降低部分鱼粉的用量，甚至在某些饲料配方中使用饲料酵母而不用鱼粉。

(3) 石油酵母　是一类以正烷烃、甲醇、乙醇等石油化工产品为基质培养的酵母。石油酵母的生产和使用在国际上尚有争议，因其含有致癌物质3,4-苯并芘，有些国家不允许使用。我国尚无此种产品出售和使用。

(4) 海洋酵母　是从海洋中分离出来的一类圆酵母。由于这类酵母对环境适应能力强，生产周期短，生产成本低。目前日本已将其应用于水产养殖业，除可作为对虾、扇贝幼体的饵料外，也将其干制品应用于配合饲料。

3. 细菌类

细菌蛋白质的消化率较前两类单细胞蛋白高，如红色无硫细菌适应性强，无论在海水、淡水中都能生长繁殖且营养价值很高（粗蛋白质含量为65%），富含水溶性维生素，同时由于这种细菌在光照条件下可分解对虾池塘中的残饵和排泄物，因而还有净化水质的作用。

光合细菌无处不在，无论是陆地，还是海洋、河流、湖泊等，都有光合细菌的存在，光合细菌具有丰富的蛋白质，氨基酸种类特别是必需氨基酸种类齐全，部分维生素和辅酶含量高。光合细菌还能同化二氧化碳，固定分子氮，制造有机物，分解水环境中的硫化氢、氨氮、亚硝酸盐等有害物质，净化水体。

另外，还有芽孢杆菌、乳酸菌、硝化细菌、反硝化细菌、噬菌蛭弧菌等单一微生态制剂或复合微生态制剂，目前已广泛应用于水产养殖。

第三节

能量饲料

能量饲料指的是干物质中粗纤维含量小于18%、粗蛋白质含量低于20%的一类饲料。如谷实类（玉米、小麦、大麦、燕麦、稻谷、高粱等）、糠麸类（各种麸皮、米糠、玉米皮等）、糟渣类（甜菜渣、酒糟、豆腐渣等）和在其他动物饲料中添加的块茎类（胡萝卜、马铃薯、甘薯等）等。此外，还包含能量极高的饲用油脂（动物油脂、植物油脂、鱼油）。能量饲料的主要营养成分是可消化糖类（淀粉），而粗蛋白质含量很低，因此，在对虾营养中主要起着提供能量的作用。能量饲料对颗粒饲料的物理性状（如黏结性、密度等）会产生一定的影响。

一、谷实类

谷实类饲料指的是禾本科植物成熟的种子，它们有着共同的特点：绝大部分糖类含量很高，占干物质的66%～80%，而其中约四分之三是淀粉；蛋白质含量很低，为8%～13%，蛋白质品质较差，赖氨酸、色氨酸、蛋氨酸含量较缺乏；脂肪含量为2%～5%，其中以玉米、高粱、燕麦含量较高；钙含量一般在0.1%以下，而磷含量虽然为0.31%～0.41%，但相当一部分磷是以植酸磷的形式存在，利用率低；大多数B族维生素（维生素B_2除外）和维生素E含量丰富，但除黄玉米含少量胡萝卜素外，维生素A、维生素D均较缺乏。

1. 玉米

玉米是配合饲料中使用得比较多的原料之一。玉米的产量高、品种多，玉米蛋白质含量为8%～10%，且以醇溶蛋白为主，因此，蛋白质品质较差。因其纤维素含量低，而淀粉含量很高，同时含有较多的脂肪（4%～5%），因而是一种很好的能量饲料，可广泛应用于畜禽等陆生动物的养殖。对虾饲料中不建议以玉米为能量饲料。

2. 小麦

小麦的能量价值与玉米相似，但其蛋白质含量较高，可达12%，营养物质容易消化。我国很少用粉碎小麦作配合饲料原料，在对虾配合饲料中大部分用的是全麦粉或次面粉作原料，小麦粉除了为对虾提供营养要素外，小麦粉还有提高颗粒黏合性作用。例如高筋面粉的使用可降低黏合剂的添加量。

3. 大麦

大麦外面有层纤维质的硬壳，粗纤维的含量比玉米高，而可消化糖类含量比玉米低。大麦粗蛋白质含量略高于玉米，赖氨酸含量在谷实类中比较高，达0.52%，因此大麦蛋白质品质优于玉米。

4. 燕麦

主要产于北方高寒地区，粗蛋白质含量一般为13%，粗脂肪含量约为4.4%。由于纤维质外壳在籽实中所占的比重较大，因而粗纤维含量较高（10.9%）。

5. 高粱

高粱的营养成分与玉米相似，但蛋白质品质优于玉米，因为高粱籽实中含有单宁（0.2%～2%），略有涩味，适口性差，所以在水产饲料配方中不宜使用或用量不宜过高。

6. 稻谷

主要产于南方，由于外包一层粗硬的种子外壳（稻壳），粗纤维含量很高，而蛋白质含量和糖类含量略低于其他谷实类。

二、糠麸类

糠麸类是粮食加工的主要副产品之一。我国的资源量十分丰富，年产2500万吨左右，是目前主要商品性饲料原料之一。尽管其营养成分显著受原粮加工方法和加工精度的影响，但与原粮相比，均表现为糖类含量较低，而其他营养物质的含量相应提高。

1. 小麦麸

小麦加工面粉后的副产品统称小麦麸（麸皮），由小麦种皮、糊粉层、胚芽和少量面粉所组成，其成分随出粉率不同而呈现出一定的差异，麸皮粗蛋白质含量13%～16%，粗脂肪含量为4%～5%，粗纤维含量为8%～12%。与谷实类相比，麸皮含有更多的B族维生素；在矿物质方面，钙含量较低，而磷含量可高达1.31%，钙磷的含量极不平衡。与谷实类一样，麸皮中所含的磷多为植酸磷。此外，麸皮中因含有较多的镁盐具有轻泄作用。小麦麸是虾类饲料中常用的饲料原料之一。

2. 米糠

米糠是稻谷碾后的副产品，因加工方法不同，有清糠和统糠之分，因而其营养成分不尽相同。清糠又叫细米糠，是糙大米深加工时再分离出来的一种副产品，主要包括种皮、糊粉层、胚芽和少量的碎米、谷壳，粗蛋白质含量一般为13%左右，粗脂肪的含量一般为14%，粗纤维含量13.5%，由于其脂肪含量高并且多为不饱和脂肪酸，自然条件下极易氧化变质，因此在饲料加工使用时要么鲜用，要么脱脂后再使用。统糠的营养价值因明显低于清糠，所以在水产饲料特别是对虾饲料配方中用量不大。

三、饲用油脂

饲用油脂是指在对虾配合饲料中添加的一类油脂。其成分较单一，目前在生产上使用较多的是植物油，如大豆油、花生油等。对虾饲料中还需要加入鱼油。由于植物油和鱼油中含有多不饱和脂肪酸，易氧化，故应加入抗氧化剂。或少买勤买，避免一次性采购大量长期库存使用。

第四节

矿物质饲料

矿物质是水产动物营养中的一大类无机营养物质。水产动物与大多数陆生动物相同的是能够从饲料中获得矿物质，而与陆生动物不同的是，可以从水环境中吸收获得矿物质。水产动物对矿物质吸收的部位因品种不同也不相同，淡水动物主要通过鳃和体表吸收，而海水鱼、虾则从鳃、肠和体表吸收。

一、矿物质种类

水产饲料中各种矿物质元素都是以无机盐的形式添加到配合饲料中去的，这些矿物质元素必须用载体和稀释剂加以稀释。矿物质添加剂经常使用的载体有二氧化硅、纤维素和磷酸氢钙。常用矿物质饲料元素含量见表3-3，商品矿物质原料的规格和纯度见表3-4。

表3-3 常用矿物质饲料元素含量

饲料名称	化学式	矿物质元素含量/%
碳酸钙	$CaCO_3$	Ca:40.04
石灰石粉	$CaCO_3$	Ca:35.89
煮骨粉		Ca:24～25,P:11～12
蒸骨粉		Ca:31～32,P:13～15
氯化钙	$CaCl_2$	Ca:36.08,Cl:63.92
磷酸氢钙	$CaHPO_4 \cdot 2H_2O$	Ca:23.29,P:18.0
磷酸氢二钠	$NaHPO_4 \cdot 12H_2O$	P:8.65,Na:12.84

续表

饲料名称	化学式	矿物质元素含量/%
亚磷酸氢二钠	$NaHPO_3 \cdot 5H_2O$	P:14.3,Na:21.3
磷酸三钠	$Na_3PO_4 \cdot 12H_2O$	P:8.15,Na:18.15
焦磷酸钠	$Na_2P_2O_7 \cdot 10H_2O$	P:13.88,Na:20.62
磷酸二氢钠	$NaH_2PO_4 \cdot 2H_2O$	P:19.86,Na:14.74
过磷酸钙	$Ca(H_2PO_4)_2 \cdot H_2O$	P:24.58,Ca:15.90
磷酸氢胺	$(NH_4)_2HPO_4$	P:23.47,N:21.12
氯化钠	$NaCl$	Na:39.32,Cl:60.68
硫酸亚铁	$FeSO_4 \cdot 7H_2O$	Fe:20.09
碳酸亚铁	$FeCO_3 \cdot H_2O$	Fe:41.74
氯化亚铁	$FeCl_2 \cdot 4H_2O$	Fe:28.09
氯化钾	KCl	K:52.45,Cl:47.62
氯化高铁	$FeCl_3 \cdot 6H_2O$	Fe:20.66,Cl:40.0
无水氯化高铁	$FeCl_3$	Fe:34.43,Cl:65.65
亚硒酸钠	$Na_2SeO_3 \cdot 5H_2O$	Se:29.99,Na:17.48
硒酸钠	$Na_2SeO_3 \cdot 10H_2O$	Se:21.38,Na:12.46
硫酸铜	$CuSO_4 \cdot 5H_2O$	Cu:25.46,S:12.84
氯化铜	$CuCl_2 \cdot 2H_2O$	Cu:37.26,Cl:41.63
碳酸铜(碱式)	$CuCO_3Cu(OH)_2 \cdot H_2O$	Cu:53.14
碳酸铜(碱式)	$CuCO_3Cu(OH)_2$	Cu:57.47
氢氧化铜	$Cu(OH)_2$	Cu:65.14
氯化铜(绿)	$CuCl_2 \cdot 2H_2O$	Cu:37.26,Cl:41.63
氯化铜(白)	$CuCl_2$	Cu:47.26,Cl:52.74
碘化铜	CuI	Cu:33.36,I:66.63
碘酸钙	$Ca(IO_3)_2$	I:65.09,Ca:10.28
碘酸钾	KIO_3	I:59.29,K:18.27
碘化钾	KI	I:76.44,K:23.56
硫酸锰	$MnSO_4 \cdot 5H_2O$	Mn:22.79
碳酸锰	$MnCO_3$	Mn:47.80

续表

饲料名称	化学式	矿物质元素含量/%
氧化锰	MnO	Mn:77.45
二氧化锰	MnO_2	Mn:63.19
氯化锰	$MnCl_2 \cdot 4H_2O$	Mn:27.76
硫酸锌	$ZnSO_4 \cdot 7H_2O$	Zn:22.73,S:11.15
氧化锌	ZnO	Zn:80.33
氯化锌	$ZnCl_2$	Zn:47.96,Cl:52.09
氧化镁	MgO	Mg:60.31
硫酸镁	$MgSO_4$	Mg:20.19,S:26.63
碳酸镁	$(MgCO_3)_4 \cdot Mg(OH)_2 \cdot 5H_2O$	Mg:25.02
氯化钴	$CoCl_2 \cdot 6H_2O$	Co:24.77
硫酸钴	$CoSO_4$	Co:38.02,S:20.68
碳酸钴	$CoCO_3$	Co:49.55
氢氧化铝	$Al(OH)_3$	Al:34.59
钼酸钠	$NaMoO_4 \cdot 2H_2O$	Mo:39.65

表 3-4 商品矿物质原料的规格和纯度

原料名称	分子式	含量/%	纯度/%
氯化钾	KCl	K:52.45	99.0
硫酸镁	$MgSO_4$	Mg:20.19	99.5
硫酸亚铁	$FeSO_4 \cdot 7H_2O$	Fe:20.10	98.5
硫酸铜	$CuSO_4 \cdot 5H_2O$	Cu:25.50	96.0
硫酸锌	$ZnSO_4 \cdot H_2O$	Zn:22.75	99.0
硫酸锰	$MnSO_4 \cdot H_2O$	Mn:32.52	98.0
碘化钾	KI	I:76.44	98.0
硫酸钴	$CoSO_4$	Co:21	98.0

在对虾饲料中除了以无机盐的形式添加的矿物质元素外，另外常用的矿物质饲料包括食盐、石粉、贝壳粉、蛋壳粉、骨粉、沸

石、麦饭石、磷酸二氢钙等。这些矿物质饲料在对虾饲料配方中使用一定要结合实际情况确定。

① 食盐　其规格较多，生产中使用的有粗盐和精盐。粗盐含氯化钠95%，精盐含氯化钠99%以上；食盐除提供钠和氯元素外，还有刺激食欲、促进消化的作用。

② 石粉　主要成分为碳酸钙，其中钙含量为35%～39%；天然的石灰石只要铅、砷、氟的含量不超过安全系数，都可用作饲料。

③ 贝壳粉　也称蛎壳粉，主要由蚌壳、牡蛎壳、蛤蜊壳、螺壳等烘干后制成的粉，是良好的钙质饲料，含碳酸钙96.4%，含纯钙量为38.0%。

④ 蛋壳粉　是鸡蛋壳烘干后制成的粉，含有有机物质，其中粗蛋白质含量在12.0%左右，含钙25%。

⑤ 脱氟磷矿石　含磷12.6%、含钙26.0%，有代替骨粉的效果，但应该注意其氟含量是否超标。

⑥ 骨粉　含磷11%～15%、含钙25%～34%，骨制沉淀磷酸钙含磷11.4%、含钙28.3%；骨粉在各种动物的日粮中都可以广泛应用，只要氟不超量，无任何副作用。

⑦ 沸石　沸石是碱土金属和碱土金属的含水骨架状铝硅酸矿物。用于水产养殖的主要为斜发沸石和丝光沸石，除含有多种微量元素外，具有较高的分子孔隙度、良好的吸附性和离子交换及催化性能，而且沸石含有丰富的矿物质元素，因此沸石不仅对水质具有良好的改良作用，而且也是很好的饲料添加剂。

⑧ 麦饭石　是一种多孔性铝硅酸盐，具有良好的溶出性能和离子交换性能。其所含的金属元素在消化道内易于溶出而被对虾利用，从而提高对虾体内酶活性和饲料利用率；麦饭石在消化道内可选择性地吸附NH_3、H_2S等有毒气体和重金属，将自身所含有益元素钙、镁、钠、钾等交换出来，减少有毒有害物质对对虾的毒性，增强机体的抗病能力；麦饭石属黏土矿物，可增加饲料在对虾消化道内的黏滞性，延长饲料在消化道内滞留的时间，使养分

在消化道内被充分吸收利用。在饲料中添加麦饭石比无机盐能更好地补充某些营养元素的缺乏和不足，有利于促进对虾的生长发育。

二、矿物质营养

矿物质对虾类的营养很重要，但是在矿物质含量过高时，就会引起虾类慢性中毒，矿物质过量可抑制酶的生理活性，取代酶的必需金属离子，改变生物大分子活性，从而引起虾类形态、生理和行为的变化，对虾类的生长不利，而且通过富集作用，会对人体健康产生危害。矿物质在虾体中占3%～5%，不含能量，广泛地参与各种代谢。

1. 矿物质的吸收与水环境的关系

虾类除了由消化道吸收饲料中的矿物质外，还可直接由鳃及皮肤吸收水体中的矿物质元素，因此虾类的矿物质营养及代谢受环境影响很大，淡水、海水、软水、硬水所含矿物质的种类和浓度相差很大。

2. 影响矿物质吸收利用的因素

(1) 生理因素　年龄、发育阶段、有无疾病以及是否处于应激状态，应激状态时，则矿物质需要量增加，吸收率增加。

(2) 虾体内矿物质的储存　当储存量充足时，则对其利用率差。

(3) 矿物质的化合结合形态　与溶解性有关，水中溶解度越高，利用率越好；氨基酸微量元素螯合物的利用率优于相应的无机微量元素。

(4) 饲料营养成分　如维生素C可增强铁的吸收率，植酸和单宁酸则降低铁的吸收。饲料中有机成分可导致矿物质利用率的升高或降低，如日粮中能量、蛋白质水平决定了体内的代谢水平，饲料中所含的矿物质也需与之相适应。

(5) 矿物质间的协同与拮抗作用等。

(6) 水质状况和饲料加工工艺（粒度）。

第五节

维生素饲料

维生素饲料是指由工业合成的或提纯的单一或复合维生素制品，包括脂溶性维生素饲料和水溶性维生素饲料。脂溶性维生素饲料主要包括维生素 A、维生素 D、维生素 K、维生素 E 等制品；水溶性维生素饲料主要包括 B 族维生素制品和维生素 C 制品。许多维生素在氧、光、热、酸、碱等条件下其生物活性很不稳定，容易受到破坏。因此，几乎所有的维生素都经过特殊的预处理，制成预混剂或添加剂的形式使其生物活性保持稳定。例如，维生素 A 制成的维生素醋酸酯就比较稳定；维生素 C 经过包膜处理，其稳定性就可以大大提高。在饲料生产过程中，为了使用方便一般都把维生素配制成复合型维生素（维生素预混合饲料）使用，有的饲料厂家干脆购买商品维生素添加剂。常用维生素的商品形式及其质量规格见表 3-5。

表 3-5　常用维生素的商品形式及其质量规格

维生素	主要商品形式	质量规格	主要性状与特点
维生素 A	维生素 A 醋酸酯	100 万～270 万国际单位/克 50 万国际单位/克	油状或结晶体 包膜微粒制剂，稳定，10 万粒/克
维生素 E	生育酚醋酸酯	50% 20%	以载体吸附，较稳定 包膜制剂，稳定
维生素 D_3	维生素 D_3	50 万国际单位/克	包膜微粒制剂，小于 100 万粒/克的细粉，稳定
维生素 K_3	维生素 K_3	94% 50%	不稳定 包膜制剂，稳定

续表

维生素	主要商品形式	质量规格	主要性状与特点
维生素 B_1	硫胺素盐酸盐 硫胺素单硝酸盐	98% 98%	不稳定 较稳定，包膜制剂，稳定
维生素 B_2	核黄素	96%	不稳定，有静电性，易黏结；包膜制剂，稳定
维生素 B_6	吡哆醇盐酸盐	98%	包膜制剂，稳定
维生素 B_3	右旋泛酸钙	98%	保持干燥，十分稳定
维生素 B_5	烟酸 烟酰胺	98%	稳定 包膜制剂，稳定
维生素 B_7	生物素	1%～2%	预混合物，稳定
维生素 B_{11}	叶酸	98%	易黏结，需制成预混合物
维生素 B_{12}	氰钴胺或羟基钴胺	0.5%～1%	干粉剂，以甘露醇或磷酸氢钙为稀释剂
胆碱	氯化胆碱	70%～75% 50%	液体 以 SiO_2 或有机载体预混
维生素 C	抗坏血酸、抗坏血酸钠、抗坏血酸钙 维生素 C 硫酸酯钾 维生素 C 磷酸镁 维生素 C 多聚磷酸酯	 48%(维生素 C) 46%(维生素 C) 7%～15%(维生素 C)	不稳定，包膜较稳定 粉剂，稳定 粉剂，稳定 固体，以载体吸附，稳定

注：引自李爱杰（1996）。

一、维生素饲料的选择

维生素饲料的选择，应根据其使用目的、生产工艺，综合考虑制剂的稳定性、加工特点、质量规格和价格等因素而定。一般用于生产预混合饲料时，生产条件、技术力量好，可选择纯品或药用级制剂；生产条件差，无预处理工艺、设备的情况下，应尽量选择稳定性好、流动性适中、含量低的经保护性处理、预处理的产品。

二、维生素饲料的配伍

在生产预混合饲料时，应注意原料（包括载体）的搭配，尤其是生产高浓度预混合饲料时，应根据维生素的稳定性和其他成分的特性，合理搭配，注意配伍禁忌，以减少维生素在加工储存过程中的损失。总的来说，大部分维生素添加剂对微量元素矿物质不稳定，在潮湿或含水量较高的条件下，维生素对各种因素的稳定性均下降，因此，要避免维生素与矿物质共存，特别要避免同时与吸湿性强的氯化胆碱共存。

在选用商品“多维”时，要注意其含维生素种类，若某种或某几种维生素不含在内，而又需要者，必须另外添加。“多维”中往往不含氯化胆碱和维生素 C，有的产品中缺生物素、泛酸等。

三、维生素饲料的添加方法

不同维生素饲料产品的特性不同，添加方法也不同。一般干粉饲料或预混合饲料，可选用粉剂直接加入混合机混合。当维生素制剂浓度高，在饲料中的添加量小或原料流动性差时，则应先进行稀释或预处理后，再加入混合机混合。液态维生素制剂的添加必须由液体添加设备喷入混合机，或先进行处理为干粉剂后再加入混合机。对某些稳定性差的维生素，在生产颗粒饲料或膨化饲料时，可选择在制粒、膨化冷却后，将其喷涂于颗粒表面，以减少维生素的损失。

四、维生素饲料产品的包装储存

维生素饲料产品应密封包装，真空包装更佳。维生素饲料产品需储藏在干燥、避光、低温条件下。高浓度单项维生素制剂一般可储存 1～2 年，不含氯化胆碱和维生素 C 的维生素预混合饲料不超过 6 个月，含有氯化胆碱和维生素 C 的复合预混合料，最好不超过 1 个月，不宜超过 3 个月。所有维生素饲料产品，开封后需尽快用完。

第六节

对虾饲料添加剂

对虾饲料除含主体物质以外，常常含有一些可能会对虾类生长、代谢产生正负效应的某些其他成分。这些成分可能是饲料中天然存在的，还可能是为了满足对虾的生理需要、促进对虾生长发育、帮助对虾消化吸收、改善或保持饲料的质量，或是为了某种特殊需要（例如经济的目的、使用的目的等）而添加于饲料内的某种微量或少量物质，这些物质称为饲料添加剂。其主要作用是补充配合饲料中某些营养成分的不足，提高饲料利用率，促进对虾生长，缩短养殖周期，预防疾病的发生，提高对虾肉质的品味，改善饲料加工特性，减少饲料储藏和加工运输、投喂过程中营养成分的损失，达到以最小的投入获得最佳经济效益的目的。因此饲料添加剂又称为配合饲料的“心脏”。一般根据添加的目的和用途，把饲料添加剂分为营养性添加剂、非营养性添加剂和黏合剂。

对虾配合饲料质量的优劣，不仅取决于主要营养成分的合理配比，还取决于在加工过程中是否添加了添加剂和添加剂的质量。添加剂对提高饲料质量、降低饲料系数、加快对虾生长、提高对虾养殖经济效益有着重要作用。

一、营养性添加剂

单种饲料不可能具备对虾所需要的所有营养成分，因此需要多种饲料配合在一起加以互补。但即使是配合多种饲料原料，仍会有某种营养成分不足的现象，不能满足对虾生长的需要，必须另外加以补充，如氨基酸、维生素、矿物质、胆甾醇、磷脂、脂肪酸等，这些物质都是营养性添加剂。

对虾饲料的营养性添加剂，除氨基酸等单项添加剂外，市售的复合添加剂主要为维生素添加剂和矿物质添加剂。这两种添加剂目前很多专门的厂家都在生产，而且都按照对虾营养需求配比再添加一定量的载体制成商品出售，一般的饲料厂可直接购买使用。

1. 维生素添加剂

在人工养殖条件下，对虾在养殖环境中能够利用水体中的单细胞藻类、菌类，获取多种维生素。对虾类维生素的需求研究还不够深入、细致。目前相关材料报道的对虾对维生素的需要量一般是最低需要量，维生素在加工、储存、运输过程中很容易造成效价降低的现象。对虾饲料投入水中后也会有部分水溶性维生素因溶解而损失。因此，设计对虾饲料维生素用量时要高于标准需求量，并结合对虾的生长阶段、健康情况和生产工艺等确定合理用量。

为了避免外界因素对维生素稳定性产生影响，维生素的包装一般选用多层铝塑袋，维生素装入后立即抽空封口。产品储存时要选择阴凉、干燥、通风处且不易久置存放。

2. *矿物质添加剂*

虾类可以从水中吸收一定量的钙、镁、钠、钾、铁、锌、铜和硒，满足部分营养需要，但是所需的磷等矿物质元素则主要靠饲料摄入。矿物质的排泄是直接排入水中，经微生物矿化后进入再循环利用。

目前虾类对矿物质在营养上的研究虽然不少，而且也得出了一些营养参数，但是这些参数并不完全相同，只能在饲料生产中参考。在设计矿物质元素的用量时应该首先计算原料中各矿物质元素的含量与效价，再依据对虾的适宜需要确定应添加的各矿物质元素的量。矿物质添加剂大多数是氧化物和盐类，所以应根据各种矿物质元素在矿物质添加剂中的实际含量和生物效价，以及各元素之间的拮抗作用等，确定各种矿物质添加剂在对虾饲料中的适宜添加量。

二、非营养性添加剂

在饲料主体成分之外，添加一些它所没有的物质，从而可帮助对虾的消化吸收，促进生长发育，保持饲料质量，改善饲料结构等，这些物质就是非营养性添加剂。主要包括抗氧化剂、防霉剂、诱食剂、促生长剂、免疫增强制剂、增色剂等。

1. 抗氧化剂

对虾饲料中所含的脂肪、维生素等很容易氧化分解，从而造成营养缺乏或产生有毒物质，在饲料加工过程中需要添加抗氧化剂预防其氧化分解。抗氧化剂本身比较容易氧化，和易氧化物质的活泼自由基结合，生成无活泼性的抗氧化剂自由基，将氧化反应中断，使氧化过程彻底停止或使氧化过程缓解。抗氧化剂本身因丧失了不稳定氢而不再具有抗氧化性质，因此抗氧化剂能起到稳定作用，延长成品饲料的保存期限。目前饲料厂经常使用的抗氧化剂主要有乙氧基喹啉、二丁基羟基甲苯、丁基羟基甲氧苯。另外，脂溶性维生素 E 和水溶性维生素 C 也具有抗氧化剂的作用。

抗氧化剂在配合饲料中的添加量视饲料的含脂量而定。当饲料中的脂肪含量很低时，抗氧化剂的添加量也低；当饲料中的含脂量较多时，应当适量加大抗氧化剂的添加量。水产饲料加工过程中常用的几种抗氧化剂及其用量见表 3-6。

表 3-6 几种常用抗氧化剂及其用量

抗氧化剂名称	参考用量
乙氧基喹啉	0.02%以下
二丁基羟基甲苯	0.02%以下
丁基羟基甲氧苯	0.02%以下
柠檬酸	0.02%以下
维生素 E	用量没有很严格限制

2. 防霉剂

在对虾配合饲料加工过程中，为了抑制霉菌的生长和代谢，延长成品饲料的保质期，要添加防霉剂。添加的防霉剂可以破坏霉菌的细胞壁，使细胞内的酶蛋白变性失活，失去参与催化作用的能力，达到抑制霉菌代谢活动的目的。根据国家标准凡是人类食品中被批准使用的防霉剂都可以用于对虾饲料，如山梨酸、山梨酸钠、苯甲酸钠、丙酸、丙酸钙等。大部分饲料厂在生产中经常使用的是丙酸钙、苯甲酸钠，用量一般为0.1%～0.2%。

近些年来，随着对虾饲料研究的不断深入，对防霉剂的研究和应用也开始由单一型向复合型转变，以拓宽抗菌谱、提高防霉效果。例如，由丙酸、乙酸、山梨酸、苯甲酸、富马酸混合制成的酶敌就是一种复合防霉剂。

3. 诱食剂

诱食剂又称引诱剂、食欲增进剂，是以对虾的摄食生理为理论基础研制的能将对虾吸引到食物周围，激起食欲，促进其摄食的一类物质。这种物质包括摄饵引诱物质和摄饵刺激物质。虾类配合饲料适口性受物理和化学两方面的影响，前者包括饲料的粒径、形状、颜色、水中稳定性、硬度等；后者主要是指饲料本身的气味和味道。诱食剂的作用，一方面通过特殊气味掩盖饲料中的不良气味，刺激虾类的感觉器官，以达到促进虾类摄食、加快虾类生长的目的；另一方面，诱食剂诱导虾类摄食，提高饲料利用率，减少水体中残饵和水体的二次污染。刘栋辉等（2003）研究发现，富肽素（主要为小肽）对南美白对虾的诱食效果最好，鱿鱼内脏粉、墨鱼浸膏次之，鱼露效果最差。刘立鹤等（2006）用甜菜碱和牛磺酸作为诱食剂发现，有利于南美白对虾的摄食和生长，以甜菜碱诱食效果最佳，而牛磺酸和甜菜碱的协同诱食效果并不明显。二甲基-β-丙酸噻啶是广泛存在于海洋生物中的活性物质，研究表明二甲基-β-丙酸噻啶是南美白对虾的一种有效的促摄食物质，诱食效果优于乌贼膏。氧化三甲胺是一种生物碱类物质，广泛分布于海产硬骨鱼类的肌肉和软体动物（乌贼）及海生寡毛类动物体内，具有特殊的鲜味和爽口的甜味。张红梅等（2005）研究了氧化三甲胺的诱食活性，对南美白对虾具有强烈的引诱和促摄食作用，与甘氨酸、丙氨酸、蛋氨酸、赖氨酸、苯丙氨酸、甜菜碱和二甲基-β-丙酸噻啶相比，具有最短的第一反应时间和最多的吞食颗粒数；饲料中添加一定量的氧化三甲胺，可促进南美白对虾的生长，提高蛋白质效率，降低饵料系数；促进消化道内源性消化酶的分泌，提高消化酶的活性。因此，研究和发展对虾诱食剂的应用技术和开发产品对推动对虾饲料工业与养殖业的发展，以及最大程度地提高养殖业水平有着十分重要的现实意义。

对虾诱食剂的种类很多，经常使用的主要有如下几种。

（1）氨基酸类诱食剂　L-氨基酸已被认为是引诱甲壳类及其他水产动物最有效的化合物之一。研究表明，甘氨酸、谷氨酸钠、丙氨酸等都有诱引对虾摄食的作用。对虾对酸性化学刺激物的摄食敏感性通常都比较强，随着 pH 值的加大，对虾摄食的敏感性变得越来越弱。沙蚕、虾类的加工废弃物、蛤仔及干贝浸出物含有较多的引诱物质，例如丙氨酸、核苷酸、甘氨酸、牛磺酸、甜菜碱等，都是对虾良好的诱引物质。

（2）甜菜碱　甜菜碱是从甜菜加工副产品中提取的甘氨酸甲基内酯，它作为甲基的供体，可部分取代蛋氨酸和胆碱；能够促进脂肪代谢，抑制肝脂肪沉积，缓和应激，调节渗透压；可提高消化酶活性，促进新陈代谢；同时它还具有甜味和虾类对之敏感的鲜味，对虾类的嗅觉和味觉均有强烈的刺激作用，有很强的诱食效果，可以促进对虾生长，降低饲料系数。研究表明，对虾采食含一定量甜菜碱的饲料时，其摄食时间可缩短四分之一甚至是二分之一。

（3）含硫化合物类诱食剂　此类诱食剂主要有 DMPT（二甲基-β-丙酸噻亭）、二甲亚砜（DM）和大蒜素等。大蒜素不仅具有诱食作用，还能在一定程度上防治对虾细菌性疾病特别是肠炎病。

（4）脂肪类诱食剂　研究表明，脂肪酸具有一定的诱食作用。而且随着脂肪酸分子量的增加，诱食作用增强。来源于动植物油脂的磷脂，除能在动物体内提供甘油、脂肪酸、磷酸、胆碱和肌醇等成分外，还可促进饲料中脂类的吸收。此外，磷脂具有强烈的化学诱食作用，可改善饲料的适口性，对水产动物的摄食具有一定的促进作用。

(5) 小肽类诱食剂 小肽是由两个以上的氨基酸彼此以肽键相互连接的化合物。研究发现，这些肽类物质可引诱水产动物摄食，促进氨基酸的吸收，提高蛋白质的利用与合成；增强水产动物的免疫力，提高其成活率；促进对矿物质的吸收利用，减少畸形率；提高水产动物的饲料转化率和生产性能，是一种绿色饲料添加剂。实验证明，在南美白对虾饲料中添加2%的虾蛋白肽，能明显改善植物蛋白的适口性，提高大豆蛋白的消化吸收率，起到与鱼粉相同的养殖效果，从而降低生产成本。

(6) 中草药诱食剂 作为诱食剂，中草药具有天然、高效、毒副作用低、不产生耐药性、资源丰富以及性能多样等优点。研究表明，中草药不但含有一定量的蛋白质、氨基酸、糖类、油脂、矿物质、维生素和植物色素等营养素，还含有大量的生物碱、挥发油、苷类、有机酸、鞣质、多糖及多种具有免疫作用的生物活性物质和一些未知的促生长活性物质，这些成分可以提高饲料的诱食性，促进机体的代谢和蛋白质及酶的合成，从而加速水产动物的生长发育，增强体质，提高饲料转化率，降低发病率和死亡率。由于中草药具有抗菌、抑制病毒的作用，可有效地增强水产动物的免疫力，促进营养素的消化吸收，降低饲料系数，促进生长发育，减少水质污染，提高养殖效果。

(7) 核苷酸诱食剂 核苷酸由核酸降解产生，通常与氨基酸、甜菜碱或三甲胺合用，能提高饲料的适口性，增加对虾的采食量，可降低死亡率。国外实验证明，许多种核苷酸都对虾类具有诱食活性。

(8) 动植物及其提取液 一些动植物及其提取液可对水产动物产生诱食作用。如用蚯蚓作为诱食剂可有效提高对虾的摄食量、采食率和增重率。用螺旋藻作诱食剂，对罗氏沼虾等有不同程度的诱食作用。

(9) 合成香料诱食剂 一些化学合成香料已被证实对鱼类有诱食作用。有报道，乙基麦芽酚、香豆素、香兰素对鲫鱼有诱食作用，其中以乙基麦芽酚效果最好。另有报道，乳酸乙酯也有较好的诱食功效。

诱食剂在饲料中的作用主要有以下几个方面。

① 加快水产动物的摄食速度，减轻水质污染。添加诱食剂能有效增进水产动物的食欲，从而加快其摄食速度，降低饲料损耗，减轻养殖水体的污染。研究发现，用添加了贻贝粉的饲料饲喂对虾，饱胃时间可由对照组的 60 分钟以上降到 20～30 分钟。

② 改善饲料的适口性，提高摄食量。试验表明，在鳖饲料中分别添加 2 毫克/升和 4 毫克/升的苯二氮草化合物，摄食量分别比对照组提高 13.8%和 16%，增重提高 26.1%和 30%，饲料系数下降 9.8%和 12%。添加贻贝粉（ASL 粉）作诱食剂，能使异育银鲫的摄食量比对照组提高 22.34%，增重提高 33%。

③ 促进水产动物对饲料的消化吸收，降低饲料系数。许多诱食剂可以促进消化酶的分泌，增强鱼、虾机体的消化和吸收功能，促进生长，提高饲料的利用效率。解涵等（1997）用诱食促生长剂 2 号饲喂罗氏沼虾，结果提高了消化酶的活性，促进了生理性脱壳，使体长相对增长率提高 11.67%，相对增重率提高 33.5%，成活率提高 10%，饲料系数降低 22.69%。

④ 提高水产动物对植物性饲料的利用，广辟饲料资源，利于新饲料资源的开发。添加诱食剂可使水产动物更好地利用植物性蛋白，从而减少动物性蛋白的使用量，缓解蛋白质饲料资源的紧缺，提高养殖的社会和经济效益。用诱食剂可使水产动物更好地利用鱼虾不喜食的植物蛋白等，这对缓解当前饲料资源特别是动物蛋白饲料资源紧缺的问题具有重大意义。同时诱食剂的添加能够克服饲料中因加入了高浓度矿物质、药物、饼粕等成分后造成的适口性降低的问题。

当然，在使用诱食剂时也应注意以下问题。

① 不同的水产动物，其首选的诱食剂不同，饲料配方的设计应根据所饲养水产动物的品种选择最适宜的诱食剂。

② 在水产动物不同的生长阶段和养殖条件下，诱食剂的适宜添加量有所不同，应根据实际情况选择最佳添加量。

③ 针对水产动物的不同化学感受器，诱食剂可由两种或两种以上的引诱物质混合组成，以达到功能协同增强的效果。

4. 促生长剂

促生长剂主要作用是刺激虾类蜕壳生长，提高饲料利用率以及改善虾类健康。现将虾类的几种促生长剂介绍如下。

(1) 二甲酸钾　二甲酸钾是欧盟批准的第一个非抗生素类促生长型饲料添加剂，是通过甲酸钾与甲酸分子间氢键结合的一种混合物；二甲酸钾能以完整形式通过饲喂动物的胃，到达动物呈弱碱性的肠道环境中，自动分解为甲酸和甲酸盐，表现出极强的抑菌及杀菌效果，使动物肠道呈现“无菌”状态，显现促生长作用。何夙旭等（2006）认为，南美白对虾饲料中添加0.8%二甲酸钾，能显著提高对虾的质量日增加率和存活率，改善虾的生长，降低饲料系数。

(2) 小肽　蛋白质在消化道的降解产物大部分是小肽（主要是二肽和三肽），它们能以完整形式被吸收进入循环系统而被组织利用。研究表明，水产动物可完整吸收利用饵料中的小肽类成分，添加小肽后的水产饲料可明显促进摄食及生长。邓岳松、任泽林等研究发现，小肽能明显促进南美白对虾生长，提高其生长速度、蛋白质沉积效率、干物质消化率和饲料利用率。许培玉等（2004）研究发现，一定量的小肽能使南美白对虾蛋白酶和淀粉酶活力显著增加，说明小肽制品能促进南美白对虾对蛋白质和淀粉的消化、吸收，提高蛋白质利用率；对淀粉消化能力的提高，可促进淀粉吸收后作为能量储存，减少蛋白质作为能源物质的降解。

(3) 酶制剂　酶是活细胞产生的具有特殊催化能力的蛋白质，它广泛存在于生物体内所有的细胞组织中，体内代谢的生化反应绝大多数是在酶的催化下进行的。酶在生物界普遍存在，尤其是细菌、真菌等是各种酶制剂的来源。将生物体内产生的酶经过加工后制成的产品，就是酶制剂。酶具有两种特性，一是专一性，某一种酶只能催化一类特定底物的反应；二是高效催化性，极少量的酶可以催化大量反应物发生转变。酶制剂作为一种饲料添加剂，添加的

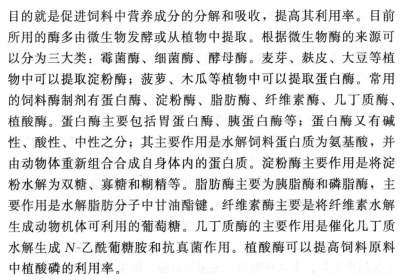

目的就是促进饲料中营养成分的分解和吸收，提高其利用率。目前所用的酶多由微生物发酵或从植物中提取。根据微生物酶的来源可以分为三大类：霉菌酶、细菌酶、酵母酶。麦芽、麸皮、大豆等植物中可以提取淀粉酶；菠萝、木瓜等植物中可以提取蛋白酶。常用的饲料酶制剂有蛋白酶、淀粉酶、脂肪酶、纤维素酶、几丁质酶、植酸酶。蛋白酶主要包括胃蛋白酶、胰蛋白酶等；蛋白酶又有碱性、酸性、中性之分；其主要作用是水解饲料蛋白质为氨基酸，并由动物体重新组合合成自身体内的蛋白质。淀粉酶主要作用是将淀粉水解为双糖、寡糖和糊精等。脂肪酶主要为胰脂酶和磷脂酶，主要作用是水解脂肪分子中甘油酯键。纤维素酶主要是将纤维素水解生成动物机体可利用的葡萄糖。几丁质酶的主要作用是催化几丁质水解生成*N*-乙酰葡糖胺和抗真菌作用。植酸酶可以提高饲料原料中植酸磷的利用率。

除了上述单一酶制剂外，为更好地提高饲料营养价值和对虾的消化能力，充分利用酶的协同作用，发挥其综合效应，可生产使用复合酶制剂。复合酶制剂由一种或几种单一酶制剂为主体，加上其他酶制剂混合而成；或由一种或几种微生物发酵获得。由于酶具有专一性和特异性，因此饲料中使用单一酶制剂的效果不如复合酶制剂。复合酶制剂可以同时降解多种需要降解的底物（多种抗营养因子和多种营养成分），可最大限度地提高饲料中能量、蛋白质、纤维素等营养物质的利用率。

选用饲料用酶应与饲料类型、对虾种类及其消化生理特点相适应。麦康森等（1985）研究，在花生饼中添加蛋白酶喂虾，其蛋白质消化吸收率可提高到 95.5%，赖氨酸吸收率提高的绝对值达 8.8%，原来吸收率不高的几种氨基酸如苏氨酸、甘氨酸、蛋氨酸的提高尤为显著，饲喂对虾可明显促进生长，而淀粉酶的促生长作用就不明显。使用酶制剂应注意其保质期，单纯的酶制剂保存期不超过 6 个月，做成预混料或饲料则不超过 3 个月。使用酶制剂最方便的方法是将酶添加剂加入预混料中，再将其与原材料混合制粒。为提高其效果，可以用酶制剂预先处理饲料原料，或在制粒后将酶制剂喷涂在饲料颗粒上。

5. 免疫增强制剂

免疫增强剂可以通过提高非特异性免疫力来提高机体对传染性疾病的抵抗力，这种免疫是没有记忆的，而且持续时间很短。由于免疫增强剂具有比抗生素更安全而且比疫苗作用范围广等优点，因而越来越受到重视。按免疫增强剂的功能，可将其分为两大类：一类是增强非特异性免疫力的免疫增强剂，另一类是佐剂型的免疫增强剂。对虾类免疫增强剂的研究主要集中在非特异性免疫增强剂的研究。通过提高其非特异性免疫能力，提高其抗病能力，这种免疫增强剂不仅作用广泛，安全性也高，适合作为饲料的添加剂。该种添加剂可分为化学合成物（包括左旋咪唑等）、多糖类（包括酵母细胞壁多糖、银耳多糖等）、寡糖类（包括壳寡糖、甘露寡糖等），还包括微生物、中草药制剂、细菌提取物、维生素、多肽类等。

（1）酵母多糖　从酵母菌中提取的具有免疫活性的多糖主要为β-葡聚糖、甘露聚糖。这些物质能激活巨噬细胞和补体、促进抗体形成及诱导干扰素等而增强机体的细胞免疫和体液免疫功能。Joseph 等（2004）发现，酵母培养产物能提高南美白对虾的存活率和抗菌能力。陈昌福等（2004）将免疫多糖（酵母细胞壁）作为免疫激活剂注射到南美白对虾体内后，其肝胰腺中的酸性磷酸酶、碱性磷酸酶活性明显增加，抗哈维弧菌（*Vibrio harveyi*）感染的能力增强。孙翠慈（2003）给南美白对虾投喂不同剂量的酵母多糖，发现血清酚氧化酶、肌肉超氧化物歧化酶的活性及肌肉中超氧阴离子的含量提高；研究还发现，添加多糖在一定程度上能增强南美白对虾抵抗盐度和 pH 的胁迫。许国焕等（2003）研究也表明，酵母细胞壁和β-葡聚糖均能显著提高南美白对虾溶菌活力、超氧化物歧化酶和酚氧化酶活性，提高机体抗病能力。谭北平等（2004）研究了从啤酒酵母泥悬液中提取的β-1,3/1,6-葡聚糖制剂对南美白对虾免疫力的响，发现投喂β-葡聚糖制剂的试验组，对虾血细胞酚氧化酶活性和吞噬活性均显著高于对照组。Wang 等（2008）从分子水平研究发现，南美白对虾饵料添加β-1,3-葡聚糖，短时间可显著提高肝胰腺和血细胞内的锰-超氧化物歧化酶基因表达量、血细胞溶菌酶基因表达量，显著降低血细胞对虾肽-3基因表达量；长时间（3～7小时）则显著提高肝胰腺 β-葡聚糖结合蛋白——高密度脂蛋白和脂多糖结合蛋白基因表达量。Nela López等（2003）研究发现，投喂 β-1,3-葡聚糖能使盐胁迫的南美白对虾幼体合成血细胞和酚氧化酶原；与浸浴结果相似（Campa等，2002）。葡聚糖的免疫调控作用还与添加剂量有关，Wang等（2008，2009）认为，添加0.2%葡聚糖即可提高对虾成活率和免疫因子活性。

（2）海藻多糖 海藻多糖是一类多组分混合物，由不同的单糖基通过糖苷键（一般为C1,3-键和C1,4-键）相连而成，是海藻细胞间和细胞内所含的各种高分子碳水化合物的总称。海藻中提取的海藻多糖，品种多、资源丰富，具有抗病毒、抗辐射、抗氧化等多种生物活性。海藻多糖能刺激各种免疫活性细胞的分化、成熟、增殖，使机体的免疫系统得到恢复和加强。刘恒等（1998）利用由海藻提取的与微生物多糖有类似结构和性质的免疫多糖作为饲料添加剂，饲喂南美白对虾，其酚氧化酶的活力、溶菌、抗菌活力和超氧化物歧化酶活力，均高于对照组。Fu等（2007）用含红藻石花菜热水提取物的饲料投喂南美白对虾，能提高血细胞对细菌的吞噬和清除活力及活体攻毒后对虾的存活率。Cheng等（2004，2005）用海藻酸钠作添加剂投喂南美白对虾，其酚氧化酶的活力、呼吸爆发力、超氧化物歧化酶活力、细菌的吞噬清除活力及存活率显著提高。ed Camargro-Lima等（2009）用添加了褐藻硫酸多糖的饲料投喂南美白对虾，高剂量硫酸多糖能提高存活率。此外，浸浴、注射叶马尾藻（Yeh等，2006）和细基江蓠（Hou等，2005；Yeh等，2009）的热水提取物，能提高南美白对虾的四烃大麻醇、聚烯烃和负氧阴离子的浓度，增强抗菌力。

（3）肽聚糖 肽聚糖主要存在于革兰阳性细菌细胞壁内，是一类由聚糖链、肽亚单位和间肽桥组成的大分子物质，对多种生物具有免疫调节作用。孟凡伦等（1999）用肽聚糖对中国明对虾进行肌内注射，采用的肽聚糖为乳链球菌 SB900，试验最终测得 PO 活性比对照组有所提高，因此，可把肽聚糖作为提高虾类免疫功能的一个可行方法。Itami 等（1996）在饲料中添加肽聚糖，以其投喂日本囊对虾，并对其感染 WSSV，试验组的成活率比对照组高 60%～70%。王秀华等（2004）研究发现，给南美白对虾成体投喂含肽聚糖的饵料，对虾的生长、成活率、免疫机能及抗白斑综合征病毒感染能力均提高；用含肽聚糖制剂的饲料投喂南美白对虾幼体，对虾血清中酚氧化酶、酸性磷酸酶与碱性磷酸酶活力均有不同程度提高，添加适量的肽聚糖制剂可使南美白对虾体液免疫因子总体活力达到较高水平。陈国福等（2004）研究发现，用含不同量的 A3α 肽聚糖的饲料饲喂南美白对虾幼体，能提高感染抗白斑综合征病毒后仔虾的存活率，显著提高血清碱性磷酸酶和酸性磷酸酶活性。宋晓玲等（2005）的研究也发现，南美白对虾摄食添加了肽聚糖制剂的免疫饲料后，抵御抗白斑综合征病毒感染的能力明显提高。郭玉娟等（2003）研究发现，每 7 天为一个周期循环间隔投喂 A3α 肽聚糖，可使南美白对虾成活率及产量提高约 30%。

（4）脂多糖（LPS） 脂多糖为含糖和脂质的化合物，在组成上糖的分量多于脂，是革兰阴性细菌外膜的一种主要成分。其脂酰链嵌入细菌的外膜，糖链暴露于细菌的表面，并具有抗原性（通常称为 O 抗原）。对日本囊对虾（14 克）分别投喂 0.28 微克、0.56 微克、1.40 微克脂多糖后，分别在第 1 天、第 5 天、第 7 天统计各试验组的成活率，第 1 天、第 5 天、第 7 天成活率分别为 75.0%、64.6%、52.9%，对照组为 0（Takahashi 等，2000）。脂多糖在使用过程中要注意两个问题，一是使用量不能过高或过低，过高容易引起死亡，过低达不到效果；二是脂多糖的抗原性比较弱，在提高脂多糖抗原性的基础上，才能提高其对虾类的保护性。

（5）壳聚糖和壳寡糖 壳聚糖是甲壳质经脱乙酰反应后的产品，是一种高分子多糖体，是自然界中唯一带正电荷的碱性可食性动物纤维，它通常由甲壳素脱乙酰化的产物壳聚糖的降解而获得。壳聚糖具有激活人体免疫系统、抗癌抑菌等活性，具有提高免疫力，抗肿瘤细胞生长，调节消化道微生物区系等多种作用。吴国忠等（2005）试验注射弧菌和病毒后发现，饲料中添加低分子量壳聚糖后可提高南美白对虾的抗病力。马利等（2006）通过壳寡糖投喂试验发现，南美白对虾血清中高密度脂蛋白胆固醇显著增加，促进脂类代谢，降低脂肪和胆固醇沉积，肝功能正常。胡琳琳等（2008）用壳聚糖硫酸酯添加到饲料中投喂南美白对虾，结果显示，饲料中壳聚糖硫酸酯添加量为0.015%和0.050%时，能显著提高南美白对虾血清酚氧化酶活性；南美白对虾摄食添加壳聚糖硫酸酯饲料4周后，经注射白斑综合征病毒攻毒感染，壳聚糖硫酸酯添加量为0.004%、0.015%和0.050%试验组，对虾的成活率分别为39.3%、42.9%和53.6%，而未摄食壳聚糖硫酸酯的对照组成活率仅为17.9%，表明摄食壳聚糖硫酸酯可明显提高南美白对虾抗白斑综合征病毒感染的能力。

（6）核苷酸　外源核苷酸能刺激动物的特异性和非特异性免疫反应，影响与免疫有关细胞的发生与分化以及巨噬细胞、辅助性T细胞的活性与数量及其分泌的白细胞介素2,3(IL-2,3)，最后影响细胞免疫。许群（2004）用添加了核苷酸的饲料喂养南美白对虾，发现一定剂量核苷酸使酚氧化酶、溶菌活力、抗菌活力和超氧化物歧化酶活力显著提高。Murthy等（2009）发现，在低盐度下，投喂0.5%的核苷酸能提高南美白对虾成活率。

（7）维生素　维生素是维持动物生命活动必需的一类有机物质，也是保持动物健康的重要活性物质。维生素在体内的含量很少，但在动物生长、代谢、发育过程中却发挥着重要的作用。如果摄入的量不够或是利用率不高，虾类的能量代谢和物质代谢就会受到阻碍，出现生长不良的现象。营养充足而均衡的饲料是获得养殖成功的关键因素之一，其中维生素C和维生素E是虾类免疫增强剂中常用的2种维生素。

维生素C是虾类必需维生素，它是维持正常生命过程所必需的一类有机物，维生素C主要存在于新鲜的蔬菜和水果中。虾类自身合成不了维生素C，而维生素C又是必需的，只能从外界获得。添加维生素C可提高虾类的非特异性免疫水平。艾春香(1999)研究证实，饲料中添加维生素C能提高溶菌酶的活力，并使补体活性增强，最终使虾蟹类的防病能力得到提高。王庆伟等(1996)证实，随着饲料中维生素C添加量的增加。中国明对虾血细胞对金黄色葡萄球菌的吞噬能力也逐渐增强。在中国明对虾饲料中添加一定量的维生素C，其血清的杀菌活力也能得到提高（李爱杰，1998）。

维生素E最突出的化学性质是抗氧化作用，它能增强细胞的抗氧化作用，有利于维持各种细胞膜的完整性；参加整体的某些细胞组织的多方面代谢过程；保持膜结合酶的活力和受体等作用。维生素E具有许多重要的生理功能，其中重要的一项就是增强免疫力。

(8) 微生态制剂　微生态制剂是利用正常微生物或促进微生物生长的物质制成的活的微生物制剂。即一切能促进正常微生物群生长繁殖及抑制致病菌生长繁殖的制剂都称为微生态制剂。大量研究资料表明，微生物制剂作为饲料添加剂可以促进对虾的生长。

(9) 中草药　在我国，中草药的应用已有数千年的历史，特别是近十余年来，随着人们对抗生素、化学合成药和激素等药物所产生的各种毒副作用的认识不断加深，国内外对中草药及其在疾病防治中的应用研究也越来越重视。江愢等（2005）以黄芪、甘草和白术配伍，以0.15%的比例添加于南美白对虾饵料中也取得了明显的促生长效果。王芸等（2007）对南美白对虾使用5种中草药后，测其生长及非特异性免疫指标，结果表明，饲喂黄芪、大黄和甘草水提取物的各组增长率和相对增重率显著高于对照组。覃振林等(2006)将复方马齿苋分别按1%、2%、3%的比例添加于饲料中投喂南美白对虾，饲养20天后结果表明，添加马齿苋组的南美白对虾增重率比对照组显著提高，饲料系数比对照组显著降低。李卓佳等（2007）在斑节对虾饲料中添加适量的中草药，结果能够促进对虾生长，并显著提高成活率和降低饲料系数。这说明不同的动物种类对不同的中草药、不同添加量的反应不同。这些成分通过各种途径提高机体的免疫反应能力，或是抑制DNA合成、抑制细菌细胞壁的合成，或是直接抑制或破坏病毒、病菌的增殖能力。

6. 增色剂

人工养殖的鱼虾，体色往往不如天然鱼虾鲜艳光亮，影响其商品价值。在饲料中添加着色剂，可以改善养殖鱼虾的体色。詹玉春（2005）发现，用添加苜蓿提取物和加丽素粉红（含虾青素）的饲料投喂南美白对虾，虾肉和虾壳的着色效果显著提高，还能改善南美白对虾肌肉嫩度。Liňán-Cabello等（2003）认为，类胡萝卜素是南美白对虾的一种重要营养成分；Vernon-Carter（1996）从万寿菊中提取类胡萝卜素饲喂南美白对虾，结果显示，玉米黄质和黄体素都能转化为虾青素，且14天内着色效果最显著。

三、黏合剂

黏合剂是对虾饲料中必须添加的起黏合成型作用的添加剂。对虾饲料中添加黏合剂是为了提高对虾饲料颗粒在水中的稳定性，增强颗粒的硬度，防止饲料营养成分在水中流失，提高饲料利用率，减轻饲料对水体的污染。同时也可以减少饲料加工过程中产生的粉尘。黏合剂在对虾饲料上具有特别的意义，既具有相当的黏度和黏结性，又具有一定的营养价值，还不影响对虾摄食。

1. 黏合剂的分类

目前工业生产的水产饲料黏合剂有很多种类，用于对虾饲料的黏合剂也很多，通常可根据黏合剂来源和用途等进行分类。

(1) 根据来源分类　将饲料黏合剂分为天然类黏合剂和人工合成类黏合剂。天然类黏合剂是指植物性黏合剂、动物性黏合剂和矿物质。以淀粉为主的植物种子、块根块茎、灌木等植物分泌物和植物蛋白等称为植物性黏合剂，比如玉米、小麦、面筋、马铃薯、蚕豆等的淀粉及相应的α-淀粉、糊精、面筋和豆类产物大豆磷脂等。来自于动物的黏合剂如鱼虾浆、动物胶、几丁聚糖等。矿物质的有如膨润土等。人工合成类黏合剂的特点是添加量少，黏结性较高，但因属高分子化合物，不能被动物消化吸收，如添加量加大，则因其黏结性原理造成饲料组分消化吸收减慢，从而降低饲料营养价值。目前比较多使用的人工合成类黏合剂有聚乙烯醇、羧甲基纤维素、木质素磺酸盐等。

(2) 根据用途分类 根据黏合剂作用用途以及是否具有营养特性可分为营养性黏合剂和非营养性黏合剂。营养性黏合剂有植物淀粉类、多糖类、鱼虾浆粉碎物、天然矿物质以及一些人工合成的黏合剂等。非营养性黏合剂主要包括羧甲基纤维素、聚乙烯醇(PVA)、聚丙烯酸、木质素磺酸钠和树胶等。

2. 对虾饲料对黏合剂性能的要求

用于对虾饲料的黏合剂应符合下面这些基本的性能要求。

(1) 黏合性 这是对黏合剂性能最主要、最基本的要求，由于对虾摄食行为的特点，要求饲料在水中要有一定的稳定性，饲料在水中的浸泡时间要达到 2 小时以上，因此黏合剂的黏结性要强。

(2) 营养性 在实际生产中，最理想的黏合剂应该同时具有黏合性和营养性，α-淀粉就是一种既具有黏合性能，又能提供能量营养的黏合剂，并且容易消化吸收利用，因此，α-淀粉是一种比较理想的黏合剂，目前对虾饲料中用量比较大。

(3) 沉浮性 由于对虾饲料要求是沉性的，因此选择的黏合剂本身密度要大于水的密度，以增加颗粒饲料的沉性。

(4) 适口性 黏合剂自身的气味、口感等尽可能满足对虾生长需求，且不影响对虾摄食。

第七节

饲料蛋白质源的开发利用

蛋白质是饲料中最为重要的营养组分，同时也是配合饲料中成本最高的部分。在多年的渔业生产中，动物蛋白尤其是鱼粉一直是水产配合饲料最重要的蛋白质源，鱼粉的作用是不容置疑的。但随着饲料工业、养殖业的日益发展，对于鱼粉的需求量增加，造成全球鱼粉的短缺，导致鱼粉价格居高不下。基于世界鱼粉资源逐渐减少以及环境保护的原因，在未来的水产养殖中，鱼粉将不能作为水产动物饲料的主要蛋白质源（New 和 Csavas，1995）。

近年来，我国养殖水产品价格偏低，营养学家和饲料配方者不得不寻求其他蛋白质源，减少鱼粉在饲料配方中的用量，甚至完全不用。目前，这方面的研究较多，也取得了一些进展。因此，针对除鱼粉外其他蛋白质源在水产饲料配方中的应用现状作以下综述。

一、关于鱼粉替代

目前，国内外动物营养学家在有关蛋白质源研究的论文中都使用了“替代”（Replace 或 substitute）这个词。但也有专家认为“替代”这个概念在动物营养领域中的应用值得进一步商榷，鱼粉以及除鱼粉外其他蛋白质源都能为动物生产提供蛋白质，只是蛋白质的质量和载体不同而已，而营养学家和饲料配方者仅仅关注的是它们的营养价值，尤其是所含有蛋白质的质和量。由于历史原因，过去鱼粉资源广，品质好，加之动物产品市场价格高，单位产品的利润空间大，因此，鱼粉在水产饲料配方中所占比例较高。目前，由于鱼粉资源短缺以及环境保护的要求，更何况养殖水产品价格持续下降，而鱼粉价格居高不下，营养研究者和饲料配方者就不得不寻求新的蛋白质源，降低鱼粉在配方中的用量，甚至完全不用。

二、蛋白质源的应用

1. 植物蛋白源的应用效果

（1）大豆制品　目前，常用的大豆制品有全脂豆粉、豆饼、豆粕、大豆蛋白粉、大豆浓缩蛋白、大豆分离蛋白和大豆组织蛋白等，由于大豆来源广，蛋白质品质好，所以大豆制品是水产饲料中常用的植物蛋白源。有关这方面的研究报道很多，也是目前研究的热点和重点。从目前的一些研究结果来看，在现有水产饲料配方的基础上，适当增加大豆制品的用量不会影响鱼虾类的生长，而完全不用鱼粉时，生长速度会显著降低（Kaushik 等，1995；Chou 等，2004）。当然，不同的鱼、虾类或同一品种的不同生长阶段对不同大豆制品的耐受剂量是不一样的（Refstie 等，1998，2000）。

大豆制品在饲料中的比例不仅影响到水产动物的生长，而且也影响动物体的营养组成。研究表明，随着饲料中豆粉含量的增加，鱼体的含水量增加（Olli 等，1995），脂肪含量会增加（Chou 等，2004）。Jouni 等（2000）发现，大豆浓缩蛋白和大豆粉的应用会降低鳃骨灰分的含量。

杨奇慧等（2014）研究表明，结合生长、饲料利用和养分表观消化率结果，在蛋白质水平为 40%、鱼粉含量为 30%的南美白对虾基础饲料中，植物蛋白质复合物（膨化豆粕：花生粕：玉米蛋白粉＝38%：17%：45%）替代 20%的鱼粉较适宜。韦振娜等研究表明，南美白对虾饲料中发酵豆粕替代鱼粉蛋白质的适宜替代比例为 14%，对南美白对虾生长性能和饲料利用率无显著影响。

(2) 非常规植物蛋白源　尽管非常规植物蛋白源的资源和品质方面存在一些问题，但仍有一些研究和报道，为新蛋白质源的开发和应用提供了理论依据。目前，这方面的研究主要包括花生饼(粕)、亚麻籽（粕)、银合欢粉、豆（粕)、豌豆（粕)、蚕豆(粕)、玉米麸蛋白、土豆蛋白浓缩物等。结果表明，不同植物性蛋白源在不同鱼类饲料中的添加比例是不一样的，适宜添加不会影响鱼类的生长、摄食、饲料的适口性和消化率；相反，过量添加会导致不良生长效果。

另外，研究者通过蛋白质的互补关系，把两种或两种以上的植物蛋白源按一定比例配合进行研究。Opstvedt 等（2003）研究发现全脂大豆和玉米面筋蛋白的配合使用不会影响鱼类的生长、蛋白质的效率，也不影响鱼体的生化组成，但随混合物用量的增加，用于鱼体生长的能量降低。这方面工作值得深入探讨。韦振娜等研究表明，饲料中补充蛋氨酸、豆粕和花生粕混合蛋白质源替代 21.4%的鱼粉蛋白质不会对南美白对虾的生长产生负面影响；以生长为指标，南美白对虾饲料中膨化大豆替代鱼粉蛋白质适宜比例为10%～15%。张加润研究得出，使用大豆浓缩蛋白和花生麸混合植物蛋白并添加包膜氨基酸可替代饲料中20%的鱼粉；且随着饲料中植物蛋白含量的增加，对虾非特异性免疫力增强。

由于非常规植物蛋白的来源有限，加之品质相对较差，因此，在实际生产中饲料配方可以根据当地市场情况（价格、来源、品质等）和饲料公司（或厂）的具体情况（鱼虾品种、生产规模等）在配方中进行适当添加。

2. 动物蛋白源的应用

（1）畜禽副产物　畜禽副产物包括鸡肉粉、血粉、羽毛粉、肉粉、肉骨粉和骨粉等。除骨粉以外，它们具有蛋白质含量较高、氨基酸种类较为丰富、价格低廉等优点，在畜禽及水产饲料中被广泛应用。但它们存在共同的缺点，如消化率低、质量不稳定等。尤其是该类产品的质量安全隐患（如疯牛病），使得其应用受限。

目前，这方面的研究主要集中在海水鱼虾类，并且国外研究居多。根据现有的研究结果表明，鱼虾对鸡肉粉、喷雾干燥血粉的消化率较高，与鱼粉差异不显著，而对肉骨粉的蛋白质消化率则显著低于鱼粉。

有些研究认为肉骨粉的适口性不好，因而影响鱼类的摄食率。Robaina等（1997）研究发现在一定范围内使用肉骨粉不会影响硬头鳟的摄食率，但当其用量增加时摄食率明显低于鱼粉组。而以肉骨粉和植物蛋白结合，并补充部分赖氨酸、色氨酸和苏氨酸时，饲料中完全可以不添加鱼粉（Wu等，1999）。Millamena（2002）报道肉粉和血粉按4∶1添加不会影响鱼类的生长、成活率以及饲料的转化率，还会显著降低饲料配方成本。在未来的水产饲料研发中，畜禽副产物和植物蛋白源的配合使用将是其研究的重点。

（2）水产品副产物　除鱼粉以外，对其他水产品副产物在鱼虾类饲料中的蛋白质提供作用研究相对较少。这部分原料主要包括鱼浓缩蛋白、虾粉、磷虾粉和乌贼粉。研究表明，水产品副产物在鱼虾饲料中适宜添加不会影响水生动物的生长。

虾粉、磷虾粉和乌贼粉都是鱼虾饲料中良好的蛋白质源，而且是对虾很好的诱食剂。近年来，它们成了虾饲料配方中不可缺少的成分之一。它们除了营养结构较为平衡外，还具有明显的促摄食作用，虾粉和磷虾粉中所含有的虾青素还是鱼虾类可以很好地利用的色素源。但是由于虾粉和磷虾粉中较高含量的几丁质和氟以及乌贼粉中较高含量的镉都可能影响鱼类的安全，限制了它们在鱼虾饲料中的使用量。

鱼虾对水产品副产物的利用率一般较高，但是由于这类资源同鱼粉一样因人类的过度捕捞和自然环境的恶化正在逐渐减少。相对而言，畜禽副产物是资源更为丰富的蛋白质原料。

3. 单细胞蛋白源的应用

单细胞蛋白源也称微生物饲料，主要包括一些单细胞藻类、酵母、细菌和真菌等。单细胞蛋白源比高等植物和动物更富含蛋白质，且蛋白质生物学价值比较高，必需氨基酸含量多且较平衡，粗纤维含量极低。但由于目前单细胞蛋白的商业化生产还存在一些困难，所以其利用受到一定的局限。

关于单细胞蛋白（尤其是饲料酵母等）在水产动物上的应用效果得到了人们的广泛认可。但近年来，研究人员似乎更关注单细胞蛋白的免疫作用，他们在研究中发现，单细胞蛋白除了具有促生长作用外，还具有明显的非特异免疫作用。在饲料中添加能提高水产动物头肾细胞的呼吸爆发力、溶菌酶活力和噬菌细胞的吞噬能力，还能增强动物的抗感染能力，这主要是由于单细胞蛋白源是核酸和多糖的来源（Yoshida 等，1995）。但究竟是哪种 RNA 起免疫作用，目前还不清楚。

三、影响饲料蛋白质源利用的因素

1. 适口性与摄食量

饲料原料的质量会直接影响到配合饲料的适口性，进而影响对虾的摄食量。这一点是非常重要的，虽然可以通过添加香味剂、诱食剂来改善饲料的适口性和提高养殖对虾对饲料的摄食量，还需考虑添加成本，也仅仅是治标不治本。有关这方面的研究不多，加之研究手段欠佳，故所报道的研究结果也是不一致的。

2. 消化率

虾类对蛋白质源利用较差的另一主要原因可能是消化率较低。相关研究则较多，不同的研究者所报道的结果也是千差万别的，但有一点是肯定的，其消化率均不会比鱼粉好。

3. 氨基酸平衡性

饲料蛋白质质量即氨基酸的平衡性是影响对虾对其蛋白质利用的关键因素。众所周知，除鱼粉氨基酸较平衡外，其他蛋白质源均缺乏某种和某些必需氨基酸，一些研究通过在饲料中添加必需氨基酸成功地提高了蛋白质饲料的质量。但是，添加必需氨基酸在对虾饲料方面效果不明显。

4. 抗营养因子

Francis 等（2001）的综述中，系统地列出了蛋白质源（植物性）中的抗营养因子。我国在这方面比较重视，成立了动物营养学会饲料毒物专业委员会，还出版了《饲料毒物学》。抗营养因子在饲料原料尤其是植物性饲料中广泛存在，主要是影响了对虾对饲料营养物质的消化利用率，有些可能对消化道产生一些不良影响，甚至引起中毒死亡。当然，不同虾类对不同抗营养因子的耐受剂量是不一样的。

5. 其他因素

除上述原因外，饲料利用率差的原因还可能是缺乏未知生长因子、影响适口性和营养价值的因子存在，以及其含有较高的非蛋白质氮等。

过多低质饲料蛋白质的应用，一方面由于其消化利用率不高，排泄物较多，造成对水环境的污染，尤其是氮，它是影响水体富营养化的重要元素之一。另一方面，也给饲料加工提出了更高的要求，否则，饲料在水中的稳定性差，易造成饲料对水体的直接污染。牺牲环境来提高动物的生产能力的时代已过去，也是渔业可持续发展所不容许的。当然，引起氮排泄的因素较多，如温度、体重、营养水平、日投喂频率、盐度、蜕皮期和环境的氨浓度等。

目前，营养学家通过营养平衡来提高饲料氮的利用，也试图通过对营养（蛋白质）需要量进行重新评估，获得准确的营养参数，使饲料配制技术更加科学，更加符合生产实际。但目前面临的一个十分突出的矛盾问题，就是由于养殖产品价格下降，而优质蛋白质源（如鱼粉、豆粕等）价格居高不下，导致低质蛋白质源在配方中大量添加，饲料质量下降，从而加剧了环境污染。因此，面临着提高动物生产能力（产量和品质）和环境保护的双重任务，是现在和今后动物生产者所追求的目标，也就是说，饲料中的氮最大限度地用于动物的生长沉积。这就要求动物营养研究者、饲料配方者和饲料加工业共同努力，提高饲料产品的质量，生产出环境友好的饲料，进而生产出优质的水产品来满足消费者的需求。

四、应用前景

值得欣慰的是，近年来，对蛋白质资源的研发作了许多工作，如前所述，取得了较大的基础理论和应用研究成果，推动了饲料工业的发展。尤其可喜的是水产动物营养与饲料的研究渗透到其他学科，形成了一些交叉的研究领域，如生物技术、环境营养、免疫营养、生物矿化等。有关水产动物免疫营养和生物矿化，是有待研究进军的新领域。

虽然目前有较多的研究工作主要集中在蛋白质源的用量以及对动物生长的影响上，但仍存在许多问题，有待进一步探讨，对饲料蛋白质营养价值的评定还没有完全系统性。约束了饲料数据库的建立，因此，许多工作还是摸着石头过河，这就不可避免地会走许多弯路，甚至蒙受巨大的经济损失。今后还需深入开展以下研究工作：饲料加工工艺参数的研究；蛋白质源配合利用和复合蛋白质的研究；对动物生长的长期影响；对动物肠道组织形态学的研究；对蛋白质周转利用的影响；对动物能量利用分配的影响；对动物免疫功能的影响；对动物品质的影响等。

第四章

对虾配合饲料

第一节

对虾配合饲料的特点

养殖水环境、健康的苗种、优质的饲料通常被称为水产养殖的三大要素，有了良好的养殖水环境、高健康的苗种，只是具备了养殖成功的基础，为对虾提供优质、适合虾体各生理阶段生长需要的全价、高效的配合饲料，则是对虾养殖取得成功的物质保证。对虾配合饲料就是根据对虾营养需要将多种原料（包括添加剂）按一定的饲料配方，经过工业生产混合均匀，采用先进生产设备和科学的加工工艺生产而成的商业饲料。对虾配合饲料的发展过程和方向将会遵循以下的规律：天然饵料→原料饲料→混合饲料→全价饲料→功能饲料→环保饲料。我们目前所使用的饲料大都处于全价饲料阶段。

大多数虾类以底栖生活为主，属于杂食性。和大多数养殖鱼类对饲料的吞食不一样，对虾捕捉到饲料颗粒以后，凭借其强硬的大颚把饲料咬成碎块，才能吃进去。它用前肢抱住食物，不断翻转，吃完一粒后再抱住下一粒，因此吃食速度相对较慢，但是由于虾类胃小肠短，对单个个体而言，因摄食量有限，所以摄食时间不会无限长，只是对于群体而言，摄食时间相对较长。如果对虾所抱颗粒未吃完而又吃饱，对虾就会将剩余的饲料颗粒丢于水中，这个颗粒其他对虾也不会再食。

对虾体内消化道中存在的消化酶有胃蛋白酶、类胰蛋白酶、淀粉酶和少量的脂肪酶，在消化系统的不同器官以及对虾的不同生长阶段、不同的对虾品种，这些酶的含量有些差异。所以，对虾种类、对虾不同的生长阶段，对配合饲料的颗粒大小、营养需求都不相同。根据这些特点，这就要求对虾饲料除了具备科学合理的营养要素外还必须具备以下特点：饲料颗粒必须是沉性的，不能漂浮或悬浮在水中（幼体微粒饲料除外），在水中的稳定时间要保持2小时以上；饲料颗粒大小要适当，不能过大，以免对虾吃不完丢入水中污染水质，造成饲料浪费，增加养殖成本；颗粒饲料在水中要层层吸水、逐渐膨胀，松而不散，以利于对虾的摄食；颗粒饲料的营养要符合对虾及不同生长阶段的营养要求；饲料的外形要适合对虾的摄食，这不但可以提高对虾对饲料的利用率，保护对虾的消化道，而且还能减少对养殖水环境的污染；物料的粉碎细度要达到超微粉碎（物料粒度达到80～100目）；饲料的物理外观洁度、硬度、光滑度好；颗粒饲料的颜色、粒径和长短应一致、均匀。

饲料的包装要适合搬运操作，饲料包装应防潮、密封等，饲料的标签必须按照国家相关规定使用，应对包装物内的饲料组成、性能、营养成分、用法和保质期及生产日期等详细标明。

第二节 对虾饲料配方设计与常用配方

一、饲料配方设计的依据

1. 对虾的营养需要和饲养标准

饲养标准是根据动物的不同种类、性别、年龄、体重、生理状态、生产目的与水平，科学地规定一个动物每天应给予的能量、蛋白质及其他养分的数据，这种规定的数量标准，称为饲养标准，包括动物营养需要量标准和饲料营养成分与营养价值等。

营养需要（或营养需要量）是指动物在适宜环境条件下，正常、健康生长或达到理想生产效果时对各种营养物质种类和数量的适宜或最低要求。营养需要是一个群体平均值，不包括可能增加需要量而设定的保险系数。进行配方设计时，应在营养需要中规定的营养定额基础上，根据具体情况考虑一定的保险系数。这些具体情况包括原料中某种营养成分含量虽高，但利用率低下；加工中某些营养成分的损失；养殖环境条件不理想，密度过大、水质恶化等。

目前我国尚未制定系统完善的水产动物营养需要标准，但制定了某些水产养殖品种的配合饲料标准，对一些水产饲料的主要营养素含量和检测方法做出了规定。我国的水产饲料标准主要对饲料产品的粗蛋白质（CP）、粗脂肪（EE）、粗灰分（Ash）、粗纤维（CF）、含硫氨基酸、赖氨酸、总磷、总能等做出了规定，对维生素、矿物质、EFA 及 EAA 则只提出了推荐值。

2. 不同种类和不同生长阶段对虾的消化生理特点

虾类对能量的需要量低，对蛋白质的需要量较高，对糖类的利用率低；对虾通常不能合成维生素 C，对维生素 B_6、维生素 E 等的需要量较高；能从水体环境中吸收钙，故钙源原料在营养中的相对重要性不及畜禽；合理选用磷源原料尤为重要，通常以磷酸二氢盐的利用率和经济性较好，故在配方设计和原料选用时需特别加以注意。

对虾的消化生理特点；虾类处在不同的生长阶段，年龄、个体大小不同，对营养和饲料的要求不同，所以，应当结合其品种和生长阶段的特点，有针对性地在众多原料中合理选用，在保证饲养效果的前提下，降低成本，取得良好经济效益。一般幼体阶段，对蛋白质、维生素等的需要量较大，因其消化功能发育尚不完全，应尽可能采用优质、高消化率、高利用率的原料。

3. 饲料原料的营养成分及其特性

进行配方设计，必须掌握所用原料的营养成分及其特性。我国已建成较为完善的饲料数据库，大部分常用饲料原料的营养成分含量均可从中获得；由于实际条件的千差万别，有条件的厂家，最好能自行检测每批原料的主要营养成分，以确保原料质量。

中国饲料数据库中列出了主要营养成分含量，这些营养成分总

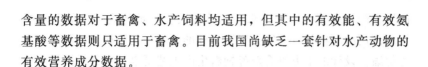

含量的数据对于畜禽、水产饲料均适用，但其中的有效能、有效氨基酸等数据则只适用于畜禽。目前我国尚缺乏一套针对水产动物的有效营养成分数据。

饲料原料的特性除包括其营养成分含量外，还包括加工特性、适口性、有毒有害物质含量、配伍特性等。如菜（棉）籽饼（粕）、麦麸、草粉等原料，粗纤维含量较高，结构疏松，不利于制粒，应结合使用一定量的淀粉质原料，以提高颗粒饲料的质量。可考虑添加适量膨润土以增加颗粒黏结性和稳定性。

4. 饲料原料的供应状况及成本

根据实际情况灵活掌握，可结合使用当地的饲料资源（较新鲜、易于运输、价格便宜、供应充足）；多种饼粕类原料间具有较高的可替代性，玉米、小麦、大麦等谷实类在一定范围内也有可替代性。

二、对虾饲料配方设计的原则

养殖对虾的营养需求数据是设计对虾饲料配方的主要依据。按照对虾的营养需求来设计对虾饲料配方可以避免生产的盲目性，有利于充分发挥对虾饲料的性能，提高养殖对虾的生产力。对虾的能量需求和营养需要数据通常是用处于最佳生长条件下的幼体、在最佳的水体实验环境下来测定的，基本上反映了对虾最大生长速度的营养水平。但是，对虾的营养需求数据会随着某些适用条件的改变而改变。例如养殖环境的因素、对虾的大小等都会对其营养需求产生不同程度的影响，因此，测得的这些营养需求数据也往往是最接近的近似值，同时营养数据的测定，往往都是在最佳的养殖条件下、用最好的饲料原料来测定的，测得的数据几乎代表了100%的饲料消化率。但是饲料实际生产过程中，由于原料的产地、加工方法或生产季节等的不同，其营养素的含量会存在一定差异，在饲料的加工、原材料的储存过程中营养素也会损耗，因此，设计饲料配方时应充分考虑到这些因素，不能用多种原料简单地通过计算来混合在一块，先进合理的饲料配方是保证饲料质量的关键。先进合理的饲料配方应符合下列要求：能够最大程度地达到规定的营养指标；使用的原料符合国家饲料卫生标准；使用的原料来源稳定、质优价廉；设计的配方符合对虾饲料生产工艺要求；在进行批量生产前，要对配方的先进性和可行性给予论证审核；在配方确定后，尽可能地不要经常性地任意更改。

饲料配方设计首先考虑饲料的营养全面且均衡。配合饲料和单一的原料饲料最大的差别就在于配合饲料的营养全面，因此对虾饲料的营养性能是饲料配方设计的基本原则。设计对虾饲料配方，应首先了解饲料的使用对象，弄清楚饲养对虾的品种、生长阶段，然后找到相应的营养标准。如果需要设计饲料配方的养殖对象没有国家推荐的营养标准，那就要参考外国的标准。如果世界上都没有标准那就借鉴相近品种的营养标准。但是借鉴标准时应当注意：即使是相似的品种甚至是同一品种在不同的养殖环境中其营养需求也不完全相同，所以引用或借鉴标准时要谨慎行事。

设计的对虾饲料配方应能满足对虾正常生长发育所必需的营养物质，包括蛋白质、脂肪、必需氨基酸、必需脂肪酸、微量元素、维生素等。各种营养要素要综合平衡和易于被对虾消化、吸收利用。所以设计配方选用饲料原料时还应注意以下两个方面。

① 多样化选择原料。多种饲料原料互相配合，具有一定的互补作用，并且使用的原料种类越多，就越能弥补营养上的缺陷或不足。但也不是所有的多种原料组成的配方都能发挥营养互补作用。一般而言，只有不同种类的原料、营养成分组成与含量不同的原料，多种配合使用才能够达到营养上的互补效果。例如，玉米和大豆粕或鱼粉相配伍就能弥补玉米中赖氨酸的不足。养殖对虾对不同来源的饲料原料的消化吸收利用的程度会有所不同。南美白对虾不同饲料原料的表观消化率见表 4-1。动物性原料在对虾消化道中的排空速度慢，消化吸收率高；植物性原料中粗纤维含量比较高，加速了食物在消化道中的排空速度，消化吸收利用率低。选择原料时要注意饲料原料来源稳定、原料质量要有保证。

表 4-1 南美白对虾不同饲料原料的表观消化率

饲料原料	蛋白质表观消化率/%	干物质表观消化率/%
酪蛋白	99.1±0.1[a]	91.4±0.1[a]
面筋	98.0±0.4[a]	85.4±0.4[b]
大豆蛋白	96.4±0.4[a]	84.1±0.8[b]
白明胶	97.3±0.5[a]	85.2±1.2[b]
玉米淀粉	81.1±1.1[c]	68.3±1.6[c]
乌贼肝脏粉	79.7±1.7[cd]	68.9±1.0[c]
鱼粉	80.7±1.7[c]	64.3±1.4[d]
虾粉	74.6±1.6[c]	56.8±2.0[e]
大豆粉	89.9±0.9[b]	85.9±1.4[e]

注：同一列中上标含有相同字母表示差异不显著（$P>0.05$）。

② 原料营养成分的含量与组成要真实准确。原料的营养成分与含量是设计配方进行营养计算与配合的依据。因此，配方设计前必须要清楚各种原料的营养成分与含量。尤其要注意蛋白质饲料氨基酸有效性的评估。实际生产中，有效的办法是参照常用饲料原料营养成分与营养价值表，结合当地具有代表性的数值。对于营养成分含量不准确或不明的原料，要送相关单位进行分析测定。饲料原料是保证饲料质量的重要环节，劣质原料不可能加工出优质配合饲料。同一种饲料原料由于来源不同，生长环境、收获方式、加工方法、储藏条件不同，其营养成分差异很大。如豆粕和豆饼，由于产地不同、制油方式不同、蛋白质含量不同，质量有显著差别。另外，有些原料由于储藏不当，有霉变、腐败现象，饲料品质也显著下降。因此，在设计对虾饲料配方时应充分考虑到这些因素。

设计对虾饲料配方要遵循下列原则。

1. 科学性

饲料配方设计首先应考虑的是对虾的营养需要，根据其食性特点和不同生长阶段的营养需求，确定配合饲料的营养标准，然后依据饲料原料的营养价值，将多种饲料原料进行科学配比，以充分发挥各自的营养效能，相互补充，取长补短，提高饲料的消化率和利用率。

2. 经济性

对虾养殖的目的一是要获得安全健康的对虾产品，二是要获得最大的经济效益。而要想获得最大的经济效益，投喂质优价廉的配合饲料至关重要，因为在对虾养殖过程中，饲料的投入占整个养殖成本的60%以上，所以，对虾的配合饲料应具有很好的经济性能。因此，饲料配方的设计在尽可能地满足对虾生长需求的情况下，要考虑配合饲料的生产性能和生产成本，提高配方的实用性和经济性。

3. 稳定性

对虾的养殖，特别是对虾的集约化养殖和规模化养殖，对配合饲料的敏感性很高，如果饲料配方突然发生改变，可能会使对虾产生应激反应，从而影响对虾的正常生长发育，甚至引发疾病。因此，饲料配方的稳定性，也是影响饲料质量的一大因素。对虾饲料配方的设计应在一定时间内保持其相对稳定，这就要求饲料原料的来源和质量也要有稳定性。饲料配方若却需调整，应有序逐渐地进行，不可突然调整变化过大。

4. 灵活性

养殖对虾需要的饲料虽然要求要有一定的稳定性，但是也不能一成不变。各种对虾之间的差异、生长阶段的不同、季节和天气的变化、养殖区域的不同、养殖水环境的差异及养殖对虾的健康状况等因素，也要求饲料配方有所不同和有所差异，只有这样才能最大限度地发挥饲料的生产性能，使对虾养殖取得最好的经济效益。因此，饲料配方的设计应根据对虾的养殖模式、养殖的品种、养殖池塘所处地域的不同、原料采购情况等实际，灵活进行适当的调整，切忌饲料配方从幼体到成虾整个养殖过程一成不变。

5. 实用性

饲料配方的设计要因地制宜，结合当地现有的饲料原料、生产工艺、当地的养殖习惯、养殖模式和特点等进行设计对虾饲料配方，只有这样设计出的饲料配方才能符合饲料的生产实际和养殖的需要，生产出的饲料产品才能更好地适应当地的市场，从而降低饲料配方理论与实际的误差，使饲料产品达到最好的生产效能。

6. 卫生安全性

饲料是一种动物食品，作为食品而言，达到一定的卫生标准是必须的。饲料配方的设计应考虑饲料产品的卫生性。提倡使用绿色、环保饲料；杜绝使用氧化、变质、发霉的饲料原料；严格控制含有有毒有害原料的使用；严防矿物质饲料中重金属元素的超标使用；饲料添加剂的使用要科学合理，杜绝使用不符合规定的药物，以保证饲料产品的卫生性，确保对虾产品的安全和食用人类的健康。总而言之，对虾饲料的卫生性和安全性要符合国家相关的法规、法令及行业标准。

三、对虾饲料配方的设计方法

1. 手工设计法

常用的手工设计法有试差法、方块法、代数法等。

(1) 试差法　也称试差平衡法、凑数法，是一种常用的配方设计方法，适宜于多种饲料原料及多种营养指标（包括成本等)。

首先确定配方欲达到的营养指标，初步拟出各种原料的比例(即初配配方)，计算初配配方中各营养成分之和，与目标营养指标相比较，出现的差额再用调整原料配比的方法，直至基本达到或接近目标营养指标。

在实际生产中，所选用的原料较多，所考察的营养指标也较多，故计算过程较为繁琐。但若借助于电脑编程处理计算过程，则尤为便捷。

(2) 方块法　又称对角线法、交叉法、正方形法。此法简单易行，适用于原料种类不多及考虑营养指标较少的配方设计。其基本方法是由两种或两类饲料原料配制某一营养组成符合要求的配合饲料。

(3) 代数法　适用范围与方块法类似，是列 n 元一次方程求解的简单代数方法。选用的原料越多，设置的营养指标越多，n 越大，计算越繁琐，且易出现负值，故通常只以二元一次方程或三元一次方程求解进行配方设计。

2. 计算机设计法

采用手工计算设计饲料配方，由于计算能力的局限性，所得配方只能是部分营养参数满足要求，既不是最低成本，也不是最大收益配方，要实现饲料配方的优化设计，只有借助于计算机才有可能实现。

采用计算机优化设计饲料配方最常用的是线性规划法，并且主要是最低成本配方。线性规划法把要解决的问题归结为控制因素，在一组限定条件下，寻求一个函数极值的问题。

(1) 用线性规划设计最低饲料成本必须具备的前提条件

① 掌握养殖对象的营养标准或饲料标准。

② 掌握各种饲料原料的营养成分含量和单价。

③ 原料在指定范围内用量可任意改变。

④ 每种原料所提供的营养成分数量与它的使用量成正比。

⑤ 两种或两种以上原料相配合时，所得的营养素含量应是各营养素含量的总和，即营养素含量具有可加性，且无交互作用。

(2) 数学模型　设有 n 种饲料原料，拟对 m 项营养指标进行设定。

各种饲料原料在配合饲料中的比例分别为 x_1，x_2，x_3，…，x_n。

配合饲料应满足的各项营养为 a_1，a_2，a_3，…，a_m。

n 种饲料原料中 m 项营养成分的含量分别为 b_{11}，b_{12}，…，b_{1m}；b_{21}，b_{22}，…，b_{2m}；b_{n1}，b_{n2}，…，b_{nm}。

各种饲料原料的价格为 c_1，c_2，c_3，…，c_n。

① 限制条件

$x_1+x_2+x_3+\cdots+x_n=1$

$x_j \geqslant 0$（$j=1$，2，…，n）

$b_{11}x_1+b_{21}x_2+\cdots+b_{n1}x_n \geqslant a_1$（或≤，=）

$b_{12}x_1+b_{22}x_2+\cdots+b_{n2}x_n \geqslant a_2$（或≤，=）

……

$b_{1m}x_1+b_{2m}x_2+\cdots+b_{nm}x_n \geqslant a_n$ （或$\leqslant$，$=$）

② 目标函数

$Z_{\min}=c_1x_1+c_2x_2+\cdots+c_nx_n$ （Z 为饲料成本）

求线性规划问题，就是在满足限制条件的情况下，使得目标函数为最小的一组解（x_1，x_2，x_3，…，x_n）。

用 LP 法设计出的最低成本（价格）配方并不一定是最佳饲料配方，要根据经验进行调整。

最佳效益配方（生产单位产品所用的饲料成本最低）受配合饲料单价、饲料转换比的影响（使配合饲料单价尽可能低、饲料转换比即饲料系数尽可能低）。

目前，采用计算机设计饲料配方时，最好利用优质的“饲料配方软件”，通过计算机操作与条件设定等，获得最佳对虾饲料配方。该配方既能满足对虾不同生长阶段所需的各种营养素含量及其比例、饲料添加剂含量，又能使其成本降至最低。

四、预混合饲料配方设计

1. 矿物质预混料配方设计

(1) 矿物质元素添加量的确定

① 常量元素添加量的确定。一般是从饲养标准中规定的需要量减去所用饲料中的实际含量之差作为添加量。

② 微量元素添加量的确定。微量元素在饲料中添加量很少，在基础饲料中变化较大，其生物学效价常有变化，在生产中很难做到现用现测，按饲料成分表间接计算误差也很大。所以普遍将饲料标准中规定的微量元素需要量作为添加量，而将基础饲料中的含量忽略不计；另外还要考虑元素间的比例平衡和某些微量元素的特殊用量。如某一元素的超量供给，有可能破坏元素间的平衡，其用量应慎重考虑；对毒性较大的元素，要注意添加量和中毒量之间的差距，即安全倍数。在安全倍数小、设备和工艺达不到均匀混合的情况下，要适当减少用量以保证安全。

（2）选择适宜的矿物质原料　根据原料、生物学效价、价格和加工工艺的要求综合考虑，进行选用。要查明矿物质元素的含量以及所含杂质及其他元素含量，备作参考。一般使用化工原料，或专门生产的饲料级原料，而不用试剂产品。载体多用沸石、麦饭石或含钙的石灰石。

（3）矿物质原料添加量计算　根据选择的适宜矿物质原料，把各种矿物质元素的添加量换算为矿物质原料的商品量。

（4）载体用量与配方计算　根据矿物质预混料在配合饲料中的添加量计算载体用量，然后列出矿物质预混料配方。

2. 维生素预混料的配方设计

（1）维生素添加量的确定　饲养标准中维生素的需要量往往是最低需要量，它是用以预防或纠正动物发生维生素缺乏症的下限量，并非最佳添加量。因为此量未考虑动物最大生产性能的发挥，也未考虑应激等状态的添加，最佳参考大型企业的推荐量。

通常是将基础饲料中的含量作为安全用量，不加计算。而以饲料标准中规定的需要量作为添加量，并考虑其他一些造成损失的因素，增加10%的安全系数进行计算，并且还要考虑价格和经济承受能力，所以添加量往往并非饲养动物的最佳营养需要量。

（2）维生素原料添加量计算　根据选择的维生素原料，将各种维生素的添加量换算为原料的商品量。

（3）载体的选用　载体的质量对维生素的稳定性有很大的影响。选用时除考虑其质量外，还应考虑水分含量，以不超过5%为宜。从价廉及分散均匀性看，玉米、麸皮、脱脂米糠作为载体最好。

（4）载体用量与配方计算　根据维生素预混料在配合饲料中的添加量计算载体用量，然后列出维生素预混料配方。

五、对虾环保饲料的配方设计

随着我国南美白对虾集约化、工厂化养殖的兴起，对虾养殖面积和产量都在飞速增长，对虾养殖对配合饲料的要求也越来越大，对饲料产品质量的要求也越来越高。但是，由于某些对虾饲料中各种营养物质的含量和营养物质间的搭配比例不尽科学、合理，导致养殖的对虾对饲料营养物质的利用率相对低下，或者食用后代谢产生大量对环境有害的污染物质，例如氨氮、亚硝酸盐、磷等。所以，根据对虾配合饲料的发展过程和方向遵循的规律（天然饵料→原料饲料→混合饲料→全价饲料→功能饲料→环保饲料），从营养学和生态学的角度控制环境污染源，实现真正的绿色环保饲料、绿色健康养殖，设计环保型对虾饲料显得尤为重要。对虾环保型饲料的配方设计应注意以下几方面的问题。

1. 合理控制饲料中的蛋白质/能量

被对虾吸收的蛋白质，除了作为对虾机体的组成物质被保留下来的那一部分外，还有一部分通过各种代谢途径为对虾提供必需的能量，同时生成尿酸、尿素等含氮排泄物排出体外；没有被对虾吸收的那部分蛋白质和被对虾以含氮排泄物的形式排出体外的那部分蛋白质都会对养殖环境造成严重的污染。对虾生长和维持生命活动的过程，都是物质的合成与分解过程，在这些过程中必然发生能量的转化、储存、释放、利用。对虾所需的能量主要来源于所摄食的饲料。蛋白质、脂肪、碳水化合物是饲料中主要的三大能源物质。研究发现，被对虾吸收的饲料蛋白质在对虾体内代谢可以提供能量，这部分能量可以由脂肪或碳水化合物提供，这种现象叫作蛋白质的节约效应。由于脂肪和碳水化合物在体内代谢后的最终产物是水和二氧化碳，而水和二氧化碳对养殖的水环境不构成污染。因此，在设计对虾饲料配方时，可以适当降低饲料蛋白质的含量而提高饲料的能量含量，从而减轻因饲料造成的水环境污染。但是，如果饲料中的能量含量过高、蛋白质含量过低，又会造成养殖对虾蛋白质缺乏、生长缓慢，甚至出现营养性疾病，同时还会影响饲料的加工成型。所以，控制一个合理的饲料蛋白质/能量对养殖对虾的健康生长和保护养殖环境是很重要的。

2. 使用合成氨基酸

采用“理想蛋白质模式”从氨基酸平衡着手在对虾饲料中使用

合成氨基酸，能够降低饲料粗蛋白质水平，提高饲料中氮的利用效率，减少排泄物中氮的排泄量。这样可以节约天然蛋白质饲料资源，降低集约化养殖对环境的污染问题。

3. 使用酶制剂

在饲料中添加酶制剂，可消除抗营养因子，增加内源酶活力，对虾类的生长、消化吸收、抗病免疫都有改善和增强作用。

谷物饲料、豆粕等饼粕类饲料以及其他作物籽实副产品饲料中有一半以上的磷是以植酸磷这种有机化合物形式存在的，表4-2是一些常见的植物性饲料原料中总磷和植酸磷的含量（麦康森，《无公害渔用饲料配制技术》，2002）。对虾不能利用这些原料中的有机磷，大部分磷从粪便中排除，致使养殖水环境中磷的浓度超过渔业用水标准，造成水体富营养化，引起严重的水环境污染。同时植酸（肌醇六磷酸）还是一种抗营养因子成分，它对金属离子有较强的络合性，能与钙、镁、铁、铜、锰、锌等金属离子生成稳定的络合物——植酸盐，因而能直接影响这些矿物质和微量元素的吸收和利用（Hossain和Jauncey，1993；Teskeredzic等，1995）。

表4-2 水产动物饲料常用的植物性原料中总磷和植酸磷含量

名称	植酸磷/%	总磷/%	植酸磷/总磷/%
玉米	0.17	0.26	66
大麦	0.19	0.34	56
小麦	0.20	0.30	67
高粱	0.21	0.31	68
稻谷	0.14	0.25	56
麦麸	0.96	1.37	70
豆粕	0.38	0.56	68
棉籽粕	0.75	1.07	70
菜籽粕	0.63	1.01	62

植酸酶是能够将植酸水解成肌醇与磷酸（或磷酸盐）的一类酶的总称，饲料中添加植酸酶可以提高植酸磷的利用率，减少粪便中

的磷含量。植酸酶的加入不但可以释放出无机磷酸盐，而且可以提高饲料中蛋白质含量及饲料中能量的利用率，有人认为用植酸酶处理饲料后可导致植酸盐蛋白质复合物的分解，提高蛋白质消化率。目前，采用商品微生物植酸酶处理饲料的成本高，因而限制了植酸酶的应用。而某些饲料原料，如小麦、麦麸、黑小麦、大麦等含有较高活性的植酸酶，因此，饲料中可以适当比例添加，以提高植酸磷的利用率，降低饲料成本。

4. 使用有机矿物质元素

有机矿物质元素是矿物质元素的无机盐与有机配位体形成产物的总称。由于它在理论上的电荷中性和高稳定性，受到越来越广泛的重视。从前广泛使用的无机矿物质元素由于利用率低，且容易受pH、蛋白质、脂类、纤维、草酸、氧化物、维生素、磷酸盐、植酸盐及某些真菌毒素等很多因素的影响，使其被对虾吸收的数量远远小于理论值。研究发现，有机矿物质元素的效价大部分高于无机矿物质元素，因此，饲料中可以使用部分有机矿物质元素，可减少无机矿物质元素在饲料中的添加量，从而减轻矿物质元素排泄对环境造成的污染。目前用于生产的氨基酸螯合物主要有蛋氨酸锌、蛋氨酸铜、蛋氨酸铬、蛋氨酸锰、蛋氨酸铁、赖氨酸铜、赖氨酸锌、甘氨酸铁等产品。其中以蛋氨酸锌、赖氨酸铜、蛋氨酸锰的效果明显。

六、对虾常用饲料配方

由于对虾饲料的配方具有灵活性，它不是一成不变的，所以各个生产厂家的对虾饲料配方都结合了当地的原料情况、设备的工艺、当地的养殖模式等，因地制宜。下面提供一些常用配方，供饲料厂商和养殖户参考借鉴，使用者可根据自己的具体情况灵活调整。

1. 南美白对虾饲料配方

(1) 鱼粉22.6%，乌贼粉5%，肉骨粉7%，豆粕16.6%，鱼油2.5%，花生麸13.6%，菜籽粕6.6%，卵磷脂2%，高筋面粉

22%，氯化胆碱 0.5%，维生素 C 磷酸酯 0.1%，对虾用免疫增强剂 0.2%，磷酸二氢钙 0.5%，复合维生素 0.3%，复合矿物盐 0.5%（湛江粤海饲料有限公司专利配方，《南美白对虾安全生产技术指南》，文国梁，李卓佳著）。

(2) 鱼粉 35%，乌贼粉 5%，虾糠 6%，肉骨粉 3%，豆粕 11%，花生麸 7%，棉粕 6.7%，卵磷脂 1.5%，高筋面粉 23%，氯化胆碱 0.4%，维生素 C 磷酸酯 0.1%，磷酸二氢钙 0.8%，复合维生素 0.2%，复合矿物盐 0.3%（湛江粤海饲料有限公司专利配方，《南美白对虾安全生产技术指南》，文国梁，李卓佳著）。

(3) 鱼粉 19%，乌贼粉 7%，豆粕 30%，花生粕 9%，鱼油 1.25%，玉米油 1%，酵母 5%，高筋面粉 22.83%，氯化胆碱 0.5%，维生素 C 磷酸酯 0.1%，磷酸二氢钠 0.5%，磷酸二氢钾 0.5%，赖氨酸硫酸盐 0.42%，L-苏氨酸 0.11%，羟基蛋氨酸 0.09%，复合维生素 0.2%，复合矿物盐 0.5%（中山大学专利配方，《南美白对虾安全生产技术指南》，文国梁，李卓佳著）。

2. 其他对虾饲料配方

(1) 进口鱼粉 30%，国产鱼粉 8%，酵母粉 4%，大豆磷脂 5%，豆粕 18%，花生粕 6%，虾壳粉 10%，小麦粉 10.5%，植物油 1.5%，磷酸二氢钙 2.6%，乳酸钙 0.4%，预混料 4%（多维预混剂 1000 克，矿物元素预混剂 3000 克，50%氯化胆碱 3800 克，维生素 C 多聚磷酸酯 750 克，25%大蒜素 140 克，胆固醇 2600 克，牛磺酸 1200 克，水产复合酶 1000 克，虾蜕壳素 1000 克，15%L-肉碱 1600 克，加丽素粉红 500 克，HJ-1 黏合剂 5000 克，克氧 130 克，双乙酸钠 800 克，载体小麦粉 17480 克，共计 40 千克）。

(2) 进口鱼粉 30.00 千克，乌贼内脏粉 2.00 千克，虾壳粉 3.00 千克，干啤酒酵母 3.00 千克，花生仁粕 16.00 千克，大豆粕 15.00 千克，面粉 24.80 千克，鱼油 1.00 千克，磷脂油 2.00 千克，磷酸二氢钙 1.20 千克，预混料（2%）2.00 千克。

(3) 鱼粉 27%，饼粕（豆粕和花生粕）35%，全麦粉 5%，虾糠 6%，酵母 6%，鱿鱼内脏粉 5%，麦饭石 2%，预混料（矿物盐＋维生素）14％。

第三节

对虾配合饲料的加工

一、加工工艺与对虾饲料质量的关系

对虾饲料的加工工艺和设备不同于其他饲料的加工工艺和设备，一般比普通饲料的加工工艺和设备更为复杂。根据长期对对虾营养、加工工艺和加工设备的研究，广大从事对虾饲料营养和加工的研究人员和从业者逐步认识到，不同的加工工艺和设备对饲料成品的营养及对虾养殖有着不同的效果，即使同样的加工工艺和加工设备，由于工艺参数控制不同，生产的饲料品质亦不相同。当采用不同加工工艺而控制不同参数也同样可以达到基本相同的饲养效果。随着对对虾饲料的加工工艺与营养、营养与养殖之间的关系的深入研究和对加工工艺的正确认识，对虾饲料的加工工艺与技术已经比较成熟与完善，生产的对虾饲料能够完全满足对虾养殖的需要。

对虾配合饲料的加工是对虾养殖过程中很重要的环节。对虾饲料加工质量的好坏，不但直接影响饲料颗粒的质量，而且将直接影响到对虾养殖效果的好坏。与鱼类相比，虽然二者都生活在水中，但是由于营养需求、生理机能和摄食行为等方面的差异，因此对饲料加工工艺的要求也不相同。对虾饲料的加工特点包含以下几个方面：物料的粉碎细度和成品粒度要符合养殖对虾各生理阶段生长的要求；比较良好的混合均匀度；饲料成品的水中稳定性要在 2 小时以上；颗粒的硬度和黏结性要合理；饲料颗粒的密度要大于养殖用水的密度，即保证饲料颗粒必须下沉。所以，对虾饲料的加工工艺

和设备选型都有其特殊的要求。要想加工生产出优质的对虾饲料，就要针对对虾的摄食特点和生长所需的营养要求，采用合理的对虾饲料加工工艺和选用适当的加工机械设备，以保证对虾所需的全部营养成分和饲料的加工质量。对虾饲料的外观形态呈颗粒状（微粒饲料、破碎颗粒饲料、颗粒饲料、膨化颗粒饲料）。除育苗用的微粒饲料属于悬浮（或叫慢沉）饲料外，在幼虾和成虾阶段需要的饲料均为沉性颗粒饲料。

一般来说，对虾饲料的加工工艺应首先考虑到以下两个方面。

1. 水中稳定性

根据人们长期研究，对虾饲料的加工工艺必须考虑到对虾的营养要求、生活习性、生理特征等几个因素。不论是对虾幼体、幼虾和成虾阶段的饲料均要具有较好的耐水性和稳定性，也就是饲料的水中稳定性要好。一般饲料生产厂家是通过在饲料加工过程中添加黏合剂或改善加工工艺和设备，来实现对虾饲料水中稳定性的。实践证明，两者都能够获得饲料良好的水中稳定性。但不同的加工工艺耐水效果也不相同，其结果见表 4-3。

表 4-3　采用不同加工工艺时对虾饲料的耐水性

物料粒度/毫米	加工条件	设备参数	耐水之间的相对值/%
0.7～0.8	未蒸煮调质	厚壁压模	27.0
0.7～0.8	蒸煮调质	厚壁压模	88.0
0.4～0.6	未蒸煮调质	薄壁压模	73.0
0.4～0.6	未蒸煮调质	厚壁压模	83.0
0.4～0.6	蒸煮调质	薄壁压模	95.0
0.4～0.6	蒸煮调质	厚壁压模	100.0

由表 4-3 不难看出，对虾饲料耐水性的因素与物料粉碎粒度、加工工艺、设备参数等有关，其中明显看出，物料粉碎粒度是影响饲料耐水性的最主要因素，但设备的参数亦不能忽视。由于各个国家对加工工艺和设备认识不同及试验条件有差别，提高对虾饲料耐水性的方法也不相同。虽然添加黏合剂效果好，但会增加饲料配方

成本，特别是采用非营养性黏合剂更是如此。很多国家和地区认为添加黏合剂不如通过改善加工工艺和设备结构及参数来得到更令人满意的饲料耐水效果。当物料粉碎的粒度基本符合对虾饲料加工要求时，改变调质、制粒、挤出膨化条件，饲料将具有不同的耐水性。在物料的粉碎粒度和加工工艺选择合适时，饲料耐水性可达到12小时以上。如果加工工艺控制不合理，特别是调质不好，饲料颗粒入水后表面容易起毛，耐水性会大大降低，有的只有30分钟左右。

2. 对虾对饲料的消化吸收

由于对虾的消化道较短，一般为体长的1倍左右，因此要求对虾饲料容易被对虾消化吸收，而要获得容易被对虾消化吸收的对虾饲料可通过物料粉碎粒度、调质制粒、挤出膨化等组成不同的工艺来实现。目前国内外采用不同的对虾饲料加工工艺尤其是膨化工艺，均能达到容易被对虾消化吸收的要求，并提高了对虾饲料营养效价。例如在对虾饲料的生产过程中采用挤出膨化的方法，使物质的蛋白质、淀粉等成分的消化吸收率有不同程度的提高。不同的加工方法对蛋白质有效利用比的影响见表4-4。由表4-4可见，经过熟化处理后的大豆粕营养效价比原来提高40%以上。

表4-4 大豆粕采用不同的加工工艺对蛋白质的有效利用比

加工方法	PER
不经水热处理	1.30
轻度烘烤	1.61
挤出膨化	2.24

注：PER表示蛋白质效率，为protein efficiency ratio的缩写。

不同的加工方法对碳水化合物的营养效价也会产生影响。对虾饲料加工过程中，能使β-淀粉转化成α-淀粉，为此两者的消化率有明显的不同，见表4-5。表明淀粉熟化处理后的消化率较未处理的显著提高。玉米和大麦其消化率，经过处理消化率可提高20%～76%。

表 4-5 不同加工方法对碳水化合物消化率的影响

加工方法	淀粉形态及饵料组成	消化率/%
未经水热处理	淀粉 90%(其中 β-淀粉 10%)	52
经调质膨化	淀粉 90%(其中 β-淀粉 10%)	88

麸皮作为水产饲料的原料之一，在对虾饲料加工过程中被经常使用，而麸皮含有较多的有机磷，而且有机磷的消化吸收率相对较差，当通过加工过后其消化率显著不同（表 4-6）。

表 4-6 麸皮经过不同的加工工艺对消化率的影响

加工方法	消化率/%
不经水热挤压处理	30
经过调质膨化	大于 50

因此，如何选择加工工艺和设备，对对虾饲料产品质量关系很大，也就是说配方和加工工艺是相辅相成的关系，如果忽视任何一方，就很难获得最佳的经济效果。当配方确定以后，加工工艺是决定对虾饲料产品质量的主要因素之一。由于不同加工工艺产生了不同的有效利用率，因此配方设计必须根据不同加工工艺和设备进行修正，以及不同的工艺必须有不同的配方，若不按工艺设备进行设计配方，就达不到预期效果，就会造成饲料的浪费。饲料配方和加工工艺之间唇齿相依的关系已经被重视，特别是水热处理的加工工艺和膨化工艺其作用显得更为明显和突出。由此可见，原料粉碎粒度、调质、挤压、膨化等工艺是提高对虾饲料水中稳定性和消化吸收利用率的主要方法之一。

二、对虾饲料主要加工工艺流程

目前，随着对虾饲料工厂化生产和对虾专业化养殖的迅速发展，我国已经成为世界上对虾饲料生产和养殖的主要国家之一，是亚洲最大的水产饲料生产国。我国的水产饲料生产设备从开始的引进整套设备到关键设备引进，从消化吸收到自行开发再创新，已形成品种较为齐全、系列化、标准化、通用化的各类水产饲料加工设备（各单机和成套设备），其制造精度、质量稳定性、产品性能都有了很大提高。

对虾饲料的加工工艺，不管是专业化大厂家生产，还是养殖单位和个体自用生产，其加工过程都包含以下的基本生产流程：原料选购→清理除杂→原料超微粉碎→配料→混合→加水（水蒸气）调质→制粒→烘干→冷却→产品打包。从目前对虾饲料的加工生产情况来看，对虾饲料主要以硬颗粒饲料为主，一些专业化饲料生产厂家也开始生产虾类沉性膨化颗粒饲料。现将生产流程各环节的主要工序简单介绍如下。

1. 原料的准备

首先将对虾饲料配方中所需的各种原料选购配齐。不选择使用发霉、变质、掺假或有异味的原料。

2. 原料清理除杂

原料清理的主要内容是清理去除饲料原料中的各种杂质，包括原料包装物碎片、铁钉、螺丝、石子、碎木块等，以确保粉碎机等加工设备的安全和饲料的质量。这一步骤看起来简单，但是对饲料加工来说至关重要。

3. 原料粉碎

(1) 粉碎目的　粉碎是所有饲料加工工艺过程中必不可少的工序，就是利用机械力克服物料颗粒内部的凝聚力将其分裂的操作。其目的不只是为了均匀混合、提高消化吸收率，而且通过粉碎物料便于提高饲料成品的耐水能力。根据对虾的生长、生理特点以及其对养殖水环境的要求，为了保证获得最佳的饲料转化率和减少饲料对养殖水环境的污染，饲料要易于被消化吸收。同一种物料，粉碎粒度越小，与消化酶接触的表面积就越大，就越能提高养分的可消化性。因此，要提高饲料的利用率，就应该为对虾提供易于消化的饲料。其中，最大可能地减小饲料原料的物料粒度是比较有效的方法之一。饲料原料的粉碎粒度，不但影响着对虾对饲料的消化率和饲料在水中的稳定性；而且还影响着饲料原料的混合均匀度和颗粒成型能力。一般来说，原料粉碎得越细，对虾对饲料的消化率就越高，饲料在水中的稳定性也就越好，对对虾来说这一点尤为重要。但是，由于对虾饲料原料中的蛋白质含量很高并且还含有相当量的油脂，增加了粉碎和混合的难度。对虾饲料原料的粉碎工作量很大，粉碎产量还低，同时消耗的能量很高。在饲料加工过程中，粉碎原材料消耗的成本能占生产总成本的50%甚至到55%。由此可见，对虾饲料粉碎工艺的合理组合及粉碎设备的选用显得非常重要。对虾饲料原料粉碎的粒度应达到60目（250微米）筛下物在95%以上，用于幼体、幼虾阶段的饲料原料粉碎的粒度还要更细。

（2）粉碎工艺　对虾饲料的加工绝大部分的原料都要进行粉碎。目前的粉碎工艺主要有先粉碎再混合、先混合再粉碎、两种方式结合使用。

原料先粉碎的优点在于粉碎机的配置可以根据原料的性质来选择，以取得经济的合理性，降低能耗。但是，这种粉碎工艺会因在粉碎过程中原料品种的调换而浪费很多的时间，使得先粉碎工艺在单位时间内粉碎的产量受到影响。由于原料粉碎粒度细，物料的表面积相应增大，吸收空气中的水分变强，从而使物料的流动性变差，进入料仓后容易结块影响下一道工序的进行。一方面，对虾饲料中很多种原料均含有较高的蛋白质和脂肪，这些原料如果采用的是先粉碎工艺，原料中的油脂很容易堵塞粉碎机的筛孔。因此，这种含有较高蛋白质和脂肪含量的原料就不适合采用先粉碎工艺。

后粉碎工艺，能够较好地避免先粉碎工艺中出现的某些问题。多种原料相互混合后，各种原料的物理特性能够起到互补作用。某些原料单独粉碎时比较困难，如果和其他原料混合后一起粉碎就比较容易。目前，大多数对虾饲料厂家使用后粉碎工艺。如果采用后粉碎工艺，粉碎机必须根据配料原料中硬度最大的原料品种来选购配置。

（3）粉碎设备类型　目前用于饲料原料粉碎的机械设备有锤片式粉碎机、对辊式粉碎机、爪式粉碎机、微粉碎机和超微粉碎机等很多种，可根据实际情况选用一种或多种配合使用。饲料加工过程中，原料的粉碎粒度关系到饲料的混合均匀度和颗粒成型能力，还关系到饲料成品的质量、饲料的消化吸收率及饲料在水中的稳定性。因此，对虾饲料对原料的粉碎要求较高，必须采用性能良好的粉碎机组。

4. 配料

对虾饲料使用的原料品种多，对虾饲料的要求高，各种原料的使用量又各不相同，大宗原料的使用量占到30%甚至40%以上，使用量少的原料比如说一些非营养性添加物质等占的比例非常小，所以对虾饲料的加工工艺中配料工段是很重要的一环。配料称量的误差控制得越小越好，目前配料的形式大部分采用电脑控制的全自动配料系统，自动配料误差小；也有的饲料厂采用人工配料，人工配料虽然操作简单，生产过程中很少出现故障，但是，人工配料会因人的因素使配料误差增大。不管采取哪种配料方法，都要尽可能地使配料工序在整个对虾饲料加工工艺流程中达到称量准确、误差小，满足与其他工序配合程度高等要求。对虾饲料厂的规划设计要尽可能地考虑使用自动配料，并将配料的工艺流程进行优化，提高配料准确度、缩短配料周期，最终达到饲料生产整个工艺流程中配料的全自动化和生产管理的科学化。

5. 混合

对虾饲料的要求比较高，原料的品种繁多，既有含蛋白质较高的鱼粉、饼粕类，又有提供能量的面粉、糠麸类，还有作用很大但需要量很少的矿物质和维生素等饲料添加剂。因此，充分、均匀的混合是对虾饲料加工过程的主要工序之一。原料混合的好坏、混合得是否均匀，对保证成品饲料的质量起着很重要的作用。不管是利用机械混合还是人工混合，在生产过程中都应充分混合均匀。在对虾饲料的生产过程中一般要经过两道甚至是几道混合工序才能完成。原料的第一次混合，是在超微粉碎以前对各种主要原料进行混合，也就是采用后粉碎工艺的混合，这道混合对混合的均匀度要求不高，习惯上称这道混合为“粗混合”；第二次混合，是在饲料添加剂和无需进行超微粉碎的原料加入后的混合，这次混合对原料的混合均匀度要求高，通过此次混合使得配方中的各种原料充分混合均匀，习惯上称这道混合工序为“细混合”或“精混合”。目前一些饲料添加剂（如氨基酸添加剂、抗生素添加剂、酶制剂、诱食剂、抗氧化剂、防霉剂、黏结剂等）和微量原料（矿物质元素、各种维生素等）都是经过专业的饲料公司事先预混，制成的商品预混料，饲料生产厂家可直接采购使用。但由于这些原料添加量较小，作用却很大，因此应重视将这些原料均匀地添加混合到整个饲料中去。首先应将这些原料加入少量粉状混合料分别稀释，稀释后的重量应占总混合料的4%以上，然后将其他混合料中充分混合，使之均匀地分布于混合料中。尤其应注意矿物质预混料与维生素预混料、维生素预混料中分装的2袋维生素间均不能直接接触，否则会降低维生素的效价。至于各种原料在一起混合的时间长短不能一概而论，通常需通过测定物料混合后的变异系数来确定。

变异系数指的是样本的标准差相对于平均值的偏离程度，是一个相对的数值。变异系数大，说明混合均匀度差；变异系数越小，说明混合均匀度越好。最理想的混合状态下，变异系数应该为零。我国有关标准规定：全价配合饲料的变异系数应不超过10%，预混合饲料和浓缩饲料的变异系数应不超过5%。饲料混合质量的测定方法可根据GB5918规定的测定方法进行测定。

在对虾饲料的生产过程中，混合这道工序，往往不被人们重视甚至被忽视。但是，如上所述，其混合操作过程相当重要。这是因为对对虾来说，不但个体小而且对虾的胃更小，个体消耗的饲料相对而言较少，混合的目的是尽可能地让配方中的各种营养元素和微量物质均匀地分布在每一个饲料颗粒中。为了使其能够获得全面、充分的营养元素，必须要求饲料混合均匀。

影响对虾饲料原料混合均匀度的因素，主要有以下几个方面。

一是混合机械的合理选购与混合工艺。性能优良混合效率高的机械设备混合均匀度好。前面讲到的后粉碎工艺，尽管在超微粉碎前已经把原料混合好了，但是在原料粉碎的过程中，由于不同原料的密度大小、硬度不同，在粉碎过程中，物料会发生分级。因此目前的生产厂家都采用了多次、分级混合的方式。

二是饲料原料粉碎粒度很小，物料在混合过程中由于摩擦的原因可能会产生静电荷，这会影响混合的均匀性，因此在混合过程中对混合机进行适当的处理或加入一些防静电剂（植物油等），也可避免这一现象的发生。

三是原料在粉碎过程中受到很多次数的冲击，物料的温度会随之升高，从而导致其水分含量降低。而物料的水分含量会对成品颗粒饲料的产量、加工效率产生影响，从而影响成品的水分含量和成品在水中的稳定性。

常用的混合机有卧式螺带混合机、连续式混合机、立式螺旋混合机、犁刀式混合机等多种。所选用的混合机应达到下面的要求：对物料的混合均匀度要高；混合需要的时间短，混合效率高；与整个饲料加工设备生产效率配套，便于操作；混合质量高，能耗低。

6. 制粒

是由特殊的制粒机械把已混合好的粉状物料压制成颗粒的过程。制成的颗粒大小由制粒机的型号、模具的型号来决定。不管制成的颗粒是大或小，都必须要达到：一是要具有良好的外观和颗粒品质；二是以最低的能耗和生产成本，生产出尽可能多的合格饲料颗粒，也就是制粒效率要最高。

（1）制粒工艺流程　对虾饲料制粒工艺流程一般由以下几个部分构成：一是物料的预处理，二是制粒，三是制成颗粒后的冷却。这三部分互相影响、互相制约，整个流程是决定对虾饲料成品质量的关键性因素。目前很多的国内外大型现代化饲料厂家均采用多次调质的制粒工艺流程。

① 调质。调质是物料预处理的重要一环，是对物料粉末进行的湿热处理，通常采用加入水蒸气的方法进行调质。调质的目的就是让原料的蛋白质变性、物料软化、淀粉熟化，最终达到提高颗粒饲料质量的目的。由于对虾饲料有其特殊的要求，即在水中的稳定性要好，饲料投入水中不会很快被泡散，对虾的生理特性也要求饲料中淀粉的糊化程度更高，蛋白质变性更大，以提高饲料的可消化

性能。因此，优化饲料生产过程中的调质至关重要。在对虾饲料生产中，对物料粉末进行合理时间的高温加湿，能进一步提高原料中淀粉的糊化程度，激发饲料中有天然黏合作用的蛋白质，最终使饲料颗粒在水中的稳定性得到提高。

在对虾饲料生产过程中，调质既是很难操作又是很重要的环节，影响饲料颗粒质量的因素中有很大一部分产生在制粒调质以前。所以在调质过程中，加入水蒸气的质量、压力、温度、调制的时间等要结合物料的特性来控制，既要达到活化物料中的天然黏结性物质、软化物料的目的，又不能使物料过于熟化而产生饲料烧焦的味道或达不到熟化时间而影响制粒。

② 制粒。制粒就是将调质好的物料粉末通过机械压制成颗粒的过程。制粒设备及相关冷却、分级设备的选择，将对对虾饲料的质量产生很重要的影响。制粒机性能的好坏直接决定着饲料颗粒的质量和产量。目前市场上制粒机的品牌、型号很多，但是其性能差别较大。特别是制粒机的压辊、模具参数的选择，尤其要注意模具的材质、厚度、压缩比等参数。饲料生产者可根据自己的规模、产能、资金投入等具体条件认真选购。

③ 饲料冷却。即冷却工艺。刚刚制成的饲料颗粒温度很高，既不能直接打包储存更不能直接使用。对虾饲料需经过冷却后才能进行包装出售或喂养对虾，在对虾饲料的生产过程中，颗粒冷却的关键是忌讳急速冷却，急速冷却会使饲料颗粒表面产生裂缝，不但影响饲料颗粒的外观，更重要的是破坏饲料颗粒在水中的稳定性。目前使用较多的冷却机械是卧式冷却机和逆流式冷却机。由于卧式冷却机占地面积较大，因此各生产者应根据自己生产车间的面积、厂房的空间大小选用相应的冷却设备。

(2) 成品饲料的破碎　由于对虾稚幼虾阶段需要投喂颗粒很小的成品饲料，饲料厂必须生产很小粒径的颗粒饲料满足其要求。而直接生产粒径很小的颗粒饲料一是耗能高，二是受生产设备（主要是制粒模具孔径）或生产工艺的限制，因而多数对虾饲料生产企业通过采用先加工成粒径较大的颗粒饲料，而后将其破碎，再经过分级筛过筛的方法，制成大、中、小不同规格的破碎料，以满足对小粒径颗粒饲料的需求。破碎颗粒的大小由分级筛筛网网目的大小决定。但是这种方法生产的破碎料在水中的稳定性受到了一定的影响。随着制粒技术的不断提升和对虾饲料企业竞争的加剧，生产较小颗粒的对虾饲料已经成为某些规模化对虾饲料企业的优势之一。

(3) 制粒工艺流程中影响饲料质量的因素 整个制粒过程中对饲料质量产生影响的因素是多方面的，既有原料方面的因素，又有调质工艺的因素，还与模具的特性有关，蒸汽系统设计的合理与否也影响着产品的质量好坏。

① 原料方面的因素。原料的营养成分、原料的水分含量、原料的粒度大小都会影响到对虾饲料的质量。

a. 原料成分对饲料质量的影响。一是蛋白质影响。蛋白质经高温熟化后，它的黏结性和可塑性都会增加，原料中蛋白质的含量越高，制粒时就越容易成型，制粒的质量也越好。二是油脂影响。饲料生产过程中适量的添加油脂，或者饲料原料本身的脂肪含量较高，饲料颗粒就容易成型，制粒较容易，同时还可减少物料对压模的磨损，降低生产能耗，节约电费。但是，油脂的添加量如果过高，超出了限值，那么制成的颗粒就会出现压不实、硬度低、易破碎等缺点，饲料的粉化率就会增加，碎粒增多，制粒质量随之降低。三是淀粉影响。淀粉糊化后容易制粒，因此，原料的淀粉含量越高，制粒效果越好。在对虾饲料的生产过程中，一般要求物料调质时温度控制在85℃以上，调质水分在14%～18%。但是如果原料在调质前已经熟化，会降低制粒质量。四是粗纤维影响。原料中含有适量的粗纤维（通常为4%～8%）利于物料的黏结，可提高制粒质量和颗粒硬度，降低饲料的粉化率。但是当粗纤维的含量超过10%时，则会因物料的黏结性差而降低颗粒的成型率和颗粒的硬度，还会增加机械磨损，降低制粒的质量和产量。

b. 原料水分对饲料质量和产量的影响。原料水分含量高，调质时将减少物料对水蒸气的吸收量，使制粒温度降低，调质效果差，影响颗粒饲料的质量。原料水分过高还可能导致原料在压辊和环模之间打滑，造成原料呈糊状堵塞模空，影响生产。

c. 原料的粉碎粒度对制粒质量的影响。原料粒度越细，物料的表面积就越大，其吸收水蒸气的速度加快，并且水蒸气能够充分渗入到每一个物料颗粒中心，使颗粒易于成型，制粒质量好。但是，物料的粉碎细度越细，粉碎机的生产能力随之下降、耗能增加、生产成本也将提高。

② 调质工艺。在饲料生产过程中，制粒工是一个技术岗位，这就足以说明饲料生产过程中调质和制粒的重要性。物料的调质时间、调质时水蒸气的压力大小、调质时的温度和湿度都将影响到饲料质量。

a. 调质时间，就是指物料通过调质器时在调质器中停留的时间。生产过程中调质时间通常控制在15～40秒为宜，调质时间的长短直接影响到物料的熟化程度。调质时间越长，物料的熟化程度就越好，淀粉糊化度也就越高，物料的相互黏结性也就越好，制粒效果就好。

对虾饲料要求有较好的水中稳定性和糊化度，因此调质的条件必须加强。目前，大部分对虾饲料的生产都是采用了三道调质器进行调质，可以大大增强调质时间，加大物料的熟化程度，增强淀粉的糊化度，从而使制出的饲料颗粒在水中获得良好的水中稳定性。

b. 调质时水蒸气的压力大小也影响到饲料的质量。进入调质器的水蒸气压力过低时，在一定的调质时间内达不到调质要求。水蒸气压力过高时，由于水蒸气的热传导加热现象加强，容易造成物料温度过高、水分降低，出现物料烟焦的现象。因此，进入制粒机调质器的水蒸气必须合适。在饲料厂的整个平面布置中，锅炉房的位置如果离生产车间较远，导致供汽管道过长，饱和水蒸气在从锅炉流向制粒机的过程中，就会损失部分热能，并逐渐形成冷凝水，这样的水蒸气直接进入制粒机的调质器，就会把冷凝水和部分悬浮物带入调质器，从而影响调质效果。规模化、正规化的饲料厂都应设计非常合理的蒸汽系统，并在系统中安装疏水器和分气缸，再将混有冷凝水和悬浮物的蒸汽进入制粒机的调质器前收集起来流回锅炉或排放到外界。蒸汽管道越长，损失的热能就越多，形成的冷凝水就越多，含有冷凝水的水蒸气大大降低了蒸汽的质量。疏水器的安装、配备不合理，导致分水效果差，管道内的冷凝水不能彻底除尽。如果这种湿热蒸汽进入调质器，由于没有足够的热量来加热物料，并使淀粉糊化，而只能使物料吸收多余的水分，从而导致制粒机堵塞。同时由于淀粉没能很好地糊化，物料颗粒的内部互相黏结性就差，导致不利于颗粒成型和颗粒松散，致使饲料的水中稳定性降低。所以，在蒸汽进入制粒机的调质器以前，冷凝水的去处是非常重要的。

c. 调质时温度和湿度的影响。调质就是通过温度、水分的作用，使淀粉糊化，而调质温度和湿度主要靠加入的水蒸气调节。在制粒工艺中，蒸汽量添加得小，温度达不到，物料熟化差、淀粉糊化度低，对制粒机的压辊和环模磨损大，制粒产量降低，饲料的粉化率高，造成颗粒外观粗糙，同时耗能大、生产成本高；蒸汽量添加过大，容易造成制粒机堵塞，影响生产，同时由于温度过高，容易造成物料局部过热或糊焦现象，从而影响饲料的整体质量。

7. 饲料原料主要组分在饲料加工过程中的变化分析

(1) 碳水化合物与调质挤压工艺　碳水化合物的主要组成是淀粉，淀粉又有直链和支链淀粉之分。淀粉通过调质挤压使β-淀粉转变成α-淀粉，此过程为饲料的糊化过程即淀粉α化。当物料在水热及压力的作用下，破坏了直链淀粉的晶体度，也就使淀粉有规律的结构破坏，随着糊化过程的继续，淀粉颗粒显著膨胀，颗粒逐步崩溃，越来越多的水分子将附着在淀粉链已暴露的羟基上，结果形成一种胶态的凝胶体。由于不同淀粉的支链和直链淀粉其糊化效果不同，随着直链淀粉的减少，淀粉对α-淀粉酶的敏感度即提高，为此消化吸收利用率亦提高。与此同时α化的淀粉含量高，吸水指数低，也就说明淀粉变性后可有效地降低饲料水分的活性，即提高了饲料颗粒的耐水性，从而提高饲料的消化吸收利用率。由于淀粉α化程度不同，消化吸收率也不同，同时对蛋白质、脂肪等成分的吸收也产生了变化（表 4-7）。

表 4-7 不同淀粉及含量对饲料吸收率的影响

原料配方	吸收率/%
鱼粉含量 40%,α-淀粉 60%	78
鱼粉含量 80%,α-淀粉 20%	98
鱼粉含量 90%,小麦粉 10%	88
鱼粉含量 90%,β-淀粉 10%	52

通过挤压，虽然提高了饲料的耐水性，但在淀粉α化后，随着温度和水分的变化，将有可能促使α化的淀粉颗粒产生老化现象，特别是水分在 30%的饲料，在低温下储存，α-淀粉的老化现象十分迅速。从而失去糊化特性，降低饲料耐水性和消化吸收率。因此，加工后特别是挤压膨化后的物料应通过干燥降低水分，是防止淀粉老化、便于储藏的重要措施。

(2) 蛋白质与调质、挤压膨化工艺　无论是植物蛋白还是动物蛋白，通过调质、挤压后总的来说是提高了消化吸收率，对部分氨基酸在挤压过程中降低了效价，同样也有部分氨基酸提高了效价。由于蛋白质通过调质挤压工艺，实质上是蛋白质经过水热处理，使蛋白质的有害因子例如抗营养因子、沙门菌、大肠杆菌、葡萄杆菌等活性降低，从而提高了蛋白质及维生素等各种营养元素的吸收率。特别是目前国内外动物蛋白资源普遍性紧缺的情况下，在饲料配方中降低动物蛋白的用量增加植物蛋白的用量，甚至用植物蛋白代替动物蛋白，是广大饲料研究者和饲料加工从业者关心的课题。因此采用水热处理对植物蛋白显得十分必要且行之有效。

影响蛋白质效价的主要因素是蛋白质中的抗营养因子和胰蛋白酶抑制素（T1），使对虾食用到体内后抑制了体内消化酶分解蛋白质的活力，而 T1 通过调质、挤压加热后使其钝化，降低 T1 对消化酶的影响。但是，随着温度的增加、挤压时间的增加、物料水分的降低，蛋白质内主要的赖氨酸损失也会增加。

(3) 维生素与调质、挤压膨化工艺　对虾饲料在调质、挤压、膨化时多种维生素会有不同程度的损失，但也有部分维生素的利用率会有所提高。而影响各种维生素不稳定的因素在调质、挤压过程中基本都有。例如维生素 B_1、泛酸、维生素 K、维生素 C 等在水、热、挤压条件下易于氧化，使其活性降低；维生素活性损失的多少与水分、压力和原料品种有关。实验表明，维生素 B_2 在挤压过程中当温度从 149℃提高到 193℃、水分从 13%增加到 16%、螺杆转速（每分钟转数）从 75 增加到 125，其损失率为 18%，维生素 C 损失 30%。维生素 A 因原料不同则损失率不同。当采用 β-胡萝卜素为维生素 A 的原料，视黄醇、维生素 A 醋酸酯、维生素 A 棕榈酸酯在加工过程中的稳定性不同，视黄醇、维生素 A 醋酸酯在挤压加热过程中损失率为 10%，而维生素 A 棕榈酸酯损失率最高达 50%。如果将维生素制成胶囊，其损失就小得多。同样在挤压过程中尼克酸、生物素的利用率会得到不同程度的提高。因此，在饲料加工过程中，尽可能地把维生素损失降到最低。

三、原料采购与质量控制

对虾饲料的加工有了工艺先进的设备和营养全面、科学合理的配方，还不能保证能够生产出优质的饲料产品，要想生产出优质的对虾配合饲料，还要有优质的原料。因此，对虾饲料生产过程中原料的采购与质量控制是保证生产优质对虾饲料的重要环节。生产厂家有责任确保饲料原料的质量合格和卫生安全。

1. 制定主要饲料原料质量要求及收货标准，严格控制原料质量

饲料公司或生产厂家应制定一套原料质量标准，原料的采购应由采购人员从那些能够满足这些采购标准、信誉好的供货商购买，确保购买的原料质优价廉。同时和质检人员共同把关，以严格保证原料的质量，保证采购的原料在符合自己质量标准的同时，还要符合相关的法规或国家及行业标准。化验员在验收和检测原料时应根据原料种类、来源及市场供应情况具体把握验收标准。

2. 查验原料和原料说明书

原料采购人员有权利要求原料供货商必须给买方提供详细的产品说明和具有法律效力的质量证明，饲料厂的质检人员能够检查原

料质量。为了确保原料成分能够符合质量标准，质量主管部门应定期抽样检查原料达标情况。原料说明书除了要包括原料的营养成分之外，还要包括产地、来源、前加工的细节、局限性和可能具有的危害性及可能的无危害污染物（砂石、尘土等）等信息。如果某种原料添加了其他成分，则标签上应注明添加的成分名称、作用等事项。

3. 原料的定量分析与管理

为确保原料质量与每次新调整的饲料配方营养水平同步，化验人员应对每批次进厂原料及库存原料定期或不定期地抽样具体检测化验，并将化验结果上报相关领导、质监部门负责人、配方师。并将化验结果整理存档。车间生产经理、质量控制部门负责人、配方师应共同监督原料质量的变化，确定质量负责人应负的责任。

4. 不合格原料的处理

质量合格的原料如若仓储条件发生变化可能引起其质量的变化，如发生霉变、受潮结块等现象，以及退回的饲料产品，这些用于饲料加工是非常危险的和不能允许的。建议饲料企业做无害化销毁处理。

5. 对虾饲料质量的全员化管理

对虾饲料作为对虾的食物，严格讲，对虾饲料就是一种动物食品。因此，饲料企业要用食品的理念做饲料，这除了要求设备工艺先进、饲料配方科学合理、原料质量优质以外，还要对厂区的卫生、车间卫生经常打扫，做到饲料质量人人有责。应尽可能做到饲料质量全员化管理。

6. 对虾饲料常用原料的一般检测

（1）鱼粉　鱼粉是虾饲料中最重要也是最主要的蛋白质饲料，购进时应非常慎重，主要从新鲜度、感官、显微镜检测及营养指标等方面来综合判定其品质优劣。

（2）豆粕和面粉　豆粕是对虾饲料中的主要蛋白质饲料，应从其新鲜度、脲酶活性、水分、粗蛋白质、灰分等方面来检测验收。面粉是虾饲料中主要的能量饲料，在虾饲料中还起着重要的黏结作用，成品耐水性的好坏主要由其面筋质量和糊化黏度决定，应着重检测其面筋含量和糊化黏度。

(3) 花生饼和虾壳粉　这两种原料在对虾饲料中具有较好的诱食性，应严格保证其新鲜度和感官良好，尽可能抽查到每一袋。因为花生饼中粗脂肪含量较高，容易产生哈喇味和出现发霉产生黄曲霉毒素而对对虾的肝功能造成伤害，故花生饼质量不好不但会影响饲料产品的适口性，严重的还会危害虾体健康。虾壳粉含有对虾生长和发育所必需的蜕壳素及优质的钙磷元素，检测验收时除重视其新鲜度外，还必须严格限制其砂分和盐分含量两个指标。因为砂多会造成机器磨损严重，成品黏结不好，水中稳定性差，含粉率偏高；盐分太高，虾壳粉在储藏过程中容易吸潮变质，严重时会产生自燃而引起火灾，还会使成品饲料中食盐含量超标。

(4) 矿物质、微量元素、复合维生素等添加剂原料　应将其含量和粒度、流动性、色泽等指标结合起来综合评定其质量。

7. 原料接收及仓储

所购进的原料卸车以前，首先检查产品的名称、商标说明、生产日期等文字性的材料。然后抽样感官查验原料色泽、气味、是否有异物等，再随机抽样对原料进行营养价值的定量分析，等待各项检测结果符合标准又与产品所标注的质量指标相一致时，可卸货使用或备用。同时建立卸货档案，并保证卸货地点的卫生与安全。

饲料原料的储存应便于按照“先进先出”使用原则的方式进行储存，避免某些原料可能存仓时间过长，引起质量变化。饲料原料的仓储要做到防潮、防虫、防鼠、通风等基本条件，对一些饲料添加剂要避免被污染，减少光、热和生物因素引起的污染变质。

四、饲料原料的选择

原料的选择要因地制宜，就地取材。首先要了解原料的特点和物性；选择质优价廉的原料；应适当控制所选择使用原料的种类数量。

第四节 配合饲料的包装、运输与储藏

一、配合饲料的包装运输

对虾饲料的包装是饲料生产过程中最后一道工序。包装前饲料一定要充分干燥及冷却，要掌握好饲料的湿度，做到制成饲料颗粒的水分含量在规定要求以内，以免封包后返潮。饲料工业成品的包装由手工包装和机械包装两种。企业规模小，生产的对虾饲料批量少，可以采取手工包装方式，这种包装方式劳动强度大、工作效率低；随着对虾饲料工业的发展和饲料包装机械的研发、生产、利用，目前使用较多的是机械包装或者半机械包装，完全的手工包装已不多见。其工作流程为料仓接口→自动定量秤定量→人工套袋→气动夹袋→放料→入口引袋→定量称重→缝口→割线→输送→码垛。

包装成品除了大包装上印有的说明、产品名称等信息以外，封口处还要加封饲料标签，注明产品名称、商标名称、饲料成分保证值、每种成品的常用名称、净重、生产日期、产品有效期、使用说明、生产厂家、通信地址等详细条目。对于加药的饲料还应列出加药的目的、针对的病症、药物原料的名称、用量、休药期等注意事项。打包员在打包时应不断对产品进行感官检查，要求饲料颗粒色泽均匀、一致，色味正常。所用包装与产品质量相一致。

对虾饲料运输途中容易发生的质量问题就是包装的破损、雨淋等。因此，运输途中要采取必要的措施加以防范。饲料运输应当坚持“及时、准确、安全、经济”的原则；制订合理的运输计划；选择正确的运输路线；合理选择、使用运输工具。

二、配合饲料的储藏

配合饲料从生产到投喂都有一个过程，少则几天，多则数月，饲料储藏和保管是这一过程中的重要环节。在储藏过程中稍有疏忽大意，就会使饲料营养成分损坏变质导致饲料品质下降，甚至产生有毒物质或霉烂生虫。其中蛋白质总量变化不大，但是游离氨基酸增加，酸价提高。某些单糖和双糖逐渐被消耗。维生素也容易变性受损（维生素的损失与饲料中的水分含量有关），造成直接或间接的经济损失或信誉损失。因此，为了保证饲料质量，提高饲料企业和对虾养殖者的经济效益，对配合饲料的储藏管理必须予以重视。

1. 控制饲料中的水分含量

对虾成品配合饲料的水分含量应符合国家或企业标准，最好控制在 8%以下更好。

2. 良好的仓储条件

存放对虾配合饲料的仓库至少应做到不漏雨，能防晒、防热、防太阳辐射，通风条件良好，最好供作饲料仓库的房屋周围有树木

图 4-1 饲料储存图

等遮阳物。同时，应以少量储存、少进货、勤发货，以减少储存时间、增加周转率的方法来搞好对虾饲料经销及使用好对虾饲料。

3. 合理堆放的储存方法

对虾饲料的包装材料要达到气密性好、防潮、防霉的目的。饲料堆放以“工”字形及“井”字形为佳，也可采用“方块”形。每堆之间必须留出过道，尽量不要靠墙。这样既可通风，又可防潮。仓库场地宽敞的可按桩脚堆分，桩上宜挂好标牌，注明品种、规格、生产日期，便于饲料进、出货。图 4-1 为某公司对虾配合饲料的堆放码垛。

第五节

虾类膨化饲料

随着我国水产养殖业的进一步发展，膨化饲料得到了越来越广泛的应用，膨化饲料是一种将混合后的粉状饲料进行加热调质、深度揉合、加温处理，通过加压高温、高压短时间（几秒钟之内）内熟化。饲料膨化加工是一项新的饲料加工技术，饲料在挤压舱内膨化实际上是一个高温瞬时的过程，即混合物处于高温（110～200℃）、高压（25～100 千克/厘米^2）、高水分（10%～20%甚至30%）以及高剪切力的环境中，饲料原料混合物通过环模后，由于环模内外的压力差而发生膨胀，从而形成膨化颗粒饲料。根据膨化饲料密度差异和膨化度的不同，膨化饲料分为浮性膨化饲料、沉性膨化饲料、缓沉性膨化饲料三种。浮性膨化饲料是目前使用最广泛的膨化饲料，工艺比较成熟；而沉性膨化饲料和缓沉性膨化饲料的饲料紧密度与浮性膨化饲料不一样，对饲料原料和生产工艺均具有不同的要求。

虾类膨化饲料是根据对虾的生活习性和摄食特点以及对饲料的

要求，由专门设备生产的在水中稳定性好又能下沉的对虾配合饲料。目前生产的沉性膨化饲料在对虾养殖中取得了明显效果。虾类膨化饲料已经在我国的南方推广使用。

近年来，制粒、膨化设备发展很快，膨化工艺的发展提高了配合饲料韧性、颗粒质量。对虾膨化饲料的粒径范围一般在 3 毫米以内甚至更小。膨化饲料用于对虾的养殖具有以下优点。

(1) 提高饲料中糖类的利用率 膨化过程中的热、湿、压力和各种机械作用，使淀粉分子内 1,4-糖苷键断裂而生成葡萄糖、麦芽糖、麦芽三糖及麦芽糊精等低分子量产物，膨化加工可使淀粉糊化度提高，纤维结构的细胞壁部分被破坏和软化，释放出部分被包围、结合的可消化物质，同时脂肪从颗粒内部渗透到表面，使饲料具有特殊的香味，提高了适口性和摄食率。因为膨化生产过程中淀粉的黏合能力提高，因此淀粉添加量可大大减少，可为其他原料的选择提供更多的余地，配方中可选择更多的廉价原料替代那些昂贵的原料，可以大量地提高低质原料效价，降低成本，而不会影响到产品品质。

(2) 提高饲料中蛋白质的利用率 植物性蛋白饲料中的蛋白质，经过适度热处理可钝化某些蛋白酶抑制剂如抗胰蛋白酶、脲酶等，使蛋白质中的氢键和其他次级键遭到破坏，引起多肽链原有空间构象发生改变，致使蛋白质变性，变性后的蛋白质分子成纤维状，肽链伸展疏松，分子表面积增加，流动阻滞，增加了与对虾体内酶的接触，因而有利于对虾的消化吸收，可提高营养成分消化利用率 10%～30%。

(3) 减少病害的发生 饲料原料中常含有害微生物，如嗜中性细菌、大肠杆菌、霉菌、沙门菌等，动物性饲料原料中的含量相对较多。而膨化的高温、高湿、高压作用可将绝大部分有害微生物杀死，提高了对虾饲料的卫生品质，为养殖对虾提供无菌化、熟化饲料，从而降低养殖对虾患病风险，减少对虾养殖过程中各种药物成分的添加量。有资料显示，每克原料中大肠杆菌数达 10000 个，膨化后仅剩不到 10 个，沙门菌在经 85℃以上高温膨化后，基本能被杀死，有助于减少对虾养殖不利的环境因素，同时由于膨化饲料水分含量低，更便于饲料的储存。

（4）提高廉价植物蛋白的使用量　在不影响对虾营养需求的情况下，可以适当减少饲料配方中动物蛋白特别是鱼粉的使用量，降低配方成本，增加饲料生产企业的经济效益而不对对虾养殖产生负面影响。相反，由于膨化饲料所具有的优点，在对虾养殖过程中，使用膨化饲料可以适量降低投喂量。有数据表明，采用膨化饲料比普通硬颗粒饲料可节约6%～10%，并能减少饲料在水中残留，减轻粪便、残饵对养殖水环境的污染，降低养殖过程中水质改良和保护的投入，从而减少养殖成本，增加养殖效益。

（5）提高油脂类的使用量　饲料膨化提高了淀粉的糊化度，具有很强的吸水性和粘接功能。由于它的高度吸水性，可向产品中添加更多的液体成分（如油脂等）；而且在膨化制粒后，可喷涂更多的油脂，制成高能量、低蛋白质的膨化饲料，以提高养殖效果，降低饲料成本，增加养殖收入。

（6）降低对养殖环境的污染　沉性膨化颗粒饲料在水中良好的稳定性能够减少对水环境的污染。以挤压膨化加工而成的颗粒饲料，是靠饲料内部淀粉的糊化和蛋白质组织化而使产品产生一定的黏结或结合力，其稳定性一般可达12小时以上，最长可达30小时。故可以减少营养成分在水中的溶解及沉淀损失，降低对养殖水体的污染。

对虾膨化颗粒饲料的加工成本虽然比普通硬颗粒饲料高，但它可利用更多的廉价原料，减少黏合剂、防霉剂等原料的用量，饲料利用率较高。随着技术的发展和市场的推广，对虾膨化饲料将以其独特魅力，占有更广阔的市场，促进对虾养殖业的健康可持续发展。

第五章

对虾配合饲料投喂技术

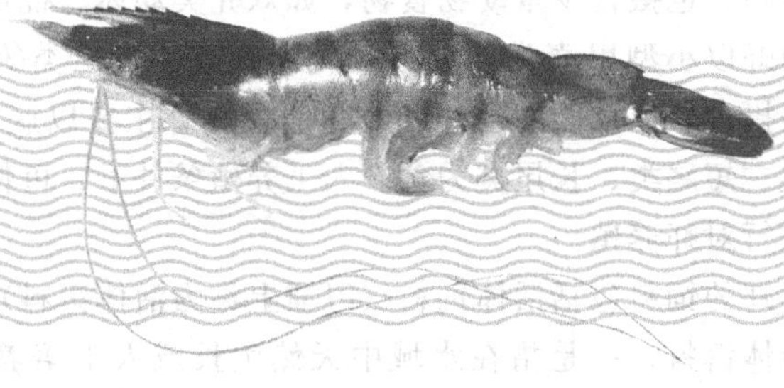

第一节

配合饲料的选择

一、对虾饲料的种类

对虾饲料是对虾赖以生存和生长的物质基础，对虾摄食的饲料质量和饲料投喂方法是养虾成败的关键因素之一。只有了解、掌握对虾的营养需求、饲料的营养价值、饲料的加工及投喂技术，才能保证养虾的顺利进行。对虾的食性较广，属于以动物性饲料为主食的杂食性动物种类，对虾在不同的生长发育阶段其食饵的种类和组成有所差异。溞状幼体、糠虾幼体及仔虾主要摄食多甲藻、硅藻等浮游植物，也摄食少量动物食物，如双壳类幼体、桡足类及其幼体等；幼虾以小型甲壳类如介形类、糠虾类、桡足类等作为主要食物，还摄食软体动物的幼体和小鱼等；成虾主要以底栖的甲壳类、双壳类、短尾类、长尾类为食。人工养殖条件下，可使用人工配合饲料进行对虾养殖。

对虾的饲料包括活体饲料（习惯上称为活体饵料）和非活体饲料。活体饵料，一是指在水域中天然生长或人工培养的各种微生物、单细胞藻类、微小浮游动物；二是指适宜对虾摄食的各种海产甲壳类（卤虫、毛虾、磷虾、糠虾、端足类、小型蟹类）、软体动物类（蓝蛤、四角蛤蜊、杂色蛤、贻贝、泥螺、河蚬等低质贝类）。前者一般在对虾育苗期间培养使用，主要用于溞状幼体阶段、糠虾幼体阶段和仔虾幼体阶段的投喂；后者一般直接捕捞于天然海水、淡水水域中，可直接用于对虾养成阶段的投喂。非活体饲料是指人工制作的饲料，又称活体饵料的代用饵料，包括对虾育苗期间人工制作的豆浆、煮熟的蛋黄、微粒饲料和目前的商品对虾饲料等。在对虾幼体阶段或幼虾阶段，使用豆浆和经筛绢网过滤的蛋黄、微粒饲料等，同时配合活体饵料进行投喂；在对虾成体阶段（即在养成阶段）使用商品饲料。目前商品饲料（人工配合饲料）已经全部商业化生产。

对虾人工配合饲料种类较多，同一种类的对虾饲料也有不同档次的产品，其营养指标、质量要求存在很大差别，目前尚没有一个统一对虾饲料分类的标准。

(1) 根据饲料的物理性状和外观　一般将对虾配合饲料分为微粒饲料、破碎饲料、非破碎饲料（颗粒饲料）。

① 微粒饲料。微粒饲料主要用于对虾育苗期间对虾的溞状幼体阶段、糠虾幼体阶段、仔虾阶段，也属于配合饲料，经特殊工艺加工而成。微粒饲料为对虾幼体开口饲料，其粒径一般在10～500微米，营养丰富、齐全，易消化吸收，能悬浮于水中，且营养在水中不易溶失；其粗蛋白质含量一般为55%以上，粗脂肪含量10%～15%，用以保证对虾从溞状幼体到仔虾、苗种这一过程中蜕皮和变态阶段的营养需求。根据其制造方法和性质的不同可分为微膜饲料、微黏合饲料和微胶囊饲料三种。在苗种生产上，尤其是对虾的苗种培育，均需依赖硅藻、绿藻、轮虫、枝角类、桡足类等浮游动植物。但是批量培养生产这些生物饵料需要大规模的设备和劳力，而且受自然条件限制，很难完全保证苗种培育的需要。因此，许多水产养殖工作者非常重视苗种开口饵料——微粒饲料的研制、开发与应用。

② 破碎饲料。破碎饲料是为了适应对虾养殖过程中虾苗刚下池塘阶段而生产的一种饲料，将已成型的颗粒饲料用粉碎机破碎，然后用分级筛过筛，根据分级筛筛网网目的大小，可分筛出大、中、小等多种不同型号的用于幼虾阶段的配合饲料。

③ 非破碎饲料。即为颗粒饲料，呈短棒状或卵圆形，是经过制粒机挤压成型的粒状饲料，颗粒直径根据所喂养虾类的大小而定。对虾颗粒饲料粒径一般范围为1.0～2.0毫米，长度为直径的1.5～2.5倍。

(2) 根据饲料的加工工艺和成品物理性状　将对虾配合饲料分

为硬颗粒饲料和沉性膨化颗粒饲料两种类型。

① 硬颗粒饲料。其水分含量小于或等于12.5%。硬颗粒饲料的加工从原料粉碎、混合、调质、制粒成型都是连续机械化生产。成型前蒸汽调质，制粒时温度可达85℃以上。机械化程度高，生产能力大，适宜规模化生产。硬颗粒饲料的颗粒结构细密，在水中稳定性好，营养成分不易溶失，属沉性饲料。目前我国的对虾养殖业使用的绝大部分饲料为硬颗粒饲料。

② 沉性膨化颗粒饲料。其水分含量小于或等于10%。原料经过充分混合后通蒸汽加水，送入膨化设备主体部分，借助螺杆压力和机器摩擦使温度不断上升，直到120～150℃。当饲料从孔模中挤压出来后由于压力骤减，体积就一下子膨胀起来，形成结构疏松、结粒牢固的发泡颗粒。目前随着科技技术的进步，经过广大科技人员的研究，通过调整配方和加工工艺生产的沉性膨化颗粒饲料，专门适用于虾蟹类的养殖。

(3) 根据养殖对虾的规格大小和饲料使用阶段 可将对虾配合饲料分苗种料、幼虾料、成虾料等。

目前根据对虾生长阶段的不同，结合对虾的摄食量，习惯上将对虾配合饲料分为0号料、1号料、2号料、3号料，或将饲料分为苗种料、幼虾料、成虾料等，这些分类方法都是生产实践中人为划分，各饲料厂家叫法不一。这种分类方法只是为了在对虾养殖过程中便于饲料的投喂，为了对虾便于摄食，尽可能地减少饲料对养殖水质的污染，更好地销售饲料而进行的。例如某品牌南美白对虾饲料划分见表5-1。

表5-1　南美白对虾饲料划分

饲料	粒径/毫米	粒长/毫米	所喂养的对虾体长/毫米
Ⅰ期微粒饲料	<0.6	<1.5	<10
Ⅱ期对虾饲料	0.6～1.2	1.5～2.5	10～30
Ⅲ期对虾饲料	1.2～1.8	2.5～4.5	30～60
Ⅳ期对虾饲料	1.8～2.4	4.5～7.5	>60

（4）根据喂养对虾的种类　可将对虾配合饲料分为中国对虾饲料、日本对虾饲料、斑节对虾饲料、南美白对虾饲料等。

对虾配合饲料虽然从外观来看都差不多，但是养殖对虾的品种不同，对虾需求的营养也不尽相同，同一种对虾因养殖模式不同需求的饲料营养也不完全相同。日本对虾养殖就需要较高蛋白质含量的饲料；南美白对虾养殖密度高时需求的饲料营养就高，养殖密度低时，饲料蛋白质可适量降低。各品种之间尽可能地不要相互使用，以免影响养殖效果。

（5）根据对虾饲料档次（成本、营养）　可将对虾配合饲料分为高档对虾饲料、中档对虾饲料、低档对虾饲料。

这种划分主要是结合各种对虾的养殖品种、养殖模式和放养密度，综合养殖对虾的投入设计而进行的。如果放养密度高，设计的单位面积产量大，在养殖过程中就要选择高档对虾饲料；如果放养密度不是很高，设计的单位面积产量又不是太大，在养殖过程中可选择中档对虾饲料投喂，或选择高档对虾饲料和中档对虾饲料结合交替投喂；如果是放养密度较低（广种薄收式养殖），或者是生态化粗放式养殖，或者是在低密度放养的条件下混养部分鱼类，养殖户一般选择低档对虾饲料进行投喂管理。

二、对虾配合饲料的选择

目前养殖的各种水产品中，对虾类养殖的效益较高，但风险也较大。在对虾养殖过程中，投喂饲料的成本能够占整个养殖生产成本的60%～70%。在基础设施、苗种放养费用、人工管理费用等固定投入确定之后，饲料选择和使用就成了控制成本的重要一环。怎么选择对虾饲料？一般地讲，在对虾市场行情好、病害风险较低时，价格方面往往不是考虑的主要因素，更多的是关注对虾饲料本身的质量和养殖效果，毕竟对虾养殖投入大，选择好的饲料、选择好的厂家，用起来放心；在对虾市场价格不稳定、病害风险较高时，应考虑在保证质量的基础上对比各种饲料厂家的价格，都比较希望能用中档的价格买到高档的对虾饲料。因此对虾养殖要选择正规厂家生产的对虾专用饲料，饲料配方合理，可保证对虾生长迅速，避免饲料的浪费。对虾养殖品种很多，各个品种的生活习性、食性组成和各种对虾对营养需求也不完全相同，因此，对虾养殖过程中各个品种之间所投喂的饲料不要相互替代。

有的虾料或许工艺做得不是最好，但是营养技术配方是非常好的。养殖者更看重的还是养殖效果，一种对虾饲料好不好，养殖户用了之后对虾长得快不快、长得均匀不均匀，饲料系数低不低，这才能够真正确认饲料质量。真正要看出效果和差别，还要比较养殖效果、饲料系数、饲料效率、售后服务等方面。

经验丰富的养对虾者愿意尝试使用不同品牌的同种对虾饲料，养殖模式不同的话换换饲料品牌或许能更好地促进养殖成功。这是因为每个对虾饲料厂家的饲料加工工艺、配方技术都不会完全相同，氮、磷等元素的控制使用在各种不同养殖模式中肯定有差别。很多养殖者认为同一种对虾饲料在高密度水泥池中养殖投喂和在高密度土池中养殖投喂的饲料系数及饲料效率的表现是有差别的。

现在对虾饲料厂家趋向于做中高档饲料，而且都较重视售后服务、技术支持等工作。现在生产对虾饲料的厂家很多，在外观性状方面没有多少可以挑剔的。能区别各厂家的就是各自在配方技术上和售后服务上的差异，而在销售实践过程中，配方技术上的优势也就是饲料系数上的优势、生长均匀度的优势，往往需要通过良好的售后服务才能体现出来。由此看来，饲料厂家重视养殖服务倒是与养殖者看重饲料使用效果有比较大的交集。在目前水质污染比较严重、市场价格走低的情况下，养虾还能成功、赚钱，养殖模式是关键。唯有饲料厂家提供信息和技术帮助对虾养殖者改善养殖模式，用最好的方法使用该公司的对虾饲料，产生良好的养殖经济效益，才算对虾养殖者购买了一种较好的饲料。

1. 判定对虾配合饲料质量优劣的常用参数

(1) 饲料的稳定性　这是对虾养殖选择饲料时的首要问题。对虾饲料的生产必须要求生产厂家选择压力比尽量大的模具生产，一般不能低于22。饲料的稳定性不能低于2～3小时。因为目前不管是哪种模式养殖对虾，一般每天投料的次数基本上以4次为多见，每次间隔3小时以上。如果饲料稳定性不好，实际很多饲料不是被对虾吃掉了，而是被水溶解掉了，给养殖者造成被虾吃掉的假象。这是目前对虾养殖最需要重视的一点。如果稳定性出现问题会造成如下养殖情况：严重的浪费，尤其目前饲料价格这么高的前提下，浪费严重的能到70%；造成夏季高温季节水体藻类的大面积死亡，导致池塘水体严重缺氧，尤其精养池塘和一些小池塘；甚至引发虾病，养殖失败或亏损。比较理想的对虾饲料应该是，将虾料浸泡到水里30～40分钟后，虾料全部软化，手捏虾料无硬心，捏扁虾料也不散开；浸泡2～3小时后，虾料膨胀而不散，不起缝，不断裂，两头不开花。

(2) 良好的诱食性　饲料的诱食性在一定程度上，是衡量饲料动物蛋白含量的标尺，对虾饲料更是如此。选择最好的诱食性饲料，不但能决定对虾的长势快慢，而且能节省大量饲料，对虾1小时吃完饲料和2小时吃完饲料，饲料比差别很大。所以选择饲料要选择最短时间内吃完的饲料。用自制的小网做饲料观测台，将少量虾料撒在沉入虾塘的饲料观测台上，约半小时后，将小网提出水面，观察网内虾料吃了多少、剩了多少，网内有虾多少，以此判定其诱食性。一般来说，好的虾料，诱食性比较好。但也不能只根据诱食性判定虾料的质量高低。因为有的虾料尽管内在质量不是很好，但诱食性物质加得多，虾会很喜欢吃，而养殖效果不是同样的出色；有的虾料内在质量很好，但未加诱食性物质或加得少，尽管虾不是十分爱吃，但养殖效果很好。可以肯定的是，好的虾料，虾不会有采食障碍，习惯了便能正常摄食。

(3) 饲料的性价比　价格最高的对虾饲料有可能是质量最好的饲料，但是却不一定是养虾最合适的饲料。养殖者追求的是养殖效益最大化，所以，在对虾养殖过程中选择饲料时要看饲料的性价比，也就是要求饲料成本越低越好。同样的饲料成本，选择价高质优的饲料喂养，饲料系数低，可减少投喂饲料的劳动量与劳动成本，降低饲料对水环境的污染与改良、维护水环境的成本投入，最终达到养殖效益的最大化。

2. 对虾配合饲料选择的方法和步骤

(1) 看虾料外观　好的对虾饲料颗粒均匀，表面光滑，切口平整，含粉率低，色泽均匀一致。颗粒均匀的对虾饲料有助于对虾摄食量的平均分配，对避免对虾生长参差不齐有帮助。含粉率低的饲料对水体污染较小，而且饲料被摄食利用率较高。色泽均匀一致证明原料粉碎细度好、混合得比较均匀，调质熟化完全，水分含量在饲料中比较均衡。

(2) 嗅虾料气味　好的对虾饲料有鱼粉的腥香，或者类似植物油的清香，个人感官不同，感觉到的香味厚薄也不一样。比较差的对虾饲料则很可能要么是刺鼻的香精气味，要么是毫无香味，只有面粉的糠味。

(3) 尝虾料味道　人感觉的味道与虾感觉的味道当然不同，用口尝的目的是为了检验虾料是否新鲜，有没有变质，食盐含量是否过多。因为有的虾料是上了色素的，从外观很难看出来。

(4) 试水　试水是为了试验对虾饲料的水中稳定性。取一小把对虾饲料放置在容器中，盛上养殖用水，过30分钟后取出几粒来用手捏一捏，略有软化的则是比较好的饲料，没有软化的可能是由原料调质工艺等方面问题造成的；待3小时后再观察浸泡在容器中的饲料，保持颗粒形状不溃散的为好饲料。

三、对虾饲料质量的鉴别

对虾饲料质量的好坏，不仅取决于饲料本身的内在质量，还取决于虾的种质和健康状况、水环境质量、放养密度以及十分重要的饲养管理等。质量好的对虾饲料养出来的虾，生长快速，规格整齐，抗病力强，饲料系数低，对虾体色泽鲜亮透明，肉质丰满。应该指出的是，使用先进的挤压机挤压加工的沉性膨化对虾饲料，由于加工工艺原因，使得其表面颜色偏黑（浸水后，黑色会较快退去，变成灰黄褐色），气味淡，诱食性下降，但养殖效果与硬颗粒虾料相比毫不逊色，并具有病原体少、物理性状好、消化率高的优点。

由于对虾饲料种类繁多，同一种类的对虾饲料也有高、中、低等不同档次的产品，其质量要求有很大差别。同一品牌的对虾饲料因对虾品种不同而不同。因此对虾饲料质量好坏的鉴别，可从以下几个方面进行。

1. 看主要营养指标

对虾饲料的营养指标非常重要的是粗蛋白质、粗脂肪、赖氨酸、蛋氨酸、精氨酸、有效磷（虾能消化吸收的磷）、粗纤维、灰分的含量。这些指标，大部分在标签上是标明了的，一般是可信的，小部分未标明，用户不可能送样品去检测。至于十分重要的各种维生素以及微量元素，是不标明含量的。各项营养指标的标注应符合国家关于饲料标签使用管理的相关规定。一些养殖者只看饲料的粗蛋白质含量，认为蛋白质含量高的对虾饲料就是好的对虾饲料，这是误区。对虾饲料的蛋白质含量不是越高越好。蛋白质和脂肪含量过高，反而影响对虾的生长，用这样的对虾饲料养虾，不仅增大养殖成本，而且影响对虾的生长，最终影响到养殖效益。

2. 看选用的原料

营养指标只反映它的量，不能反映它的质，而质是十分重要的。例如，同样是40个蛋白，鱼粉蛋白质和豆粕蛋白质是不同的，豆粕蛋白质和棉籽粕、菜籽粕蛋白质也是不同的。对虾饲料使用的主要原料应是进口鱼粉、国产鱼粉、大豆粕、花生粕、玉米粕、玉米蛋白粉、高筋面粉、鱼油、磷脂、复合维生素、复合矿物质等。标签上一般注明主要原料名称，但没有十分重要的配比量。

3. 质量的简单判别

（1）色泽　好的虾料为浅灰黄褐色，色泽一致，油润。但颜色受原料色泽的影响，会有深浅变化，不可以视为主要质量因素。

（2）气味　好的对虾饲料应有清香的鱼粉、虾或鱿鱼气味。久封打开，不能闻到刺鼻的气味，也不能有油脂氧化的气味。清而不浊，说明使用的鱼粉较好；若有浓浊鱼粉味，说明使用的鱼粉鱼油较多但质量较差。

（3）外观　好的对虾饲料表面光洁，断口平整，长短比较一致，颗粒均匀。

（4）粉碎细度　用玻璃瓶将对虾饲料压碎，观察粉碎细度。好的对虾饲料粉碎得很细，没有任何明显的大颗粒状物质。

（5）耐水性和软化时间　将对虾饲料浸泡到水里，30～40分钟后全软化，手捏虾料无硬心，捏扁虾料也不散开。浸水2～3小时后，虾料膨胀而不散，不起缝，不断裂，两头不开花。

（6）简单的生物试验　将浸水软化后的虾料放到有蚂蚁活动和苍蝇易去的地方，好的虾料，蚂蚁和苍蝇是会去吃的。如果将软化后的虾料放置在蚂蚁的通道上，蚂蚁不愿靠近它，绕道通过，则这种虾料就不是很好。

（7）诱食性　用自制的小网将少量虾料沉入虾塘中，约半小时后，将小网提出水面，观察网内虾料剩余多少，网内有虾多少，以判定其诱食性的好坏。

第二节

配合饲料的投喂原则

一、对虾摄食行为与摄食习性

饲料投喂是对虾养殖过程中难度大、技术性强的工作。一是因为在对虾养殖过程中饲料的投入占整个养殖成本的60%以上；二是因为池塘中存虾数量难以估计；三是对虾在水底摄食，食物的多少不易观察。因此，对虾饲料的投喂量不易掌握，投喂少了影响生长；投喂多了浪费饲料、污染水质，轻则影响生长，严重者引起发病，或水体缺氧对虾浮头，甚至造成对虾死亡。所以必须了解和掌握对虾摄食的行为特点，做到投喂饲料的准确性。

① 对虾脑欠发达，不能像鱼类那样经过驯化形成条件反射。因此，不能利用条件刺激作为投喂饲料的信号，投喂饲料不能过于集中。

② 对虾的视觉器官较差，主要靠嗅觉觅食。因此，投喂饲料要分散，少喂勤投，以保证饲料的味道。对虾饲料中添加诱食剂（甘氨酸、乌贼肉、乌贼膏等）有利于对虾的觅食。

③ 对虾是以螯足掠取食物、用颚足抱持食物，不能摄取粉状食物。因此，对虾饲料在水中必须有一定时间的稳定性，即颗粒不溶散，以提高饲料的利用率。

④ 随着养殖模式的不断发展创新，一些新的养殖方法与模式被逐渐推广应用。例如，为了减少池塘内发病虾的传播，在对虾池塘内混养一定数量的杂食性或肉食性鱼类、中华鳖、河蟹等，以吃掉患病的对虾，切断虾病的传播途径。但是，从生物学角度讲，对虾争食能力还是比较弱，摄食时怕惊动，所以池塘内应尽量不放或少放影响对虾摄食的生物。

⑤ 大部分虾类具有嗜食性，对饲料有专一性。因此养殖过程中，饲料品种或型号的更换要注意其对采食量的影响。一般而言更换饲料时，应适当降低投喂量，待对虾逐渐适应后再恢复至正常的投喂量。

⑥ 对虾摄食有明显的昼夜变化和沿池四周觅食之特点，对虾傍晚、夜间摄食量一般大于白天摄食量。因此饲料的投喂量要遵循夜间多白天少；饲料投喂时应沿池塘四周抛撒，随着对虾长大可逐渐向略深水处抛撒。

⑦ 饲料量的投喂与养殖的环境关系密切。养殖水环境差，水中溶解氧低，氨氮、亚硝酸盐浓度高，水温过高或过低等，都会引起对虾摄食量的减少。因此养殖环境质量好时，适当多投喂饲料；否则，应减少饲料投喂量或停止投喂。

二、对虾饲料投喂的基本原则

1. 对虾投喂的主要参数

对虾的品种、规格大小、生理状况、饲料种类、饲料质量、养殖水环境等都会影响对虾的采食量和对饲料的利用效率。涉及对虾饲料的消耗量、利用率等的参数有以下几个方面。

(1) 日摄食量　一般而言，对虾个体的日摄食量与对虾的体长或体重呈正相关关系。日摄食量与对虾体长、体重相关的经验模型为$Y=aL^b$和$Y=cW^d$，其中Y为日摄食量（克），L为体长（厘米），W为体重（克），a、b（$b\geqslant1$）、c、d（$1\geqslant d\geqslant0$）为常数，常数值随着饲料种类、环境因素变化而变化。对虾的日摄食量在适宜的水温范围内，随水温的升高摄食量增加；水温过高或过低，摄食量下降。对虾的日摄食量还与对虾蜕皮和水中溶解氧的高低有关；对虾蜕皮前后的数小时内（大约20小时）基本不摄食，溶解氧4毫克/升以下时摄食量下降。

(2) 日摄食率　日摄食率为对虾的日摄食量占其体重的百分比（%），即

$$日摄食率=\frac{对虾的日摄食量}{对虾体重}\times100\%$$

对虾日摄食率与对虾体重的相关模型：日摄食率$=aW^{-b}$，其中W为体重，a、b为常数，常数值随饲料种类、环境因素而变化。对虾随着体重的加大，摄食率降低。

(3) 饲料系数和饲料效率　对虾的饲料种类对饲料效率和饲料系数影响较大，鲜活饲料的饲料效率高于配合饲料的饲料效率。董双林等（2002）比较系统地研究了中国对虾能量收支情况，用沙蚕和配合饲料作饲料喂养，定量地描述了对虾饲料的利用情况。如果以对虾摄食饲料能为100，则沙蚕被对虾摄食后，23.3%用于生长，61.5%用于呼吸消耗，3.7%用于蜕壳消耗，3%作为粪便排除，8.5%被排泄；配合饲料被对虾摄食后，16.3%用于对虾生长，61.8%被对虾呼吸消耗，10.8%作为粪便被排出体外，4.1%为对虾脱壳消耗，8.0%被排泄。

2. 饲料投喂原则

对虾饲料不但是对虾生长的物质基础，而且也是对虾养殖过程中最主要的投入，一定要根据对虾的食性特点、水环境的好坏、天

气状况、养殖水温的高低、池塘水中溶解氧的高低等做到合理投喂。所谓合理投喂，就是根据对虾不同生长阶段的生理需要和当时的生活状态进行精准投喂，包括投喂量的确定、投喂的次数等。在对虾养殖过程中，配合饲料的投喂应该遵循下列基本原则：坚持勤投、少投，“少量多餐”的原则；傍晚、清晨多投，白天少投；对虾大量蜕皮时减少甚至停止投喂，1天后再适当增加、逐步增加投喂；天气晴好、风和日丽时多投，连续阴雨、天气闷热时少投或不投；水质良好、池水溶解氧含量高、生长正常、无病害时多投，水质变坏或不好、池水溶解氧含量低、生长缓慢时少投；池塘内争食生物较多时多投，饵料生物较多时少投；水温超过33℃以上或水温低于18℃以下时少投或不投；强风暴雨来临时不投；养殖对虾出现病害或健康状况差时不投或少投；对虾生长前期少投，养殖中后期多投；不投喂腐败变质饲料和劣质饲料。

在对虾养殖季节，投喂饲料要特别注意天气变化，掌握好投喂技巧，尤其是高温期，应控制投喂量，尽力减少残存饲料，以防池底污染加重，预防病害的暴发。

三、科学投喂的几个关键

1. 合理选择使用饲料

整个养殖期间应以正规厂家生产的对虾专用配合饲料为主，优质的饲料颗粒均匀、水中稳定性好、营养全面、饵料系数低，有利于对虾摄食、消化和吸收，对虾生长迅速，而且可避免水体富营养化，预防疾病的发生。养殖后期可根据当地饲料来源情况投喂一些鲜活饵料生物，以节约饲料成本，但鲜活饵料一定要新鲜、不腐败变质。

2. 投喂管理要系统与规范

科学投喂对虾饲料既满足对虾的营养需求、促进对虾生长，又减少饲料对水质的污染。因此应坚持少量多次的原则，做到定量投喂，应根据对虾的摄食情况来确定，防止饲料剩余而沉积腐败水质；定时投喂，一般前期日投喂2次，随着对虾生长逐渐增加投喂次数，中后期日投喂4～5次，每天投喂时间应相对固定，使对虾形成良好的摄食习惯；定位投喂，投喂区宜设在虾类经常活动的浅水区，高温季节应将饲料投放在深水区或环沟的两侧；坚持科学地观察摄食情况，以便精准掌握投喂量，一般采取在虾池中设置饲料观察台及下塘验料相结合的方法，每个池塘设置3～4个1米^{2}的饲料观察台，每次投料完毕后在网内均匀散放该次投料量的2%，以备查料。前期以2～2.5小时、中期以1.5～2小时、后期以1小时摄食完为好，饱胃率70%～80%为宜。

3. 根据不同生长阶段及时调整用料

根据对虾的不同生长阶段对用料规格、投喂量、投喂时间、次数及投喂范围作相应调整。早期可根据养殖模式、水色及池中饵料生物情况决定首次投料时间。放苗早期每日投喂2次，中期投喂3～4次，后期投喂4～5次。养殖初期宜全池均匀投喂，然后逐渐回到池塘四周清洁区处投喂，随着对虾的生长和水温的升高，逐渐向深水清洁区投喂，夜间在浅水清洁区投喂，投喂应力求均匀。

4. 根据水质、底质、天气变化灵活投喂

养殖前期，基础饵料生物培养得好，浮游生物丰富，可少投喂或不投喂；养殖中后期，水质清新，溶解氧含量充足时，对虾食欲旺盛，生长迅速，可正常投喂；水质较差、溶解氧较低、氨态氮和亚硝酸盐等有害物质超标时，对虾会产生应激反应，少投喂或不投喂；底质恶臭、黑区扩大时，应坚决停止投喂，并做相应处理。同时，还要根据季节、天气、虾的摄食状况灵活掌握日投喂量。天气晴朗时，多投喂；阴雨连绵、有雷阵雨天气、闷热或寒流侵袭时，少投喂或不投喂；夏季对虾摄食量大，消化快，饲料日投喂量增多，可采取少量多餐的投喂方式。

5. 根据池虾生存状态适当调整投喂量

在养殖过程中对虾不断蜕皮以完成生长，蜕皮之前对虾摄食开始减少，最后停止摄食，所以在大量对虾蜕壳时，应少投喂或停止投喂；蜕皮是虾体内部营养物质积累的结果，每次蜕皮完成之后，对虾体重、体积迅速扩大，产生一次生长的飞跃，此后一天应加大投喂量。另外，对虾健康时生长迅速，适当多投喂；出现虾病时，则少投喂或停止投喂，并采取治疗措施；平时要定期投喂一些添加微生态制剂、中草药制剂的药物饲料来预防对虾疾病的发生。

第三节

投喂量的确定与投喂方式

一、日投饵量的确定

精准合理的饲料投喂量的确定是对虾健康养殖管理的重要内容之一。研究表明，对虾摄食每一种饲料后都有一个最大的增长量，这时的摄食量为最大摄食量。当投喂的饲料量小于最大摄食量时，对虾的增长量随着饲料量的增加而增加；超过对虾最大摄食量的投喂量，就会对养殖水环境产生污染。因此对虾养殖过程中，确定精准合理的投喂量是饲料投喂技术的关键环节。对虾饲料精准合理投喂量的确定较难掌握。大部分正规饲料生产厂家都列出了按对虾体重计算出的投喂量参考表，养殖者可参考投喂。但是影响对虾摄食量的因素非常复杂，所以日投喂量的准确确定也就十分难以把握。日投喂量的一个很重要的参数就是养殖池塘内对虾的存活量，要精准可靠地估测池塘中对虾的存活量是很困难的。因为对虾在池中的分布并不是很均匀，总是集群不停地到处游动，所以目前尚未有一个最好的准确估算方法来估测池中对虾的存活量。一般是运用目测法、网框测定法、拖网测定法、旋网测定法来估测。根据估测的池塘存虾量结合取样测得的对虾体长、体重平均值计算投喂量。另外，在实际养殖过程中，还经常利用下面的方法确定饲料的投喂量。

1. 设置饲料观察台，用以确定投喂量

在养殖池塘中设置饲料观察台，进行经常性观察。根据养殖池塘面积的大小在沿池四周对虾摄食区域设置几个饲料台，投喂时沿池均匀投撒，饲料台上的饲料量占当次投喂量的 1.5%～2%，投喂 1.5～2 小时后检查虾的摄食情况，正常情况下若对虾的饱胃率占 65%～80%，饲料台上的饲料基本吃完，则投喂合理，饱胃率过高或饲料台上有剩余饲料则应降低投饲量，饱胃率过低或饲料台上找不到剩余饲料则应提高投饲量。这种方法在对虾养殖过程中应用较为普遍，也比较切实可行。

2. 根据对虾个体的体长和体重确定日投喂量

中国对虾日摄食量与体长、体重呈正比，日摄食率与体长、体重呈反比。日摄食蛤肉量与对虾体长、体重的关系为 $F=0.06132L^{1.5613}$、$F=0.6301W^{0.5119}$，式中，F 为每尾对虾每日摄食蛤肉质量（克）；L 为对虾体长（厘米）；W 为对虾体重（克）。配合饲料是蛤肉量的 25%～30%。这里应当注意的是摄食量不等于投喂量，投喂量还受池塘中饲料生物丰欠、水质条件、气象条件等很多因素的影响，因此上述公式仅供参考。

实践过程中对虾日投饵量与虾体长、体重的关系还可以按下述比例确定。即体长 1～2 厘米，投喂量占体重的 150%～200%；3 厘米为 100%；4 厘米为 50%；5 厘米为 32%。根据取样测得的对虾体长、体重，再结合饲料包装上提供的参考（表 5-2）大致确定饲料的投喂量。

表 5-2　某品牌饲料提供的对虾饲料投喂参考

对虾体长/厘米	大约体重/(克/尾)	日投喂量/(千克/万尾)
1.0～4.0	小于 1.0	0.2～1.0
4.0～7.0	4.0	4.18
7.0～10.0	8.0	5.48
约 10.0	12.0	6.02
约 10.5	16.0	6.48
约 11.5	大于 20.0	6.83

3. 根据对虾投饵量表计算实际日投喂量

根据估测的池塘存虾尾数、取样测得的对虾平均体长，参考对虾投饵量表（表 5-3）计算出实际日投饵量，但要根据实际情况随时进行调整。

表 5-3 市售某品牌饲料养殖南美白对虾投喂量参考

对虾体长/厘米	日投喂量/(千克/万尾)	对虾体长/厘米	日投喂量/(千克/万尾)
2.0	0.12	7.5	2.3
2.5	0.22	8.0	2.5
3.0	0.30	8.5	2.7
3.5	0.40	9.0	2.9
4.0	0.60	9.5	3.1
4.5	0.80	10.0	3.2
5.0	1.0	10.5	3.3
5.5	1.2	11.0	3.4
6.0	1.4	11.5	3.5
6.5	1.7	12.0	3.6
7.0	2.1	12.5	3.8

4. 对虾饲料日投喂量的调节

对虾养殖过程中，饲料的投喂量受气候状况、水质情况、病害情况、生长情况、健康情况等很多因素的影响。所以，日投喂量应根据当时的实际及时调整和调节。一是根据摄食速度进行调节。投喂 1.5 小时后，如果有 70%以上的对虾达半胃或饱胃，又没有群游觅食现象，说明投喂量适量；如果所投饲料很快食完，虾池四周有大量对虾群游，对虾空胃、半胃超过 30%时，说明投喂量不足；如有剩存饲料，说明投喂饲料过量，应适当减少。二是根据生长情况进行调节。一般来说，养虾前期对虾体长日平均增长 0.10～0.16 厘米，中期 0.08～0.10 厘米，后期 0.06～0.08 厘米，如达不到上述标准，对虾健康水平与养殖的水环境又无问题时，可能由于投饵不足引起的生长缓慢，应适当加大饲料投喂量；如果发现养殖对虾群体内个体大小差异悬殊较大，有严重的大小分化现象，可能是长期投饲量不足引起的，此时应适当增加投喂量。三是根据环境条件进行调节。实际投喂量还要根据天气、温度、水质、施药等环境情况进行调节，环境条件好时可适量多喂，环境条件差时应少投或停喂。

一般情况下，信誉好、品牌大、质量好的对虾饲料，可以按照饲料系数 1.1～1.3 来规划设计整个养殖季节的饲料总投喂量，然后再分配到养殖季节的各个阶段。

二、投喂方法

投喂饲料时，既要保证池塘内的对虾大部分能够摄食到饲料，又要避免整个池塘所有面积都抛撒饲料，不给对虾留下栖息空间。饲料抛撒的位置应根据对虾活动习性而定，仔虾大多在池边浅水区域活动，池塘周围 0.3～0.5 米深处是理想的投喂区，随着虾的生长对虾逐渐向深水区移动，中期可在 0.5～1.0 米水深处投饵，养殖后期则应在 1.0～1.5 米深处投饵。对虾养殖过程中，饲料的投喂方法因对虾的养殖模式、池塘面积的大小、池塘的形状等的差异略有不同，但不外乎下面 3 种方法。

1. 在岸边沿池塘四周均匀抛撒饲料

对于养殖面积较小、岸边行走比较方便的池塘，可采取该方法投喂。投喂饲料时，在岸边提着饲料，边行走边向池塘四周浅水区均匀抛撒饲料，进行投喂。

2. 在水面上沿池塘四周抛撒饲料

如果养殖池塘面积较大，或虽池塘面积不大但岸边不方便行走，可借助养殖工具（小船等）沿池塘四周均匀抛撒饲料。这种饲料投喂的方法有两种，一种是借助小船（木制、玻璃钢制），一人撑船沿池塘水面行走，一人在船上向池塘内投料区均匀抛撒饲料（底部铺膜池塘不能使用该法）；另一种是对虾养殖池塘面积较小或是铺土工膜的高位池塘养殖，没必要用船或者不适合用船（高位池不适合用船，撑船的竹竿或木棍很容易把土工膜插破）投喂，可在池塘投饵区水面的上方固定架设相互交错的聚乙烯绳子，使架设的绳子呈“井”字形，再在水面上放置承重150～200千克的浮筏或大型泡沫板，人在浮筏或泡沫板上，向池塘内均匀抛撒饲料，并借助聚乙烯绳子在水面上移动。高位池人工投喂饲料见图5-1和图5-2。

图5-1 养虾工人投喂饲料

3. 投饵机投喂（对虾自动喂料器）

随着现代养殖技术和渔业机械装备技术的不断创新与发展，对虾饲料投喂机已经研制成功并投入生产，现已应用于对虾养殖。投饵机装在船上只需启动一下按钮，不用人看管操作，船可沿虾池自动绕行一周并同时均匀投料，完成回到出发点自动停船，投饵机同时也停止工作。对虾自动投饵机如图5-3。

当然对虾饲料的投喂方法也不是固定不变的，养殖者一定要结合自己的养殖模式进行投喂，例如室内工厂化养殖、小工棚养殖等，基本的原则是要保证大部分对虾能够吃到饲料，而又不浪费饲料。

图 5-2　正在投喂对虾饲料

图 5-3　对虾自动投饵机投喂

对虾养殖过程中，养殖初期，对虾活动范围较小，应适当增大投喂饲料区域的面积或全池投喂；随着对虾的不断长大，可选择对虾经常聚集摄食区域（即投料区）投喂。

第四节

日投喂次数与投喂时间

对虾的人工养殖，一天喂多少次饲料合适，不同的专家有不同的看法，南、北方养殖也存在差异，大部分倾向于少食多餐、勤投少投的投喂次数来养殖对虾。不过，具体的投喂次数要结合当地的养殖品种、养殖模式、放养的密度、水中基础饵料生物的多寡等情况因地而异。研究表明，在南美白对虾养殖过程中，饲料的投喂次数为每天 3 次时，饲料系数最低，蛋白质效率最高。在日投喂次数 3 次以内，随着投喂次数的增加，饲料系数逐渐降低，蛋白质效率递增；而在日投喂次数 3 次以上，随着投喂次数的增加，饲料系数却有逐渐升高的趋势，蛋白质效率也逐渐下降。因此，在对虾养殖生产中，饲料的投喂次数不一定是越多越好。应当根据当地实际，科学合理投喂，力争取得最好的养殖效益。投喂次数过少，无法满足对虾的营养需求，影响其健康生长；投喂过多，饲料不能被对虾及时有效利用，导致剩余饲料和排泄物增多，败坏养殖水体环境，影响对虾健康生长，增加劳动量和养殖成本，降低经济效益。

具体的投饵次数和时间应根据季节、天气和虾体大小等灵活掌握。一般建议是养殖前期次数应少，后期次数应多。养殖前期每天投喂 2～3 次，养殖中、后期每天投喂 3～4 次。一般放苗后的仔虾阶段，每天投饵 3 次为宜，时间分别为 8:00、16:00、20:00，各次投饵量分别占日总投饵量的 35%、40%、25%；幼虾、成虾阶段，日投饵 3 次为宜，时间为 7:00、17:00、20:00，各次投饵量分别占日投饵量的 35%、40%、25%。炎热天气，上午 11:00 至下午 5:00 这段时间不宜投喂。

日本对虾有白天潜沙的习性，日落后才出来摄食，一般日落 0.5～1 小时后日本对虾摄食行为活跃。根据日本对虾的这一习性，养殖日本对虾一般日投喂饲料 1 次或 2 次，饲料投喂均在日落后进行。若是投喂 1 次，一般在日落后 2 小时进行；若是投喂 2 次，可在日落后半小时投喂 1 次，3 小时后再投喂 1 次，其投喂量分别占日投喂量的 55%～60%和 45%～40%。

第五节

对虾生物饵料的培养与利用

习惯上，凡是饲养动物（如畜、禽等）的食物，都称为饲料，而饲养水生动物（鱼、虾、贝等）的食物则称为饵料。但我国对饵料的称呼并不完全统一，水产动物的饵料也称为饲料。饵料生物是指在海洋、湖泊、江河等水域中生活的各种可供水产动物食用的水生动、植物等。生物饵料通常是指经过筛选的优质饵料生物，进行人工培养后投喂给养殖对象食用的活体饵料。活体生物饵料具有不影响水质、养殖动物喜食、容易消化吸收、使养殖动物较快生长等优点。因此水产养殖、苗种培育过程中，生物饵料的培养非常重要。

非人工养殖条件下，天然水域中的对虾是以底栖动植物为食物的。因此，人工养殖条件下，在池塘内培育的天然微小动、植物是放苗初期幼虾最理想的优良食物（饵料），可以促进幼虾的早期生长，增强对虾的体质，提高其成活率和抗病能力。同时也是充分利用池塘生产力、降低对虾养殖过程中饲料的投入和养虾成本、确保养成大规格商品虾、提高养虾经济效益的有效措施之一。多年来的养虾实践已证明培养生物饵料的重要性。

一、池塘中生物饵料的种类

广义地讲，养虾池塘内的底栖微小动物及硅藻都是对虾的饵料生物，包括原生动物、小型的甲壳类、昆虫类、软体动物及其幼体、底栖硅藻等。自然条件下对虾胃内经常可以见到的生物饵料种类如下。

1. 藻类

藻类（浮游植物）中底栖硅藻、某些蓝藻、绿藻既是池塘内易生的生物，也是对虾胃含物中常见的食物。但由于其所占的比重很低，说明它们还不是对虾的主要饵料。

2. 某些原生动物

原生动物中的孔虫、砂壳虫、纤毛虫等在对虾胃中经常见到，特别是仔虾和前期幼虾的胃中常有发现，但是重量比例较小。

3. 甲壳动物

池塘中甲壳动物是对虾优良的饲料，所占的重量比例和出现的频率都很高。比较常见的有钩虾、丰年虫、介壳虫、蜾蠃蜚、少量的糠虾、浮游的桡足类、猛水蚤类。

4. 昆虫类

特别是水生昆虫的幼体是池塘养殖对虾的重要饵料生物之一。摇蚊幼虫、海蝇幼虫在对虾胃内经常被发现。

5. 多毛类

日本刺沙蚕、双齿围沙蚕及许多微小型多毛类动物都是对虾的优良饲料。穴居的大个体沙蚕也是对虾的饲料之一，但是对虾往往难以捕捉到。

6. 软体动物

小型贝类及其幼体都是对虾的优质饲料。例如蓝蛤、拟沼螺等。各种大型的贝类经破碎后及其幼体也是对虾的优良饲料。

二、生物饵料的培养

对虾生物饵料的培养方法，一是综合性的直接培养，二是部分优良种类的移植培养和池塘专门培养（如丰年虫的培养）。

1. 综合培养

如前所讲，对虾的生物饵料多种多样，所谓综合培养就是指包括藻类在内的多种饵料生物在对虾养殖池塘内同步培养。这种方法技术操作容易实现，生产效果非常明显。

这种方法就是将池塘提前进水繁殖饵料生物，在增加池塘饵料生物的同时，起到对池底过多有机物的改善作用。具体来说就是养虾池塘经过清整、暴晒、除害、消毒后，尽早向池塘内加水，让更多的饵料生物幼体及亲本进入养虾池塘，如钩虾、猛水蚤等，以及一些较大型生物的卵和幼体，例如沙蚕的卵等。进水后可以施用无机肥或有机肥料、生物肥料来促进池内藻类的繁殖，进而培养出丰富的饵料生物。但是这种方法要注意施肥的数量和频率，避免施肥过多，引起藻类过量繁殖老化死亡，导致池塘出现转水现象；或因浮游动物过量繁殖，造成池水透明度过大，甚至清澈见底。

2. 优良种类的移植培养

养虾池塘内如果在上述饵料生物培养的基础上再人为地移入引进一些优良种类，养虾则会取得更明显的效果。

（1）蝶嬴蜚的移植与培养　蝶嬴蜚是在潮间带穴居生活的端足类动物，种类繁多，其体长多在 0.5～1.0 厘米，大的个体体长可达 1.5 厘米，小的个体体长仅有 2～3 毫米。身体背腹扁，类似于虾蛄的形状，雄性第二触角发达。有集群的习性，喜欢聚集在有淡水流入的潮间带泥或泥沙中，涨潮时出穴觅食，退潮时潜入洞穴。繁殖期长，繁殖能力强，抱卵孵化，孵化后的幼体在穴内生长。采捕蝶嬴蜚可在春季 3～4 月间进行，利用小拉网或小推网在海边盐场的储水池和河口、内湾捕捞。将捕获的渔获物置于筐内暴露在空气中，由于其耐干能力强，待渔获物中的小鱼等其他生物死亡后，将其放入养虾池内，免得将敌害生物带进养虾池。蝶嬴蜚会很快在养虾池内繁殖起来。有实践证明，亩放蜾蠃蜚 5 千克，虾苗放养密度 5000～8000 尾/亩，在不投喂配合饲料的情况下，可使对虾顺利长到 7.0 厘米。这样不仅减少配合饲料对池塘水环境的污染，还能节约大量的配合饲料。但要注意的是，蜾蠃蜚也会捕食很小的虾苗，因此，想移植培养蜾蠃蜚的池塘应放养规格较大的对虾苗种，或在虾苗养殖到一定规格时，再移植投放蜾蠃蜚。

(2) 拟沼螺的移植与培养　拟沼螺是生活在咸、淡水交界处高潮区的小型螺类，其个体大小如同绿豆一般，壳薄而脆，很容易被对虾咬碎，是对虾的天然优良饲料之一。在四五月份其繁殖期内，大量聚群时，将其捞入养虾池，在池内繁殖，其幼体和成体均是对虾的优良食物。

(3) 摇蚊幼虫的培养　摇蚊幼虫是摇蚊在池塘内产卵而孵化出的幼体，体长 1～1.5 厘米，体红色，因而又称为红虫。它潜入泥中生活，是对虾常食的饵料生物之一。据试验证明，体重 0.06 克的一尾墨吉对虾苗 24 小时能吃掉 23 个摇蚊幼虫。而且摇蚊喜欢选择在有机物较多的池塘产卵，因此可向池塘内施用有机肥，吸引摇蚊产卵，促进幼虫的生长。

施肥方法和种类：池塘内培养繁殖饵料生物时，施肥的方法和种类也很重要。氨态氮很容易被土壤吸收。因此，如果池塘内想要培养浮游植物，应使用硝酸盐肥料，繁殖底栖生物应多使用氨盐肥料。要想繁殖浮游生物，应把肥料溶于水后，全池泼洒；如果想要繁殖底栖生物，那么最好直接将化肥颗粒抛撒入池塘中，让其在池塘底部慢慢溶解增加底层含肥量。施肥的种类和数量除了根据池水的透明度来判断水体的肥瘦而确定以外，最好还要依据水质监测和饵料生物监测的结果，以确定施肥的多少和肥料种类。

(4) 丰年虫的培养　丰年虫学名卤虫，又称盐水丰年虫、卤虫仔、丰年虾等，是世界性分布的小型甲壳类，其分类学地位隶属节肢动物门、甲壳纲、鳃足亚纲、卤虫科。卤虫成体的颜色与生活环境有关，一般生活水环境的盐度越高其体色越呈红色，而生活在盐度较低的水中则呈灰白色。成体卤虫见图 5-4 和图 5-5。成体全长

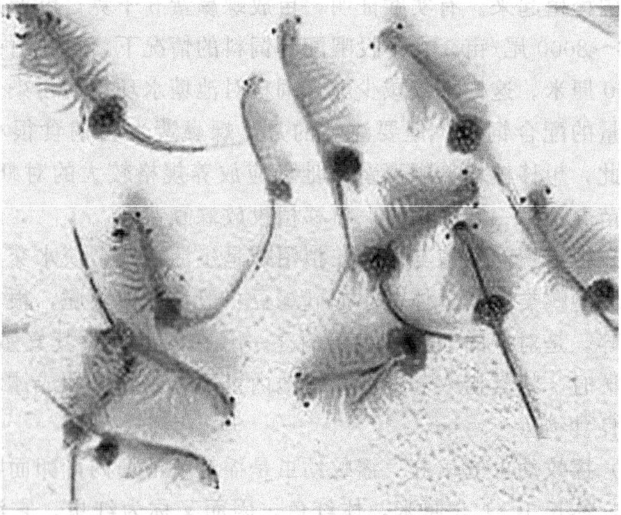

图 5-4　带卵成体卤虫

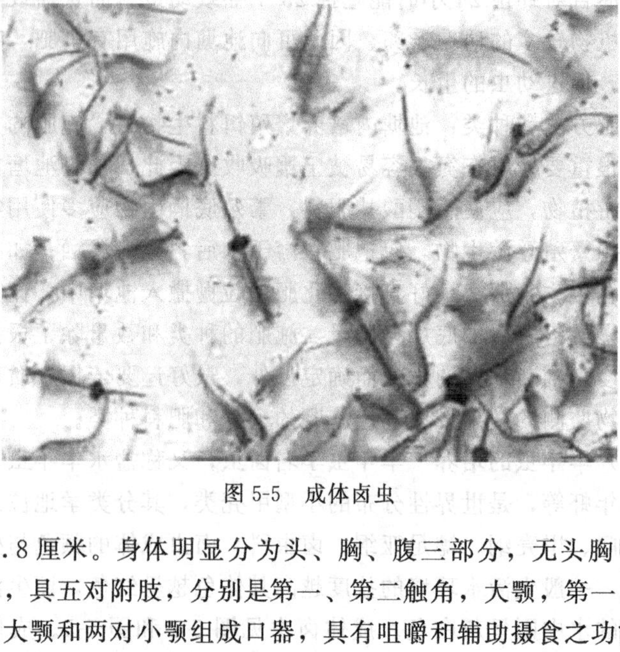

图 5-5　成体卤虫

1.2～1.8 厘米。身体明显分为头、胸、腹三部分，无头胸甲。头部五节，具五对附肢，分别是第一、第二触角，大颚，第一、第二小颚。大颚和两对小颚组成口器，具有咀嚼和辅助摄食之功能。胸部11节，具有11对胸肢，是游泳和呼吸器官。腹部由8节组成，无附肢。卤虫的适应性强，在全球不同类型的盐湖、盐田均有产出。繁殖周期短，生长迅速。卤虫属于滤食性动物，适合的饵料颗粒10～50微米，除采食单细胞藻类和原生动物外，还可采食各种有机物碎屑。它具有转化率高、抗病力强的特点。喜逆水游动。成虫不喜光而幼虫有趋光性。卤虫（雌性）每次产卵10～250粒，一生可产5～10次卵，每个虫体可生存3～6个月。卤虫干卵及成虫含蛋白质57%～60%，脂肪18%，氨基酸、微量元素、维生素、不饱和脂肪酸含量丰富，并含有激素。这些物质有利于对虾幼苗生长、发育，提高抗病力，改善对虾成熟度及产卵率，是优质的饵料。

丰年虫无节幼体是对虾培育苗种时期的良好饲料（或者说饵料）。丰年虫在水产养殖中的应用越来越广泛，其地位也越来越重要。目前，我国的丰年虫应用主要是利用其无节幼虫作为甲壳类、海水鱼类育苗的饵料，随着虫卵需求量的增多，价格飙升，购买虫卵已经成为某些鱼类、甲壳类育苗场成本核算的主要支出之一。在对虾苗种培育过程中，需要投喂大量的丰年虫无节幼虫，投喂无节幼虫时，应该先用自来水或普通海水洗净后使用，目的在于去除丰年虫孵化过程中产生的大量甘油和孵化用水中混有的有害物质及细菌等，避免污染对虾育苗池。为了尽可能使用具有较高能量的无节幼虫，应孵化后现使用，尽量减少已孵化出的无节幼虫的保存。也就是应使用刚刚孵化出的无节幼虫。若有未用完的无节幼虫应在低温下（0～4℃）保存，以减少能量消耗。

丰年虫成体也可以作为对虾的鲜活饲料，这在丰年虫资源比较丰富的地区（山东、河北、天津等盐田较多的沿海地区），已大量用于对虾的人工育苗和养成。由于丰年虫蛋白质含量丰富，是鱼类、甲壳类良好的鲜活饲料，其饲养比较容易，我国天然资源量较大，在将来有可能和鱼粉一样成为水产养殖业最重要的蛋白质源。

① 卤虫的培育　卤虫一般分布在能持续保持稳定的高盐度地区（10波美度以上），因为在这种条件下才能排除卤虫的捕食者

（敌害生物）。也能分布在冬季有冰冻期的地区，因为在冰冻的低温环境，即使卤虫卵有机会吸水也无法进行新陈代谢和孵化，可以存活到翌年春季。卤虫是广盐性生物，对高盐的适应能力非常强，甚至能生活在接近饱和的盐水中（25 波美度）。一般来说，幼虫的适应盐度范围为 2.0%～10.0%，成体为 1.0%～12.0%。卤虫能忍受的温度范围为 6～35℃，卤虫对温度的适应性因产地不同而有差异，最适生长温度 25～30℃。卤虫的耐低氧能力很强，水中溶解氧 1 毫克/升不会引起卤虫死亡，能生活在含饱和氧或 1.5 倍的溶解氧过饱和环境中。卤虫生活的天然环境为中性到碱性，孵化用水的 pH 值 8～9 为宜，pH 值低于 8 时会降低孵化率。卤虫是典型的滤食性生物，只能滤食 50 微米以下的颗粒。对 5～16 微米的颗粒有较高的摄食率。卤虫对食物的大小有选择性，但对食物的种类没有选择性。在自然条件下主要以细菌、微藻、有机碎屑为食。卤虫生活的高盐环境使它能够逃避大多数可能的捕食者，但它不能逃避水鸟的危害，有些水鸟在某些季节完全靠卤虫为食。此外，某些昆虫或其他幼虫（如半翅类、甲虫等）也能捕食卤虫。

由于池塘养殖往往不能严格控制敌害生物的传播，因而都是在高盐度水域中进行放养，平时最常见的就是盐田养殖。因为卤虫的敌害生物在 10 波美度以下很难完全消除，所以养殖卤虫选择场地的首要条件就是要能够持续提供 10 波美度以上的高盐卤水，另外养殖场地的土壤要做到防渗漏。建造池塘时要保证水深 50 厘米以上，以 60～100 厘米为最适宜。池塘面积的大小可因地而异，但不宜超过 15 亩，此外，池塘的建造必须具有方便的进排水设施。

② 卤虫放养前的准备工作　根据当地的气象条件（主要是水温和降水情况），选择适当的品种进行养殖。此外还要考虑养殖生产的目的和要求，是为了得到卤虫卵还是鲜活成体卤虫，因不同品系卤虫的卵生和卵胎生比例不同。

③ 池塘进水　卤虫的池塘养殖宜采用高盐度卤水（不利于卤虫敌害生物的生存），一般采用 10 波美度以上的卤水养殖，进水时有条件的最好加以过滤养殖用水，水深 30 厘米以上即可接种。

④ 池塘施肥培养卤虫的饵料生物　为了保证卤虫下池时有足够的适口食物，池塘进水后应施肥培养微型藻类。常用的肥料有无机肥和有机肥。无机肥使用化肥即可，施肥量一般要求氮含量达到$15\times10^{-6}\sim35\times10^{-6}$，磷的含量达到$2\times10^{-6}\sim5\times10^{-6}$。有机肥一般使用发酵的鸡粪，亩用量35～60千克。若池塘土壤呈酸性，除了施肥外还应全池泼洒生石灰，保持池水pH在8以上。

⑤ 卤虫接种　根据卤虫卵的孵化率和接种数量计算虫卵的用量，将计算好的虫卵进行孵化。孵化条件直接影响卤虫卵的孵化率。孵化中主要控制的技术指标是，海水盐度2.5%～3.5%；温度25～30℃；不间断充气并保持均匀平缓，避免过强过弱；溶解氧含量不低于2毫克/升；pH值8.5；光照为2000勒克斯；布卵密度为3克/升。孵化过程中，要观察卵的孵化率、孵化同步性、幼体活力等情况。短时间孵出的虫体体形较小，活力好，不易沉底；如果超过24小时孵出，则表示卵的质量较差。孵出后的卤虫无节幼体能够立刻适应从海水到10波美度的盐度变化，因此无需盐度过渡，即可进行接种。如果准备投喂人工饵料，接种密度可以达到每升卤水100只无节幼体以上；不准备投喂饵料的肥水粗放式养殖接种密度达到20～30只/升就足矣。刚刚接种后如果看不到虫体属正常现象，这是因为它们失去了橘红色并下沉到水底的原因。

⑥ 日常管理工作　卤虫养殖的管理工作：一是投饵。为了补充水中饵料不足，提高卤虫养殖密度，需要对卤虫进行人工投饵。生产上经常使用玉米面、米糠等农副产品，加水磨浆后投喂，遵循少量多次的原则，避免剩饵沉淀浪费。卤虫是否吃饱可以根据有无拖便来判断。二是施肥。经常向池塘中施肥（以发酵好的有机肥为好），有补充饵料之功效，这种方式可使卤虫养殖密度达到100～500只/升，追肥量为发酵好的鸡粪10～20克/米^2。三是换水。开放池塘养殖不换水一般也不会引起缺氧，但是换水可以补充饵料，去除池内有害物质。换水时，应用筛绢过滤进入的新水；排水时，也应用筛绢网拦挡卤虫，以防随水排出池外。四是日常观察。卤虫养殖过程中，应当经常观察水质变化（如温度、盐度、溶解氧、

pH 值等）和卤虫的生长情况。养殖的盐度一般认为应维持在 8～18 波美度，但实验表明，卤虫在 6～10 波美度的水中养殖也能取得良好效果。pH 值不能低于 7.5，如果 pH 值过低，可通过换水或泼洒生石灰调节。溶解氧只要维持在 2 毫克/升就可以，溶解氧过低时，可采用加注新水的办法来补充。对卤虫生长情况的观察主要包括虫体是否健康、是否吃饱（虫体有无拖便）、生殖方式是卵生还是卵胎生等内容。卤虫卵生可能是由于水温不适或饵料不足造成的，可根据需要是为了得到成虫还是为了得到虫卵而采取相应的措施，一般是先提供适宜条件使卤虫卵胎生在短时间内达到高密度后，再使之饵料不足而产卵。五是收获。虫卵的收集是每天在池塘内下风处用小筛网捞取，晾干后储存于饱和卤水中以备加工。成虫一般采用纱窗网制成的工具进行拖捕，这样年幼的虫体可以留在池中继续生长（捕大留小）。如果是为了得到鲜活卤虫，应隔 2 周收获 1 次（图 5-6）。

图 5-6　卤虫卵收获

三、对虾对生物饵料的摄食量及饵料系数

对虾摄食量随着环境的变化、饲料种类和对虾本身的大小等因素而改变，但是在正常环境条件下，每尾对虾每天的摄食量和对虾

体重（体长）的经验回归关系模型呈幂函数关系。如果对虾体重设为W(克)，每尾对虾的日摄食量为Y(克)。那么对虾对蜾蠃蜚的摄食量（鲜重）和中国对虾体重的回归关系为$Y=0.529W^{0.6164}$；对虾对蓝蛤的摄食量（鲜重并带贝壳）和中国对虾体重的回归关系为$Y=1.371W^{0.8289}$。

由于用蓝蛤作为饵料都是带壳投喂，所以饵料系数一般偏高。饵料系数基本上反映了这些饵料生物的利用率。对虾摄食蜾蠃蜚、蓝蛤（带贝壳鲜重）、寻氏肌蛤（带贝壳鲜重）、枝角类和鸭嘴蛤（带贝壳鲜重）的饵料系数分别为6～7、25、22.5、4和25以上。

第六章

南美白对虾高产稳产的几种养殖模式

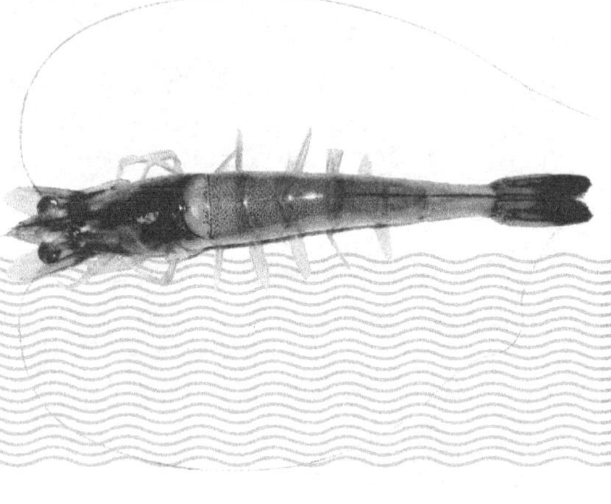

目前，我国对虾养殖有多种模式，一般根据管理方式、地理条件、养殖用水情况、气候条件、养殖品种等的不同进行划分。依据养殖生产的集约化程度，可分为集约化精养模式、半集约化半精养模式、粗放生态养殖模式；依据养殖水环境的水质条件，可分为沿海地区海水养殖模式、河口地区低盐度海水养殖模式、内陆盐碱地区半咸水养殖模式和内陆区域淡水养殖模式；依据池塘面积的大小和放养的密度，可分为大面积粗养模式和小池塘精养模式；依据是否混养鱼类或贝类等其他水生动物，可分为单一养殖模式和混养模式；依据养殖设施的构造，可分为露天养殖模式、越冬塑料大棚养殖模式、室内水泥池养殖模式（工厂化养殖模式）；依据对温度的控制，可分为控温养殖模式和常温养殖模式。

采用何种养殖模式，主要取决于不同地区的自然条件、养殖者的技术管理水平和投资者的经济实力等实际情况。切莫跟风，一哄而上，看到别人养虾赚了大钱就盲目跟从。因此，对虾养殖一定要因地制宜，合理选用适合当地实际情况的养殖模式。

目前我国南美白对虾的总产量，已经占到我国虾类养殖总产量的80%以上，本章将重点介绍目前比较成熟的几种南美白对虾高产稳产养殖模式。

第一节

南方“高位池养殖模式”

自20世纪90年代后期以来，“高位池养殖模式”是我国发展较快的一种对虾养殖模式，最初以南方三省区（广东省、广西壮族自治区、海南省）为常见，后来福建省、浙江省、江苏省的养虾主产区也日渐兴起。该模式以“一小”（池塘面积小）和“三高”（养殖生产投入高、养殖过程风险高、养殖结果回报高）为基本特点。

放苗密度大、技术管理要求高，所以应时刻注意池塘配套设施与设备，特别是增氧机和进水设备的正常运转，日常的养殖管理与技术措施的落实要切实到位。

一、池塘结构与特点

所谓高位池，就是指养虾池塘建造在高潮线以上，池塘的底部呈锅底形，以利于养殖池塘内对虾代谢产物、残饵和养殖用水的彻底排出。日常的养殖用水全部采用机械提水的方式，有效降低了潮汐对池塘进、排水的影响。池塘废水靠管道、闸门控制，无需额外的动力从池塘内抽出。

养殖池塘的面积以1～8亩为多见，有效水深1.5～3.0米。装配较高强度的增氧设施，一般每亩水面配备1.5～2.0千瓦功率的增氧设备。增氧设备有水车式增氧机、射流式增氧机、叶轮式增氧机和管道微孔增氧机。有些养殖产量高、放养密度大的池塘还采用了上述几种增氧设备同时配备的立体增氧模式。为了保证对虾养殖池塘内溶解氧的持续供给，还要自备发电机，以确保停电期间增氧设备的正常运转。

南美白对虾的高位池养殖集约化程度高，池塘排污方便、便于管理。整个养殖系统包括养殖池塘、过滤式进水系统、强力高效的增氧系统、锅底式中央排污系统、独立的进排水系统等一系列设备设施。有的还配备了专门的消毒蓄水池、虾苗暂养池等系统。池塘用水首先经过进水系统，包括沙滤井、抽水泵房、管道或水泥渠道，然后进入消毒蓄水池，经处理后，再进入养殖池塘或不经消毒处理由管道或渠道直接进入养殖池塘。

池塘的进、排水设备都是独立设置的。其排污系统由埋在池底的排污管和排污井组成。埋在池底的排污管多为PVC塑料管或不易生锈的陶瓷管，排污管的管径大小、排列方式和数量因池而异。池底排污管的管体上钻有5～10毫米的圆孔，池塘底部的残饵、粪便、死亡的水生微生物尸体等污物通过小孔进入排污管汇集后，由排污管排到排污井内。通过控制排污井内的排污管进行调节。

对虾养殖过程中水质环境的调控主要依靠人工来实现，科学合理的运用藻相、菌相平衡控制技术来达到优化水质、促进对虾健康生长的目的。通过定期施用光合细菌、EM复合菌、枯草芽孢杆菌、乳酸菌等有益微生物制剂，构建良好的菌相平衡，抑制病原微生物繁殖滋生，及时降解排泄物、残饵、浮游动植物尸体等有机废物，大幅度减少池塘的自源性污染；通过不定期施用有机或无机肥料、单细胞藻类生长素等理化调节制剂，构建良好的藻相平衡，为对虾的健康生长提供优质良好的养殖生态环境。

高位池养殖模式放养密度高，产量高。一般根据养殖模式的不同，合理确定放养密度。主要模式有一次放苗多次收捕、一次放苗一次集中收捕、一年多茬养殖等。不同的养殖模式放苗密度不同。

二、高位池的类型

高位池的类型可分为全池铺膜池塘、全池水泥池塘、水泥护坡底部铺沙池塘三种类型。由于建造水泥池塘投入成本较高，目前以铺膜池塘最为常见。

1. 全池铺膜池塘

铺膜池塘建造简单，可选择密度小、伸展性强、耐低温、耐腐蚀、变形能力好、抗冻性能好的土工膜，将养殖池塘的堤坝、池底、池壁等全部进行无缝铺设覆盖即可。池底并建有配套的排污设施。目前使用的土工膜种类很多，使用寿命为二三年到十几年不等，价格也因质量不同而有差异，大部分在13元/米^{2}左右。土工膜的选用除了关注价格因素外，更重要的要关注土工膜的质量，最好选用质量有保证的名牌产品，以免在养殖过程中因土工膜破裂导致池水渗漏，或因土工膜使用寿命短（有的不足一个生产季节），造成二次或多次投资，增加养殖成本。

铺膜池塘的优点：一是最大程度地减轻了养殖池塘土质、底泥对养殖生产的影响，增强了对养殖池塘水环境的有效管控；二是有利于养殖过程中集中排污；三是有利于对虾收获后对池塘进行彻底的清整、消毒；一般用高压水枪就可以轻易地将黏附于土工膜上的污物冲洗干净，再加上短时间的暴晒和带水消毒，即可把池塘清理的十分干净，减少了土池池底清整、翻耕暴晒的环节；四是提高了池塘的周转利用效率，延长了池塘的使用寿命；五是对虾生长速度快。李卓佳等（2005）研究发现，不同底质的高位池60天内对南美白对虾的生长无明显影响，60天后影响明显。当养殖时间超过90天时，铺膜池中的对虾平均体长、平均体重、平均肥满度均显著优于不铺膜的高位池。这主要是由于不铺膜的养虾池，池底细沙颗粒体积小，表面积大，容易吸附有机碎屑和一些病原微生物，养殖代谢产物不容易排出池塘，到了养殖后期，池底的污物积累过多，致使对虾的底栖环境逐渐恶化，对虾因环境胁迫生长缓慢。所以在养殖时要注意及时清污和科学管理，避免对虾底栖环境恶化影响对虾的生长。

全池铺膜池塘见图6-1，全池铺膜池塘收虾现场见图6-2，全池铺膜池塘干池状况见图6-3。

图6-1　全池铺膜池塘

2. 水泥护坡底部铺沙池塘

养殖池塘护坡，可用水泥、砂石浇灌而成或用砖砌成，然后再用水泥覆盖抹平。池塘的底部铺以20～30厘米的细沙。其优点：一是池坝和池壁牢固坚实，对大风和暴雨等自然灾害的抵抗能力较强；二是可以为喜欢潜沙的对虾提供良好的底栖环境。其缺点：一是建造成本高；二是使用几年后，池塘在雨淋、日晒、水体压力的

图 6-2 全池铺膜池塘收虾现场

图 6-3 全池铺膜池塘干池状况

影响下，水泥护坡可能会出现裂缝，引起水体渗漏；三是由于是沙质底，对虾养殖过程中产生的粪便、对虾摄食后剩余的残饵、微小水生动植物的尸体、有机碎屑等沉积在池底而不易被清除，容易造成底质环境的不断恶化。

对于上述缺陷，通常采取以下措施进行处理：一是在对虾苗种放养以前，仔细检查池坝、池壁，发现有裂缝及时用水泥或堵漏剂修补；二是对池底进行彻底清理，将沉积于细沙中的污物处理干净，若池塘经过多茬养殖，沙底无法彻底清洗干净的，可采取去除表层发黑的细沙换上新沙的方法；三是对虾苗种放养以前，对池底进行翻耕、暴晒、消毒，以杀灭沙底中的病原微生物；四是定期使用各种有益微生物菌制剂和底质改良制剂净化池底环境，减少养殖代谢产物的积累；五是增加排污次数，优化中央排污设施，在中央排污口的周围铺设 20～30 米^2 的排水区域，减少池底排水阻力，及时排除池底的各种有害物质，排污时既要尽可能地把池底污物排干净，又要防止大排大灌使养殖环境变化过大而引起对虾的应激反应。

水泥护坡的沙质底池塘见图 6-4。

图 6-4　水泥护坡池底铺沙池塘

3. 全池水泥池塘

养殖池塘全部采用水泥、沙石、钢筋浇灌而成，或者砖砌而成，再用水泥抹平。这样的池塘类似于对虾育苗池，既坚固耐用又便于污物的排放。其缺点是造价特高，经过几年的使用后也会出现池体裂缝、渗漏现象。目前，这种类型的高位池塘不管是数量还是总的养殖面积都很少。也可以在非苗种生产季节，使用育苗设施进行对虾的养殖。

通过对上述三种高位池性能的比较，从建造成本、维护成本、对虾养殖生产的综合效益等方面来看，全池铺膜高位池性价比最高，值得推广应用。

总之，高位池养虾既有优点也有缺点，其优点表现在养殖过程绝大部分可人为控制；养成对虾规格大，产量相对稳定；产品无药物残留；发病率低，成活率高；效益高而稳定；一年可养多茬(造)。其缺点表现在该养殖模式比较适合于南方，在北方黄渤海沿岸的平原地区不太适合大面积推广应用；受台风、暴雨等恶劣天气影响大，养殖风险相对较高；池塘基础建设投资高，养殖资金投入大；养殖技术、管理水平要求较高。因此，养殖者可根据自己的实际情况进行选择。

三、高位池养虾的管理措施与关键技术

1. 苗种放养前的准备

(1) 池塘的清整、除害、消毒　铺膜池塘和水泥池塘的清理方法大致一样。在池塘排水后使用高压水枪将黏附在池壁、池底的污物彻底冲刷干净。在晴天强光条件下暴晒3～4天，但不宜长时间暴晒，否则，会加速土工膜的老化、水泥池塘的干裂（渗漏）。对于水泥护坡池塘池底的清理则相对复杂，先排干池水暴晒几天，待沙底表层的污物晒干、结块硬化后，清出池外，然后用高压水枪将池底细沙和池壁黏附污物冲洗干净，再进行池底的翻耕暴晒，直到池底细沙氧化变白、外观干净，最后全面检查池壁、池底、进排水口等处是否有裂缝，及时堵漏、维修，避免出现问题。

池塘的消毒一般在对虾苗种放养前半个月进行，池塘内先进水10～20厘米，按50～80克/米^{3}浓度用漂白粉消毒浸泡。池塘内先加水的目的是有利于药物的溶解和在池中的均匀散布。同时用小水泵抽取消毒用水反复冲刷未被浸泡的池壁等地方，保证池塘的死角、进排水管道的接口处都要彻底消毒。池塘经过一昼夜的浸泡后，排掉消毒用水，再用清水将池壁和池底冲刷干净。

(2) 池塘进水及养殖用水的消毒　池塘经过清整消毒后，就可

以把经过过滤的海水加入养虾池内。可一次性将池水进满，也可先进1.5米水深，待放苗后再逐渐把水加满。无沙滤系统的可在进水管的出水口系设一个80目的筛绢网袋过滤。池塘进水后用漂白粉、海因类、二氧化氯等消毒剂进行消毒。对虾养殖池塘密集的区域，应考虑建造适当面积的备水池兼做消毒池使用，应先将水源引入备水池，经沉淀、消毒处理后，以备养殖过程中随时使用。

(3) 肥水培养基础饵料生物　高位池养虾，由于池底处理得比较干净，池内残余的粪便、残饵等有机物很少，养殖用水又经过了沙滤，水体的营养相对贫瘠。为了保证浮游植物的正常生长繁殖和藻相的持续稳定，在培育优良的单细胞藻类时，应将无机复合营养素、有机无机复合营养素、枯草芽孢杆菌等微生物制剂联合使用。一般在放苗前1周，选择天气晴好的时间施用，7～15天再重复使用1～2次，以避免单细胞藻类大量繁殖后导致水体营养供给不足而出现的衰亡。

2. 对虾苗种的选购、运输与放养

(1) 苗种的选购　虾苗的质量影响到对虾的生长速度、成活率、产量和效益，关系到养殖的成败。因此选择健康优质的虾苗是养殖技术管理的重要环节。养殖者应亲自到信誉好的苗种生产企业先行考察，了解育苗场的生产规模、设施与管理措施、亲虾的来源与管理、育苗过程中的用药情况、育苗水体的盐度、生产资质文件是否齐全等情况。根据所了解和掌握的信息，选择进苗的厂家。

选择虾苗的标准，体长应在1.0厘米以上，大小均匀、规格整齐、虾体肥壮、形态完整、附肢健全、运动活泼、胃肠道内食物充满、无畸形、逆水游泳能力强、对外界刺激反应敏感、身体透明无脏物、无病症的虾苗，最好是经过检疫的SPF虾苗。可以现场采用抗逆水试验和抗离水试验等一些简单的方法检查虾苗的健康程度。

抗逆水试验：在育苗池中捞取少量虾苗放入白色圆形水盆中，沿一个方向（要么顺时针、要么逆时针）轻轻搅动盆内的水体，如果虾苗能够逆水流游动或者趴伏在盆底，说明虾苗体质较健康、虾苗活力较好。相反，若虾苗随波逐流，或顺着水流方向漂流说明苗种体质较弱。

抗离水试验：在育苗池中捞取少量虾苗放在事先准备好的白色湿毛巾上，用湿毛巾把虾苗包裹起来，再用盆或其他容器盛装育苗用水，5 分钟后再把虾苗放回育苗水中，观察对虾苗的存活情况，如果虾苗全部存活说明虾苗体质较好。反之，说明虾苗的健康状况差、体质弱，苗种质量差。健康的虾苗见图 6-5。

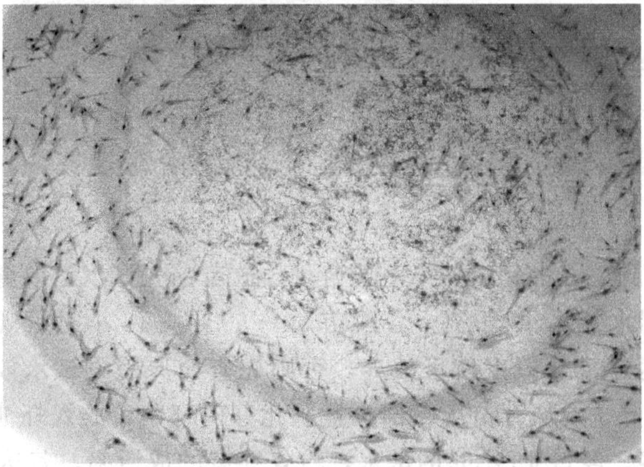

图 6-5 健康虾苗

（2）苗种运输 通常采用帆布桶或塑料袋充氧运输，前者用于近距离汽车运输，目前很少用。后者适合于较远距离的汽车运输或空运，目前多用此法。

运输方法：选用容量为 30 升的双层塑料袋装水三分之一，装虾苗 3 万～8 万尾（视运输时间长短而定装苗量），充入三分之二的氧气，然后用细绳或橡皮筋封口，再用纸箱或保温箱包装，在 20℃左右的条件下可运输近 12 小时。虾苗包装见图 6-6。运输途中长时间停放、水温不稳定、遇上虾苗蜕皮、将个体相差悬殊的虾苗装在一起等，都会影响和降低运输成活率。

（3）苗种放养 水温稳定在 18℃以上就可放苗。由于高位池养殖主要集中在我国南方和东南沿海，根据当地气温情况，一般在

图 6-6 虾苗包装

4 月下旬到 5 月上旬放养第一造苗种。放苗前先试水，取育苗用水和养殖用水各 3～5 千克，各放苗 30～50 尾，48 小时后观察成活率，若达到 85%以上就可放养，否则先查明原因再试水放苗；亦可提前 2～3 天从育苗场拿回少量驯化好的虾苗，放入虾池中的网箱内观察，经过 48 小时的试水，检查虾苗的成活率，若达到 85%以上，就可放养。若成活率小于 85%，则应查明原因后再试水放苗。如果养殖是在半咸水或淡水中进行，对虾苗种还要进行淡化处理。

放养密度一般为 15 万～40 万尾/亩不等。还要根据池塘条件、养殖方式、产量等确定放苗密度。

放苗注意事项：选择晴天、风小的天气放苗，暴风雨天不宜放苗；应在上风方向放苗，让虾苗缓慢入水；为提高虾苗放养成活率，放苗时先将装有虾苗的塑料袋放在池水中，当袋内、外水温接近时，打开塑料袋，并缓慢加满水，然后使虾苗逐渐入水。切忌直接把虾苗倒入池水中；放苗时温差要小于 3℃，盐度差要小于 0.3%。

(4) 虾苗驯化　由于南美白对虾苗种是在 2.5%～3.0%的海

水中孵化培育的，而高位池养虾并不是都采用海水养殖，有些采用低盐水甚至是淡水，所以必须进行苗种淡化处理。

苗种淡化主要是由育苗场在育苗池内逐渐加入淡水进行驯化的一种方法。由于是在育苗场的育苗池内进行，操作简单易行，淡水用量少。对养殖者来说无需再额外增加建造暂养池的投入。

对育苗场来说，一个育苗池就可以生产南美白对虾苗种数百万尾，因此养殖者计划购买的苗种要有一定的量，否则育苗场不会因为十几万尾甚至几十万尾苗，而对几百万苗全部进行淡化。另外养殖户还要注意对育苗场的淡化过程有所了解，注意淡化的速度。对于淡水养殖用苗，要杜绝育苗场在卖苗前3～5天内以每天0.5%～0.6%，甚至更高幅度将盐度快速降至0.1%，便作为淡化苗种出售，因为这种苗的养殖成活率很低。养殖者在选购淡化虾苗时，一定要选择盐度在0.1%以下水中稳定培育3天以上的虾苗用于养殖。

3. 饲料投喂

人工配合饲料的选择应遵循以下基本原则：配方营养全面，能够满足南美白对虾的健康生长要求；产品质量符合国家相关质量、安全、卫生标准；饲料系数低、诱食性好、性价比高；水中稳定性好、颗粒紧密、光洁度高、粒径均匀、粉末少；加工工艺规范等。

一般放苗的第二天即可投喂饲料。若水中浮游动植物生物量高，能为虾苗提供充足的饵料生物，也可以延期投喂，即在放苗四五天后进行，但最好不要超过1周。放苗一两周内可适当投喂一些虾片、车元和丰年虫等，以提高幼虾的体质。一般每天投喂饲料3～4次，可选择在8:00、11:00、17:00、22:00进行投喂。投喂时间还需根据南美白对虾的生活习性进行安排调整。日投喂量一般为池内存虾重量的2%～3%，通常早上、傍晚多投，中午、夜间少投。此外，还应根据天气和对虾健康状况酌情增减饲料投喂量。养殖前期多投，中后期“宁少勿多”；气温突然剧烈变化、暴风雨或连续阴雨天气时少投或不投，天气晴好时适当多投；水质恶化时不投；对虾大量脱壳时不投，蜕壳后适当多投。投喂饲料时应全池均匀投撒，使池内对虾易于觅食。

为了准确把握饲料投喂量，投料后应及时观察对虾的摄食情况。可在池塘内设置饲料观察网，一般安置在离池边2～5米且远离增氧机的地方，每口池塘设置观察网2～3个，简易饲料观察网见图6-7。具有中央排污的池塘还应在虾池中央安设一个观察网，用于观察残余饲料和中央池水污染情况。南美白对虾不同的养殖阶段对饲料观察网检查的时间也有一定的差别。养殖前期（30天以内）为投料后2小时，养殖前中期（30～50天）1.5小时，养殖中后期（50天至收获）1小时。每次投喂饲料时在饲料观察网上放置的饲料为当次投喂量的1%～2%，当观察网上没有剩余饲料且网上聚集的对虾数量较多，八成以上的对虾消化道内存有饲料，可维持原来的投喂量；网上无饲料剩余，聚集的对虾数量少，对虾消化道内饲料不足，则需适当增加饲料投喂量；如果观察网上还有剩余饲料即表明要适量减少饲料投喂量。

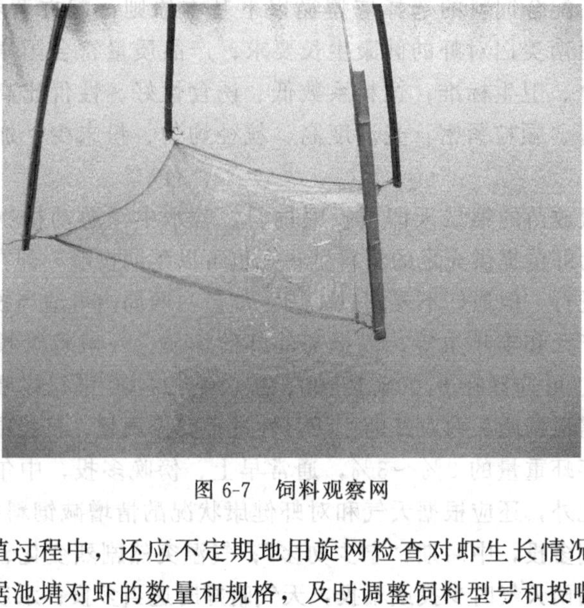

图6-7　饲料观察网

养殖过程中，还应不定期地用旋网检查对虾生长情况和存活量，根据池塘对虾的数量和规格，及时调整饲料型号和投喂量。

4. 水质调控

由于苗种放养密度高和池塘缓冲能力差，高位池水体生态系统相对而言较为脆弱，因此调控稳定水质非常重要。一般要求，水温22～33℃、盐度0.5%～3.0%，水温和盐度的变化幅度不应超过3个单位；适宜的pH值为7.8～8.6，日变化不宜超过0.5；溶解氧在5毫克/升以上；透明度30～50厘米；氨氮小于0.5毫克/升，亚硝酸盐小于0.2毫克/升。

（1）池塘水质环境管理的基本原则和要求　养殖前期，实行全封闭式的管理措施。放苗前进水1.5米之后30天内非特殊情况一般不换水，可以根据池塘水色状况和天气情况，施用微生态制剂和藻类营养素，维持稳定的菌、藻密度及优良的菌相和藻相。保持水体的“肥、活、嫩、爽”。

养殖前中期，实行半封闭式管理。放苗1个月后随着饲料投喂量的增加，水体中的养殖代谢产物开始增多，此时可逐渐加满水，并根据水质变化情况适当加换水，一次加换水量在10%以内。同时，使用有益菌制剂和水质改良制剂，保持养殖水环境的相对稳定。

养殖中后期，实行有限量水交换和定期排污。放苗50天以后进入养殖中后期管理阶段，虾池自身污染日渐严重，此时应当适当控制饲料的投喂。3～5天池底排污1次，排水量不超过20%，排污后及时添加新水。加大使用有益菌制剂和水质改良制剂，强化增氧（溶解氧保持在4毫克/升以上）。通过“控制投料”“适量换水”“合理用菌”“强力增氧”“彻底排污”等措施，保持水质稳定。

（2）排污和换水　定期排污和适量换水是水质环境管理的具体措施，是移除部分养殖代谢产物最有效、最安全的方法。可以改善底质状况，降低水体营养水平，控制微藻密度，能适当调节水体盐度和透明度，调节水温，刺激对虾蜕壳等。

可以换水的几种情况：水源条件良好，理化指标正常并且与养殖池内水体盐度、温度、pH值等相差不大时可以换水；高温季节时水温高于35℃，天气闷热，气压低，在可能骤降暴雨前应尽快换水，避免池塘水体形成上冷下热的温跃层现象；对于用海水养殖的高位池暴雨过后可适当加大排水量，避免大量淡水积于表层形成水体分层；池内水体环境水质恶化，对虾摄食量大幅度减少时应该适当换水。换水不宜过急、过多，以免环境突变，使对虾产生应激反应而发病死亡。

养殖过程中若出现下列情况应停止换水：当对虾养殖区发生流行性疾病时，为避免病原细菌和病毒的传播不宜换水；养殖区周边水域发生赤潮、水华或有害生物增多时不宜换水；水源水质较差甚至不如池内水质时不宜换水。

池塘换水应根据不同的养殖阶段而采取不同的换水措施。通常情况下养殖前期池水水位相对较浅，因而只需要补充添加水而不用排水，可以随着对虾的生长逐渐加水。养殖中期适当加大换水量，每5～7天换水1次，每次换水量为池塘总水量的5%～10%。养殖后期随着水体富营养化程度升高，池塘底部残饵、粪便等污物的增多，要逐渐加大换水量和排污次数，每3～5天排污换水1次，每次换水量10%～20%。

（3）微生物制剂的使用　目前，常用的有益菌制剂主要包括芽孢杆菌、光合细菌、乳酸菌等。芽孢杆菌制剂需定期使用，可以促进有益菌形成生态优势，起到抑制有害菌的滋生、加快养殖代谢产物的降解、维持良好的藻相的作用。光合细菌制剂和乳酸菌制剂根据水质情况不定期施用。光合细菌主要用于去除水体中的氨氮、硫化氢、磷酸盐等，起到缓解水体富营养化、平衡藻相、调节水体pH值的作用；乳酸菌用于分解小分子有机物，去除水中亚硝酸盐、磷酸盐等物质，起到抑制弧菌滋生、净化水质、平衡藻相的作用。

不同类型菌制剂的使用方法有所不同。芽孢杆菌的使用量，以池塘水深1米计，有效菌含量10亿/克的芽孢杆菌制剂，初次使用用量为1.5～3千克/亩，以后再用为1.0～1.5千克/亩，每隔7～10天施用1次，直到养殖收获。可直接泼洒施用，也可以将菌制剂与0.3～1.0倍的花生麸或米糠混合搅匀，添加10～20倍的池水浸泡发酵8～16小时，再全池均匀泼洒，养殖中后期水体较肥时适当减少花生麸和米糠的用量。光合细菌制剂在养殖全程均可使用，以池塘水深1米计，有效菌含量为5亿/毫升的液体菌剂，每次施用量为3.0～5.0千克/亩，每15天施用1次；若水质恶化、变黑发臭时可连续使用3天，水色有所好转后再隔7天施用1次。乳酸菌制剂的使用量以池塘水深1米计，有效菌含量为5亿/毫升的液体菌剂，每次用量为2.5～4.5千克/亩，每10～15天施用1次；若遇到水体溶解态的有机物含量高、泡沫多的情况，施用量可适当加大至3.5～6千克/亩。

施用有益菌制剂后3天内不得使用消毒剂，若确实必须使用消毒剂的，应在消毒2～3天后，重新施用有益菌制剂。

5. 强力增氧

(1) 增氧机的种类　比较常用的增氧机有水车式增氧机、叶轮式增氧机、射流式增氧机、充气式增氧机。可根据情况单独使用一种增氧机或选择几种不同类型的增氧机组合使用，不管是单独使用还是组合使用，其目的就是通过机械的作用给养殖水体强力注入空气或扩大水体与空气的接触面积，以达到增加水中溶解氧的目的。

(2) 增氧机的使用　强力增氧是高位池养殖中必不可少的措施之一，能够提高水体溶解氧含量，促进有机物的氧化分解，促进池水水平流动和上下对流，保持水体的“活”和“爽”；在高密度南美白对虾高位池养殖中，往往采用不同类型的增氧机组合使用，强化水体的立体增氧效果。

① 水面表层每亩配备1.5千瓦功率的两种增氧机（水车式增氧机和射流式增氧机），通过增加池水和空气的接触面积的方法，从而达到增氧的目的。

② 池塘的底层安装充气式增氧系统，即在池塘底部均匀安置散气管、散气石、纳米管等，依靠管道和安装在池塘边上的鼓风机连接，通过鼓风机直接将空气导入水体中，达到增氧效果。

③ 上述两种增氧系统同时使用，可以达到立体增氧的效果。池塘增氧机布局见图6-8。

图 6-8　池塘增氧机布局

增氧机的使用与养殖密度、水温（水中溶解氧的浓度与温度有关）、气候、池塘条件等有关，需结合具体情况科学合理配备使用，方能达到事半功倍的效果。

在养殖前期，也就是放苗后的 30 天以内，水体中总体生物量较低，代谢产物也较少，不管是对虾呼吸还是有机物分解耗氧都较少，一般不会出现缺氧的情况。开启增氧机目的主要是促进水体流动，使水中的单细胞藻类均匀分布，提高单细胞藻类的光合作用效率，保证“水活”。在养殖前中期（30～50 天）南美白对虾长到了一定规格，随着池中生物量的增大，代谢产物的增多，溶解氧的消耗不断升高，需要增加人工增氧的强度。在天气晴好的白天，单细胞藻类的光合作用增氧能力较强，一般可少开或不开增氧机。但在夜晚至凌晨阶段以及连续阴雨天气时，单细胞藻类的光合作用减弱，应保证增氧机的开启，确保水体中溶解氧含量在 4 毫克/升以上。在养殖中后期（50 天至收虾）对虾个体相对更大，池内总体生物量和水体富营养化程度不断升高，耗氧量也在不断增加，这时就要保证水体中溶解氧的稳定供给，尤其需要防控夜晚至凌晨时分对虾出现缺氧的情况。这个阶段所有增氧机可全天开启，只在投喂饲料后一两小时以内稍微降低增氧强度，保留部分增氧机开启，减少水体剧烈波动，以便对虾摄食。

6. 合理使用底质、水质改良制剂

合理使用底质、水质改良制剂，通过氧化、络合、沉淀、絮凝等作用，达到改良水环境的目的。生产上常用的底质、水质改良剂主要有生石灰、沸石粉、颗粒型增氧剂（过氧化钙)、液体型增氧剂（双氧水)、腐殖酸等。

（1）生石灰　化学名称氧化钙，具有改善池塘环境、调节水体 pH 值、杀菌消毒、络合重金属离子等作用。一般在养虾的中后期使用，特别是在暴雨过后使用调节 pH 值效果尤为明显。每次用量为 10 千克/亩左右，具体应根据水体的 pH 值情况酌情增减用量。

（2）沸石粉　沸石粉是一种碱土金属的铝硅酸盐矿石，内含许多大小均一的空隙和通道，具有良好的吸附效果，可吸附养殖水体中的有机物、细菌等，也能起到调节水体 pH 值的作用。一般20～30 天使用 1 次，养殖前期每次每亩用量为 10 千克，养殖中后期为 20 千克，可全程使用。

（3）过氧化钙和双氧水　均属于增氧型水质改良制剂。

过氧化钙为淡黄色或白色结晶性粉末，其粗品多为含有结晶水的晶体，通常被制作成颗粒型增氧剂或粉剂型增氧剂使用。其化学性能不稳定，入水后与水分子发生化学反应，释放出初生态氧和氧化钙，初生态氧具有很强的杀菌效果。因此，它即可以提高水体溶解氧的含量，还可以起到杀菌消毒、平衡 pH 值、改良池塘底质的作用。在养殖后期经常使用，可有效预防池塘缺氧。平时夜晚可按每亩用量 1.0～1.5 千克全池投撒；在连续阴雨、气压低的情况下，可按每亩用量 1.5～2 千克全池投撒。能有效缓解对虾缺氧浮头的症状。

双氧水是一种液体型增氧剂，在生产过程中经常使用，其化学名称为过氧化氢水溶液，为无色透明液体。其过氧化氢的含量一般为 3%左右，浓度较高的含量为 26%～28%。它具有很好的杀菌消毒、增加溶解氧的作用，可有效缓解对虾缺氧浮头症状。使用时可全池泼洒或利用特制的工具直接将双氧水输送到池底。后者效果更好。

7. 日常管理

南美白对虾养殖，管理环节非常重要。俗话说“三分养、七分管”。日常管理工作是否到位关系到养殖的成败。因此养殖过程中要加强管理，及时了解、掌握池塘对虾的活动情况、健康状况、水质变化情况、饲料供应、后勤保证等，做好日常生产管理记录，对出现的问题及时解决。

8. 收获

收获时机与养殖效益密切相关。因此，应实时掌握对虾生长情况，根据市场需求，在价格适宜时，就要把达到商品规格的对虾，适时收获上市，以减少养殖风险，获取最大的经济效益。

第二节

黄河三角洲地区“上粮下渔养殖模式”

上粮下渔养殖模式，是山东东营市、滨州市等地在20世纪90年代初为改造盐碱地，提高农业产量而探索出的一种种养模式。它采取挖土建池、取土筑田的方式，通过雨水或人工浇灌使抬高土壤中的盐碱成分渗入池塘，从而达到改造盐碱地的目的。抬高的土地形成良田，用于农业种植。而开挖取土形成的池塘用于水产养殖。养殖品种最初以罗非鱼为主，效益低。随着南美白对虾养殖规模的不断扩大，目前南美白对虾已成为主要的养殖品种，近几年效益非常好。该模式以山东东营、滨州等地为代表，以黄河三角洲地区为中心，对“沿黄”“环渤海”乃至全国盐碱地地区起到了引领和带动作用。

我国的东北、华北以及西北地区约有 7.0 亿亩的低洼盐碱地水域和内陆咸水水域，其中内陆咸水水域占到我国内陆湖泊面积的 55%左右，这些盐碱地（咸水）资源分布在我国 17 个省、自治区、市。盐碱水属于咸水的范畴，但又和海水有区别。由于其成因与地理环境、当地气候、底质土壤等多种因素有关。因此，盐碱水域的水质化学成分复杂，类型繁多，和真正的海水相比，不同区域盐碱地水质中的主要离子成分之间的比值和含量有很大的差别。此外，盐碱水的缓冲能力不如海水，不具有海水水质中主要成分恒定的比值和稳定的碳酸盐缓冲体系。盐碱水水质大都具有 pH 值高、离子系数高、碳酸盐碱度高的特点，且类型复杂繁多，这类水源进行南美白对虾养殖的难度较大，有时离子成分直接影响到南美白对虾苗种能否放养或放养成活率的高低。所以，调节水质是上粮下渔养虾模式非常重要而又关键的环节。

一、池塘的结构与特点

养殖池塘的结构以“田、池、田、池”排列方式相间隔，长方形或近似正方形，面积 1～10 亩，一般为 3～5 亩，有效水深 120～180 厘米，池塘两端外侧有进排水渠道，排水端比进水端低 50～80 厘米。养殖池塘一般不设置进水闸门，池塘排水闸门的设置和有无因地而异。池塘进水一般采用水泵、潜水泵等动力设施将进水渠内的水抽入池塘，水泵的出水口通常设置筛绢网袋以过滤用水；池塘排水采取闸门放水或用水泵抽水通过排水渠道排走的方式。

上粮下渔养殖区一角见图 6-9，上粮下渔池塘叶轮式增氧见图 6-10。

养殖用水水源，山东东营、滨州等盐碱地区以“地下渗出的咸水＋黄河水”为主，其他地区以“地表淡水＋地下渗水”为主。养殖过程中加换水以黄河水和地表淡水为主。盐度 0.1%～1.5%不等，因地区而异。放苗前根据池塘养殖用水的盐度高低情况，施用

图 6-9　上粮下渔养殖区一角

图 6-10　上粮下渔池塘叶轮式增氧

氯化钾调节离子成分。

增氧设施的配置。在该模式的开发初期，全部采用叶轮式增氧机增氧。近几年随着南美白对虾养殖水平的不断提高，已采用叶轮式增氧机、水车式增氧机、管道微孔增氧等多种增氧设备进行增氧，同时还辅以化学增氧剂应急增氧。在密度较高的南美白对虾池中，往往采用不同类型的增氧机联合强力增氧，强化水体立体增氧的效果。强力增氧是该模式养殖中必不可少的措施之一。叶轮式增氧机和管道微孔增氧设施联合强力增氧见图 6-11。

图 6-11　叶轮式增氧机和管道微孔增氧设施联合强力增氧

二、“上粮下渔养殖模式”优缺点

1. 优点

产量相对稳定，效益也可以；由于养虾池塘是“田、池、田、池”布局，池塘之间增加了间隔，减少了疾病的传播机会；台田用于种植棉花、大豆等经济作物，增加了农民的收入，更适合一家一户农民养殖；减少劳动力的投入，农民既养殖又种植；适合于大面积推广应用。

2. 缺点

在沿黄地区由于黄河水“可用而不可靠”，受淡水制约严重，池塘有时缺水也无法补充；受地下水的影响，渗出的水有时离子成分与海水差别很大，必须补充氯化钾等矿物盐；由于和农业种植连片，农药对水生动物影响很大，因此管理要细心，以避免农药中毒造成经济损失；受水中离子成分的影响，放苗成活率有时低而不稳；对虾生长速度较慢，对虾成虾规格与其他养殖模式比较而言相对较小，从而影响了产量和效益；放苗前须对苗种进行盐度（淡化、盐化）驯化处理。

三、“上粮下渔养殖模式”的关键技术

1. 养殖池塘的建造、清整与消毒

（1）池塘建造　池塘应选择建在水源充足、进排水方便、水质良好、无污染的地方。一般为长方形东西走向，长宽比为 3∶1，面积 1～10 亩，一般为 3～5 亩，有效水深 1.5～2.0 米，所建池塘应池底平坦，且有一定坡度，池底无杂草。

（2）清整与消毒　池塘的清整与消毒是保证养虾成功的重要措施。首先抽干池内积水，清除池内污泥和杂草，对池底进行暴晒。清除的淤泥应远离池边，以避免雨水冲刷再次流入池内。池塘经过清理、暴晒后即应进行消毒处理，杀灭残留在池底的细菌、病毒及其他有害的致病性生物，以及竞争性生物、有害动物等，只有这样才能保证养虾的顺利进行。由于部分上粮下渔模式的池塘地下渗水严重，很难做到对池底进行暴晒，这样的池塘往往采取带水清塘的方法进行处理。

致病性生物包括细菌、病毒、真菌及病毒的中间宿主。可选用富溴、二氧化氯、漂白粉、生石灰等药物，兑水后全池均匀泼洒进行杀灭。

竞争性生物包括丝状藻类、水草。养虾池中大量滋生的藻类水草，占据着对虾的活动空间甚至缠绕对虾造成死亡。它们还大量吸收水中的有机和无机养料，影响着饵料生物的繁殖，造成池水的透明度增大，使池内光照强度过大，影响对虾正常的活动和摄食，使对虾易被水鸟捕食，特别是条件不适时，引起藻类大量死亡败坏水质。清除的方法是组织人力铲除并搬出池外，进水后马上施肥，使池中浮游生物快速繁殖起来，减少透明度，抑制其萌发。也可使用药物清除，药物的选择与使用剂量应符合相关规定，尽量不要使用

一般性农用除草剂。

有害动物包括能直接捕食对虾和虾苗的鱼类、甲壳类，以及虽不能直接捕食但与对虾争夺食物和生存空间的小型鱼类及小型虾蟹类，还有破坏养虾池建筑设施的种类。这些动物不仅直接危害对虾，有时还会传播疾病。最新研究表明，小型甲壳类是对虾病毒病病原体的宿主。可使用漂白粉（50～80 克/米^3）、茶籽饼（10～15 克/米^3）或生石灰（300～400 克/米^3）等药物进行杀灭。

2. 进水、调节水质离子成分、培养基础饵料

（1）进水　虾池经过清整消毒处理后，就可以用水泵从进水渠向池塘内注水。进水时水泵的出水口应系一个 80 目筛绢网袋进行过滤。进水量 80～100 厘米或一次性加满，未加满的池塘在放苗后根据池塘水质和对虾生长情况逐渐添加，直到达到池塘的最高水位为止。养殖中后期在条件允许的情况下，可以根据池塘的水质变化情况进行适当的换水。但由于黄河水“可用不可靠”又没有备用蓄水池，养殖中后期换水困难。可一次性将池水加满，在整个养殖过程中实行全封闭管理，依靠水质改良剂、底质改良剂和微生态制剂等调节水质。池塘进水后使用漂白粉、二氧化氯、二氯异氰尿酸钠等水产养殖常用的消毒剂消毒水体。消毒剂可以通过全池泼洒的方法进行，同时开启增氧机使水体药物浓度均匀。

（2）调节水质离子成分　放苗前水质离子成分的调节至关重要。由于南美白对虾是海水品种，虽然经过驯化后可以在半咸水和淡水中养殖，但是由于盐碱地区渗出的咸水离子成分千差万别，须经调节后才能进行养殖。低盐度地下咸水的离子调节是盐碱地南美白对虾养殖中的首要关键环节。根据多年的经验，在黄河三角洲地区的地下渗出的咸水中或微咸水中，钾离子比较缺乏，因此必须通过施用氯化钾的措施补充钾离子。氯化钾的用量根据池水盐度的不同用量也不相同，盐度越高用量越大。一般按盐度每升高一个千分点，氯化钾的用量增加 6 克/米^3。其他盐碱地区如果采用该模式养殖南美白对虾，应对水质指标和水的离子

成分进行相关检测，本着“缺什么补什么”的原则及时补充水中缺乏的相应离子成分。

(3) 培养基础饵料　南美白对虾放苗前培养基础饵料非常重要，培养良好的单细胞藻类藻相和菌相，是南美白对虾养殖前期管理的重要措施。

肥水时间要根据虾池的水质状况，结合当地的水温及放苗时间而定。一般在放苗前10～15天进行。对于池底有机质丰富的老池塘，应选用无机复合营养肥料进行肥水，这样的肥料含有的硝态氮不容易被池底的污泥吸附，含有的钾、磷、氮等营养素均衡，单细胞藻类容易吸收，肥水速度快，效果好。其用量氮肥一般为1～2.5千克/亩，磷肥0.1～0.25千克/亩，将肥料溶于水后全池泼洒。新虾池一般施用发酵好的有机肥，其用量一般为60～100千克/亩，分3次施入，将肥料加水调成浆后全池均匀泼洒。待池水透明度达30～50厘米时应停止施肥。良好的水色以黄褐色、黄绿色为主。在第1次肥水后20天左右，还要追加施肥2～3次，以补充单细胞藻类大量生长繁殖的消耗，否则，后续营养若跟不上，培养的单细胞藻类繁殖生长到一定密度就会出现老化死亡现象，使肥水过程前功尽弃。目前也有专门的单细胞藻植物生长素。

使用粪肥等有机肥肥水时，一定要发酵后使用。如果施用不当，不但水体肥水效果有限，还会导致水环境恶化。粪肥的发酵方法是在池塘边找一个几平方米的地方整平后，将粪肥和漂白粉或生石灰混合均匀后，用塑料薄膜密封覆盖，在阳光下发酵1周。建议与芽孢杆菌等有益菌制剂一块发酵，通过有益微生物的降解作用，既可以提高肥料的肥效，还可以降低肥料所含的有机质在施入水体后的耗氧。有机肥一次使用量不宜过多，可根据池塘的具体情况而定，施用有机肥的同时，配合使用少量的无机肥效果更好。

3. 苗种的选购、运输与驯化处理

(1) 苗种选购　虾苗的选择是养殖技术管理的重要环节。

购买虾苗前要到育苗场进行实地考察，了解育苗场的设施和生产过程，考察育苗场的资质，咨询、了解亲虾来源，查验虾苗的健康状况，查看育苗用水的水质情况，尤其是水体盐度等，选择信誉度高的育苗企业购苗。

选择虾苗的标准，体长应在1.0厘米以上，大小均匀，规格整齐，无畸形，逆水游泳能力强，对外界刺激反应敏感，身体透明无脏物、无病症的虾苗，最好是经过检疫的SPF虾苗。还可以现场采用一些简单的方法当场检查虾苗的健康程度。例如实际生产中常用的抗逆水试验和抗离水试验。具体的操作步骤和高位池养虾苗种检测方法相同，这里不再重复详述。

(2) 苗种的运输　目前多采用塑料袋充氧运输法，适合于较远距离的汽车运输或空运。选用容量为30升的双层塑料袋装水三分之一，装虾苗3万～5万尾（视运输时间长短而定装苗量），充入三分之二的氧气后用细绳或橡皮筋封口，再用纸箱或保温箱包装，在20℃左右的条件下可进行12小时以内的运输。

(3) 虾苗的驯化与中间培育　由于黄河三角洲池塘养殖水体中盐度相对较低，因此虾苗的淡化效果与质量决定着养殖的成败。养殖池塘水体的pH值、盐度、温度等水质条件应与育苗池的水质指标接近或相同，如果存在较大差异的，可在出苗前一定的时间要求育苗场根据养殖池塘水体的水质指标情况对育苗用水进行水质调节，将虾苗逐渐驯化至能够适应养殖池塘的水质条件为止，特别要注意盐度的适应性驯化。由于南美白对虾是在盐度2.5%～3.0%的海水中孵化培育苗种的，如果直接把虾苗放入低盐度甚至淡水池塘养殖是不会成功的，所以必须进行苗种的低盐度淡化处理。虾苗的淡化有虾池淡化（暂养）和在育苗场淡化两种方法，不论采取哪种方法，淡化时间必须经过5～7天。

① 虾池淡化：在养虾池的上风处，选择池底平坦、进排水方便的位置，用塑料薄膜或PVC篷布围建一个小暂养池，其面积应根据虾池的计划放苗量按每平方米暂养3000～5000尾的比例确定。暂养池除按常规处理外，还要按要求的盐度兑入粗盐、海水晶或盐

场卤水，将暂养池的盐度调整到与育苗场的盐度相同后放入虾苗，然后逐渐加入淡水直至盐度降低到与养殖池塘相一致（淡水池塘盐度应降低 0.1%以下），然后将暂养小池的池坝扒开或把薄膜、篷布扯开，让苗种自行游入养殖池。暂养期间应连续充气，投喂优质的配饵或鲜饵，日投饵 6～8 次。简易暂养池见图 6-12。

图 6-12　简易虾苗暂养池

② 育苗场淡化：育苗场淡化是由育苗场在育苗池内逐渐加入淡水进行淡化的一种方法。这种方法适合于规模化养殖面积大、区域性需求苗量多、建暂养池不方便的小型池塘（面积两三亩以下）。但要注意淡化速度。对于淡水养殖用苗要杜绝在卖苗前 3～5 天内以每天 0.5%～0.6%，甚至更高的幅度将盐度降至 0.1%，便作为淡化苗种出售给养殖户，因为这种苗的养殖成活率很低。养殖户在选购淡化虾苗时一定要选择盐度在 0.1%以下水中稳定培育 3 天以上的虾苗用于养殖。

4. 适时放苗

根据南美白对虾的生长水温适时放苗，黄河三角洲地区大面积放养可在 5 月中下旬开始直至 7 月上旬。放苗前必须试水，取育苗用水和养成用水各 3～5 千克，各放苗 30～50 尾，48 小时后观察成活率，若达到85%以上可放养，否则先查明原因再试水放苗；亦可提前2～3天从育苗场拿回少量淡化好的虾苗，放入养虾池中的网箱内观察，经过48小时的试水，检查虾苗的成活率，若成活率达85%以上，可购苗放养。若成活率小于85%，则应等查明原因后再试水放苗。

放养密度一般为5万～8万尾/亩，产量一般为450～800千克/亩。个别池塘10万～20万尾/亩。放苗密度还要根据池塘条件、养殖方式、产量等具体情况来确定。池塘条件较差，又无增氧设施的，可放2.0万～2.5万尾/亩，产量150～200千克/亩。池塘条件较好，又有增氧设施的可放5万～8万尾/亩，亩产量一般能达到450～800千克。还有部分超高产池塘放苗密度达到10万～20万尾/亩，亩产量1000～2000千克不等。

注意：为了提高虾苗的放养成活率，放苗时应先将装有虾苗的塑料袋放在池水中，使袋内外水温接近后，打开塑料袋缓慢加满池水，然后使虾苗慢慢入水，切忌将虾苗直接倒入池塘中；放苗时盐度差要小于0.3%，温差要小于3℃，暴风雨天不宜放苗，一个池塘应避免多次放苗；放苗时要选择晴天风小、水温高于18℃的天气，在上风方向让虾苗缓慢游入池内水中。

5. 鱼类套养

为了减少池内病虾或死虾带来的疾病传播，减少池塘内有机碎屑对水质的污染，根据不同地区、不同池塘的实际情况，可在养殖池塘内套养少量杂食性或肉食性鱼类，如鲤鱼、草鱼、罗非鱼、鲻鱼、淡水白鲳、革胡子鲶、花鲢、白鲢等，把死虾和病虾吃掉，起到防止疾病传播、改善池塘水质环境的作用。

在南美白对虾池塘内套养鱼类，应充分了解所套养鱼类的生活生态习性、当地市场的需求情况，结合当地池塘水环境的特点选择套养品种。在盐度较高的池塘可选择套养罗非鱼、鲻鱼等，在盐度较低的池塘可选择套养草鱼、鲤鱼、革胡子鲶、淡水白鲳等品种。所套养鱼类的密度不宜过大，规格要适中，避免规格过大把健康虾也吃掉，规格过小又吃不掉病死虾的现象。放养时间，要待虾苗长到一定规格、具有一定的逃生能力后再放养。

6. 饲料投喂

为对虾提供优质、高效饲料是养殖成功的关键之一。南美白对虾虽然对饲料蛋白质的需求相对较低，但试验表明，在蛋白质适宜范围内（32%～42%）含量越高，饲养效果越好。饲料的质量，对南美白对虾的生长和健康具有重要的影响。其原因：一是饲料是养殖对虾营养物质的主要来源，质量的优劣，将直接影响到对虾的生长速度和健康状况。二是饲料的适口性将影响到对虾的摄食水平。适口性好，摄食率高，生长速度快；适口性差，摄食率低，生长速度慢。三是饲料在水中稳定性，将影响到对水体的污染程度，从而影响对虾的生长。稳定性好浪费少，对水体污染轻；稳定性差浪费多，对水体污染重。因此生产过程中一定要选用正规厂家生产的符合标准、价格适中的专用饲料。

投喂的方法：沿池边均匀投撒。日投饵 4 次，投饵量为 3%～5%，夜间投喂量应占全天投喂量的 60%。建议投喂时间 6:00～7:00；10:00～11:00；17:00～18:00；22:00～23:00。

投饵量的确定应根据池水状况、存虾量、生长情况、残饵量、健康状况、蜕壳情况综合考虑，也可参考饲料厂商提供的投饵量或设投饵台观察确定。南美白对虾胃小肠短，每次摄食量不多，消化吸收快，因此投饵要做到既要保证对虾吃饱吃好，又要减少对水环境的污染和节约成本，为此必须做到：勤投少喂（日投饵不少于 4 次）；集中蜕壳的当天少喂，次日多喂；水质好多喂，水质变坏少喂；阴雨天少喂，晴天多喂；水温高于 34℃ 或低于 18℃ 时应少喂或不喂；饵料生物充足可适量少喂。此外，若有虾病发生，亦应适当减少投饵量。

为了准确地投饵，必须定期估测池中对虾的存活数量，由于对虾中后期有集群习性，因此估测难度较大，只能是大致地进行估测。放苗 20 天内每天死亡率按 1% 计算，后 80 天按 0.25% 计算，整个养殖过程按 100 天计算，最终成活率 60%（养殖户的经验平均估计，集中蜕壳死亡多，平时死亡少）。

7. 池水调控

养虾就是养水，水环境的好坏直接影响到南美白对虾的生长和生存。如果能有效地管理好水质，为虾创造一个良好的生存环境，虾就可以健康生长。如果水环境较差，甚至某些理化指标超过南美白对虾的忍受极限，轻者影响生长，重者引起发病或死亡。因此水质调控非常重要。养殖南美白对虾理想的水色为黄绿色、黄褐色，透明度控制在30～40厘米，养殖期间可通过施化肥或有机肥来调整池水透明度。酸碱度可采用全池泼洒生石灰的办法，使pH保持在7.8～8.5。池底定期施用光合细菌、沸石粉等以改善水质。养殖后期视水质状况适量换水，但日换水量不宜过大，以保持水环境的相对稳定。

8. 增氧机使用

在对虾养殖过程中，为了控制养殖成本，错误地将溶解氧控制在较低的水平上，往往会引起一系列水环境和对虾疾病问题，从而导致养殖的失败。因此，溶解氧应始终保持在5毫克/升以上，若长期低于此值，就会影响其正常的生理代谢，最直观的表现为厌食，生长缓慢。因此使用增氧机增氧非常必要。在养殖过程中，应视具体情况确定开启增氧机进行增氧，养虾前期一般中午开机2小时，黎明前开机2～4小时，随着对虾的生长、需氧量的增加，中后期应延长开机时间。在养虾过程中，还要根据具体情况，做到以下几点：晴天中午开，阴天清晨开，连绵阴雨半夜开，傍晚不开，有浮头征兆早开，关键季节连续开，投喂饲料时停机不开。

9. 有毒微生物控制

在养殖过程中有时会出现有毒藻类的大量繁殖。如中溢虫、夜光虫、裸甲藻等大量繁殖会产生有毒物质而败坏水质，即使藻类无毒过量繁殖也是不利的，解决这一问题最有效的办法就是大量换水，若水源条件不具备，可用硫酸铜0.3克/米^{3}局部泼洒。

近几年来一些精养、半精养池塘的发光现象非常严重。产生发光现象除夜光虫、某些甲藻外，更主要的是发光细菌所致，如果发光细菌侵入虾体内，对虾夜间亦会发光，轻者影响对虾生长，重者

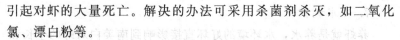

引起对虾的大量死亡。解决的办法可采用杀菌剂杀灭，如二氧化氯、漂白粉等。

10. 巡池

每天早晚坚持巡池，观察水色的变化及对虾的活动情况、生长情况，并捞网检查对虾的摄食情况，发现问题及时解决。

(1) 观察水色　养虾池的水色及透明度是反映池中浮游生物种类组成和数量的一个最简单的指标。水中含有丰富的硅藻、绿藻等浮游植物时，池水呈黄绿色、黄褐色，透明度30～40厘米为宜，若小于30厘米应停止施肥或进行少量换水，若大于50厘米甚至一望到底时，说明水中浮游生物太少，应当施肥。施肥的主要目的是进行池内浮游植物的繁殖，增加对虾的饵料，降低透明度使对虾在较低透明度下栖息生长，更重要的是通过浮游植物的光合作用增加水中的溶解氧，吸收二氧化碳，维持水中pH值的稳定。如果池水颜色出现异常，则可能是细菌或一些会产生毒素的藻类大量繁殖而致。如池水变白，是池内藻类大量死亡而细菌大量繁殖引起；池水变红，则是一些会产生毒素的甲藻过度繁殖引起；池水变成鲜绿色，则是蓝藻过度繁殖引起。如果刮风时池塘水面出现很多泡沫，是由于有机质含量过高引起，出现这些情况常规的解决方法是换水或施放一些水质改良剂及有益微生物制剂。

(2) 观察对虾活动情况　对虾在正常情况下是昼伏夜出的，白天多匍匐于水底或潜入泥沙中，仅在摄食时活动，夜间则活动频繁。如果白天对虾成群结队地沿着池边有序游动，是饥饿的表现，说明投饵不足；如果对虾成群“狂游”，可能是害鱼追捕的表现，此时可用茶籽饼10～15克/米^{3}清除鱼害；如果白天对虾有慢游现象并发现死虾，可能是对虾患病或水质败坏所致，应查明原因，采取措施。

(3) 观察对虾体色　巡池除了观察水色及对虾活动情况外，还应对对虾的体色、个体大小及身体某些部位的变化进行抽样观察，对虾体色鲜亮、甲壳透明、游动活泼、对外界刺激反应迅速是健康的表现。在巡池过程中发现对虾个体大小不一，出现“祖孙虾”现象，可能是多次放苗及长期投饵不足造成的；如果对虾体表发红或肌肉发白，甲壳颜色变暗，鳃部发黑，身体某些部位出现黑色、白色、红色等颜色的斑点，是病态的表现，须迅速请技术人员做出诊断，采取治疗措施。

11. 日常管理工作

南美白对虾的养殖中，除了日常投喂饲料、增氧、巡池等管理工作外，还要做好以下工作。

（1）疾病的预防　南美白对虾的养殖过程中，病害对养殖生产影响很大，病害的防控工作贯穿养殖过程的始终，是搞好南美白对虾养殖生产的主要工作。导致南美白对虾发病的因素很多，一是养殖的水环境，即外界因素；二是病原体的存在，即容易感染对虾导致对虾发病的细菌、病毒、寄生虫或其他微生物；三是对虾本身的健康状况，即内在因素。这三种因素在对虾疾病的发生过程中关系密切。当养殖水环境的理化指标不适合南美白对虾的生存、生长，水中病原体的数量达到了致病量，对虾的健康状况、免疫力低下时，对虾极容易感染发病。因此，在养殖过程中，应当定期或不定期地使用聚维酮碘、二氧化氯、溴氯海因等水体消毒剂对水体进行消毒，减少、杀灭病原体的数量；合理使用水环境保护剂、底质改良制剂等维持养殖水环境的良好稳定；定期投喂对虾营养免疫制剂，加强对虾的自身免疫能力。

（2）养殖设施和池塘堤坝的维护　在养殖过程中，经常检查增氧机、水泵和其他配套设施是否运转正常，经常检查池塘的堤坝是否有漏水现象。饲料观察网要经常清洗。

（3）养虾物资和用品的维护、记录、保养等工作　饲料、药品、工具要做好仓库管理，进出仓物品做好登记，防止饲料、药品积压仓库。尤其要做好饲料、药品的仓储管理，做到防潮、防鼠害。

（4）做好养殖全过程的相关记录　包括苗种的放养时间、数量、规格、密度，饲料的投喂量及调整变化情况，施肥用药情况，发病死亡情况，收获产量及规格情况等，待收虾结束后整理成册，为第二年度或下一茬南美白对虾的养殖提供理论数据和参考。便于建立养殖对虾产品质量可追溯制度。

12. 对虾收获

黄河三角洲地区南美白对虾的养殖基本上是每年养一茬，如果错过了对虾的收获时机，就会造成对虾产量和规格虽都很理想，但效益不理想的现象。对虾的收获时机与养殖效益密切相关。有的养殖户已把对虾养到商品规格，但是错过了最佳收获时间，造成“丰产不丰收”的现象，甚至遇到收虾晚遭遇寒流冻死虾的现象。为了使养殖效益最大化，当养殖对虾达到商品规格时，若市场价格合适又符合预期收益，就应考虑及时收虾。

收获时，可用水泵向池外抽水，把池塘水位降至50～60厘米，用拉网收获对虾，当收获至池塘内虾少不便拉网时，继续排水将虾集中，再拉网收获直至收净。

如果一次性不能将对虾收获干净而确需分次收获的，应实时掌握对虾的生长和天气情况，根据市场需求、价格和对虾规格及时收获。若是分次收获，可利用合适孔径的捕虾网（地笼网等）进行捕大留小式收获，收获部分对虾后，有利于剩余对虾的大规格养成。分批收获的池塘，在每次收获对虾后应及时补充进水，并根据水质和对虾健康状况，施用抗应激的保健药品和底质改良剂，提高对虾抗应激能力，稳定池塘水质，在收获后2～3天内还要加强巡池、强化管理，避免存池对虾因拉网操作产生应激反应引起死亡。

若是养殖周边地区大面积发生虾病，预计可能会对自身的养殖生产产生不利影响时，也应考虑实时收虾。

第三节

天津滨海新区“汉沽养殖模式”

天津滨海新区“汉沽养殖模式”是20世纪90年代针对中国对

虾病毒性疾病而摸索的一种比较成功的封闭式精养高产模式，以“五高”（高投入、高密度、高风险、高产量、高效益）、“一深”（有效水深 3.5～4.0 米）为基本特点，以药物防病为基本手段，以盐田丰年虫、淡水河虫（枝角类和桡足类）和配合饲料为主要饲料，采取不换水只添加水的方法进行养殖。该模式以天津市汉沽区杨家泊镇杨家泊村及周边附近地区为代表。

一、池塘结构和特点

池塘全部建造在渤海沿岸的滩涂盐碱地区或海边盐场附近，成方连片，有效水深 350～400 厘米，面积大多为 3～5 亩，每个池塘安装 2～3 台功率 3 千瓦的叶轮式增氧机，池塘无独立的进排水设施，不建造进、排水闸门，池塘进、排水系统全部采用潜水泵、深井泵等机械动力实现，不受海水涨潮、落潮的影响。“汉沽养殖模式”集约化程度高；池塘较小，相对管理成本较低；由于池塘面积较小，适合散户养殖；对环渤海盐碱地区不适宜农业种植和畜牧养殖的重盐碱地区较适宜。养殖过程中的水环境全部依靠人工调控，充分运用菌相、藻相平衡控制技术来调整优化水质，促进南美白对虾健康生长。

“汉沽养殖模式”苗种放养密度高，达 15 万～30 万尾/亩，一般亩产可达 1500～3000 千克，每亩平均纯收益在 2 万元左右。因此要求养殖者的管理经验、技术水平较高。要求整个养殖过程中确保电力供应，每家养殖户或几个池塘均配备一定功率的发电机组，以应对因电力维修、突发停电时的电力供应。确保池塘 24 小时有电，保证增氧设施不间断运转。

“汉沽养殖模式”也存在着以下缺点：由于放养的密度较大，管理难度加大；虽然经济效益高，但养殖风险也大；不适合养殖经验少、风险承担能力差的农户；水环境一旦控制不好，极易引发南美白对虾疾病；对养殖用水源有较严格的要求，不一定适合养殖水源单一、养殖水源不丰富的地区使用；由于养殖过程用药过多，相对药物残留严重，不适应目前无公害养殖形势。汉沽养殖模式养殖池塘及增氧见图 6-13、图 6-14。

图 6-13　汉沽养殖模式养虾池塘

图 6-14　汉沽养殖模式池塘增氧

二、“汉沽养殖模式”的关键技术

1. 苗种放养前的准备工作

(1) 养殖池塘的清理、除害与消毒 “汉沽养殖模式”都是一年养殖一茬虾，在上一茬养殖收获后，将养殖池内的积水彻底抽干，整平池底，修补池坝，防止池坝出现塌方、蟹洞，以防放苗后池塘渗漏、跑水。对于养过多年虾的池塘，如果池塘底部沉积的淤泥过多，可以先往池塘内加少量水，用泥浆泵将淤泥抽至养殖池塘的坝顶上晒干，并用此土修补堤坝；或者先把池塘积水彻底抽干后先进行日光暴晒，待暴晒7～10天池底淤泥无泥泞状时，利用机械将池底表层淤泥去除20厘米，修补加固池坝。

池塘清整完成后，利用冬闲时间对池塘进行暴晒。经过冬季的阳光暴晒，次年春天在池塘底部抛撒生石灰，用犁、耙将池底翻耕、整平，继续暴晒半个月。在放苗前的20天，池塘内先进少量水，施用漂白粉、生石灰、茶籽饼、鱼藤精等药物杀灭池内的小型野生鱼类、虾类、蟹类和贝类。使用药物消毒除害时，一定将药物溶于水后在池塘内均匀泼洒，以保证池塘消毒除害彻底，不留死角。

消毒除害过程中，如果使用的是茶籽饼或生石灰，消毒后无需排掉池内残液；如果是使用其他药物，那么消毒除害后应尽可能地把药物残液抽出池外。实际生产过程中，池塘的清整、修补，池底的翻耕、整平、暴晒和消毒除害等工作结合到一块来进行，有利于减少劳动成本的投入，提高工作效率。

(2) 池塘进水与水体消毒 所用水源，一是海水、盐场制卤区的卤水；二是入海河流河道内的微咸水；三是地下深井水。由于“汉沽养殖模式”养殖池塘大都位于海边或盐场附近，真正的淡水资源缺乏，所以地下深井水主要是指淡水。池塘进水前先对各种水源的水质状况进行各项检测，在水质良好时用水泵和深井泵把池水加到2米左右，各种水源的进水量根据所需的养殖用水的盐度进行调节，一般将池水盐度调节到1.0%～1.5%。

进水完成后即进行消毒处理。池塘进水后根据水质情况，先用5毫克/升的乙二胺四乙酸二钠盐对水体中的重金属离子进行络合处理，然后使用漂白粉、二氧化氯、溴氯海因、二氯异氰尿酸钠等水产养殖常用的消毒剂，化水全池泼洒进行水体消毒。同时开启增氧机使水体药物浓度均匀、池塘水体曝气氧化。

(3) 水体环境的培育　养殖池塘内的水体经过络合、消毒、氧化曝气处理后，就可以进行有益藻类和有益菌类的培育。在放苗前7～10天，根据实际情况使用无机肥、经过发酵的有机肥、单细胞藻类营养素和芽孢杆菌等有益菌制剂，培养优良单细胞藻类的藻相结构和有益的菌相结构。各种肥料或营养素或菌制剂可根据情况分次施用，施肥培养水的同时要开启增氧机。

2. 虾苗的选购、驯化与放养

(1) 虾苗的选购　优质健康虾苗的选择关系到对虾养殖成活率的高低，关系到养殖成功与否，关系到放苗后对虾生长速度的快慢，关系到最终养殖产量和效益，因此选择优质健康的虾苗是养殖技术管理非常重要的一个环节。购买虾苗以前要到育苗场进行实地考察，了解育苗场的设施和生产过程，考察育苗场的资质，咨询、了解亲虾来源，了解幼体的培育过程，查验虾苗的健康状况，查看育苗用水的水质情况，尤其是水体盐度等，选择信誉度高、技术管理和售后服务好的育苗企业购买苗种。

选择虾苗的标准、方法和其他养殖方式基本相同，苗种体长应在1.0厘米以上，规格整齐，身体无畸形，逆水游泳能力强，对外界刺激反应敏感，身体透明无脏物、无病症的虾苗，最好是经过检疫的SPF虾苗。也可以现场采用一些简单的方法当场检查虾苗的健康程度。例如实际生产中常用的抗逆水试验和抗离水试验。也可以采取放苗前试水的方法来检测虾苗的健康状况和苗种的适应情况，提前2～3天从育苗场拿回淡化好的少量虾苗，放在养虾池塘中的网箱内观察，经过48小时的试水，检查虾苗的成活率，若成活率达85%以上，说明虾苗健康状况尚可、池水也比较合适，可购苗放养。否则，应查明原因再行决定。

虾苗的运输通常采用塑料袋充氧运输，运输方法为选用容量为30升的双层塑料袋装水三分之一，装虾苗3万～4万尾（视运输时间长短而定装苗量），充入三分之二的氧气后用细绳或橡皮筋封口，再用纸箱或保温箱包装，在20℃左右的条件下可进行12小时以内的运输。目前大多数育苗场提供包装。运输途中长时间停放、水温不稳定及遇上虾苗蜕皮或将个体相差悬殊的虾苗装在一起等情况都会降低运输成活率。

（2）虾苗的淡化　大都把池水勾兑到盐度为1.0%～1.5%，再把水培养好后放养虾苗。而南美白对虾的苗种生产都在海水中进行，因此，所购买的虾苗需要经过盐度过渡驯化处理才能放养。另外，养殖池塘内水体的各项理化指标最好与育苗场接近或尽可能一致，所以放养虾苗前需将虾苗进行淡化。淡化的方法可在虾苗放养前7天要求育苗场根据养殖池塘的水质情况对育苗用水进行调节，逐步将虾苗驯化至能够适应养殖池塘的水质条件为止，由育苗场在育苗池内逐渐加入淡水进行淡化。但养殖户要注意对育苗场的淡化过程有所了解，注意淡化速度。对于半咸水或微咸水养殖要杜绝育苗场商家在卖苗前2～3天内以每天0.5%～0.6%，甚至更高幅度将盐度降至1.5%以下后立即出售给养殖户，因为这种苗的养殖成活率很低。养殖户在选购淡化虾苗时一定要选择在淡化好的育苗池内稳定培育3天以上的虾苗用于养殖。

（3）虾苗放养　苗种的放养密度一般为15万～30万尾/亩，属于精养高产的典型类型。当然，具体的放苗密度还要结合个人的池塘条件、技术管理水平、投资计划、预期产量和收益而定。南美白对虾的放苗水温最好稳定在20℃以上，根据近年来当地的气候特点和水温状况，一般集中在5月下旬到6月上旬放苗。放苗过早，由于水温虽然偶尔能达到20℃，但是天气状况不稳定，如遇天气突变，虾苗的成活率会大大降低；放苗过晚，虽然保证了水温在20℃甚至以上，但是又会缩短南美白对虾的生长期，在高密度养殖的情况下，养成的对虾规格小，进而影响到产量，最终影响养殖的经济效益。

虾苗放养时应先将装有虾苗的塑料袋放在池水中，使袋内外水温接近后，打开塑料袋向袋内缓慢加满池水，然后使虾苗逐渐游入池塘内，切忌把虾苗直接倒入池塘中；放苗时盐度差要控制在0.3%以内，温差要控制在2℃以内，暴风雨天不宜放苗，一个池塘应避免多次放苗；放苗时间要选择在天气晴朗、风和日丽的早晨或傍晚，在上风方向让虾苗缓慢游入池内水中。放苗时间避免在中午气温最高、阳光直晒的条件下进行。

3. 饲料投喂

放养虾苗的第2天就开始投喂，投喂的饲料品种有丰年虫、当地俗称的河虫（淡水生物中的枝角类和桡足类）、人工配合饲料等。在放苗后的10天以内，以投喂丰年虫、河虫为主，辅以人工配合饲料；待虾苗长到2.0～2.5厘米后，随着对虾的长大，由于丰年虫和河虫的资源供应量已经不能满足对虾的摄食量需求，改以人工配合饲料为主，丰年虫和河虫为补充。这种投喂方式一直持续到对虾长到5.0厘米左右以后再全部改为人工配合饲料。“汉沽养殖模式”养殖南美白对虾由于放养的密度高，所以幼苗时期的营养很重要。这种喂养方式，不但能够很好地满足南美白对虾幼苗时期的营养需求，而且能够促进虾苗的生长速度，增强对虾幼苗时期的免疫力。还可以提高对虾苗种从育苗池到养殖池的适应能力，减少因环境变化而产生的应激反应，从而提高放苗后的成活率。但是，这种喂养方式经常受到因丰年虫、河虫资源不稳定而导致的价格忽高忽低的影响。

（1）选择优质饲料　“汉沽养殖模式”属于高密度养殖。在选择饲料时应该首先考虑对虾配合饲料的质量状况，其次才是价格因素和其他因素，购买大品牌、服务好的饲料产品有利于保证饲料的质量。一般而言，优质的对虾饲料具备以下几个特点：一是配方科学合理，营养要素全面，所用的饲料原料优质，且具有较高的饲料转化率，必须能够满足南美白对虾各生理生长阶段的营养需求；二是加工工艺符合国家相关标准；三是水中的稳定性良好，颗粒粒径均匀、光洁度高。在实际养殖过程中，常常采用以下的直观判断方法来选择饲料，即“眼观、鼻嗅、口尝和水试”。

① 眼观：即用肉眼观看饲料包装是否完好，饲料标签说明是否全面，颗粒大小是否均匀，颗粒表面是否光洁，饲料粉末的多少等。

② 鼻嗅：用鼻子嗅闻饲料的气味，优质的饲料具有鱼粉的腥香味或类似植物油脂的清香味，质量差的饲料闻不到上述味道。

③ 口尝：养殖户可以亲自口尝饲料，以检测其新鲜程度。

④ 水试：取饲料一把慢慢放入池塘内的饲料观测台上，2 小时后取出观察，若饲料颗粒保持软化颗粒状，但没有溃散即为好饲料；否则，若饲料过早溃散或还如同没入水的颗粒一样很硬，说明饲料质量较差。

（2）科学投喂饲料　科学投喂饲料是保证南美白对虾养殖获得效益的重要保证，如果饲料投喂不科学、不合理，不但不能促进对虾生长，而且还会增加养殖水体的负担，加大养殖成本，不利于获得良好的效益。

投喂次数，放苗初期一般日投喂6 次，配合饲料 4 次，鲜活饵料（卤虫、河虫）2 次，沿池四周投喂。待虾苗长到 2.0～2.5 厘米后，随着对虾的生长，饲料的需求量也要增加。由于丰年虫和河虫的资源供应量已经不能满足对虾的摄食量需求，改以人工配合饲料为主，丰年虫和河虫为补充。对虾长到 5.0 厘米以后全部改为人工配合饲料，日投喂次数改为 4 次，投喂时间为 7:00、11:00、16:00、21:00。

日投喂配合饲料的量为池内存虾量的 2%～3%，白天 3 次占总投喂量的 40%～50%，晚上 1 次占总投喂量的 60%～50%，全池均匀抛撒，便于池内对虾都能觅食到饲料。如果搭配投喂丰年虫或河虫等天然饵料，可按 3 千克折算为 1 千克配合饲料的比例，相应减少配合饲料的用量。饲料投喂量还应当根据对虾的摄食情况、放养密度、池塘内的水环境状况、对虾的健康状况、天气情况等具体情况灵活掌握。一般的原则是养殖前期适量多喂，养殖中后期“宁少勿多”；天气晴好时适量多喂，连续阴雨天气、暴风雨或气温变化剧烈时少喂或干脆不喂；遇到对虾大量集中蜕壳时不喂或少喂，脱壳后适当多喂；水环境出现恶化时暂停投喂，待水质调好后逐步恢复投喂。

为了便于观察对虾的摄食情况，池塘内设置料台2～3个，每次投喂饲料时在料台上放置约为当次投喂量1%的饲料，投喂饲料后1～2小时进行检查，根据料台上有无饲料剩余结合实际经验酌情调整饲料投喂量。

(3) 药饵投喂 为了预防病害的发生，可以定期投喂抗菌灭菌药饵和增强其免疫力、抗病力及抗逆能力的功能饲料。在饲料中拌入抗生素预防细菌性病害；在饲料中拌入乳酸菌、酵母菌等有益菌制剂用于促进消化、抑制肠道内有害菌生长；在饲料中拌入复合多维、维生素C等维生素制剂用于提高对虾的免疫力，保证其正常生长；在饲料中拌入板蓝根、三黄粉等中成药用于提高对虾的抗病力和抗应激能力。

拌药的方法是先将药物用少量水溶解，制成药液，再用喷雾器将药液均匀喷洒于饲料颗粒表面，阴干或风干1小时左右即可投喂。为了减少药物在水中的损耗，还可以用蛋清或植物油（如花生油、豆油）做保护膜，均匀喷洒于药物饲料的表面。

4. 水质调控

(1) 定期使用药物消毒水体和使用微生物制剂调节水质 整个养殖过程中，每10～15天定期使用水体消毒剂和微生态制剂各1次。微生态制剂一定要在消毒剂使用2～3天之后使用，以防微生态制剂被消毒剂杀灭。

水体消毒剂种类很多，经常使用的有聚维酮碘、海因类（溴氯海因、二溴海因、碘溴海因）、二氧化氯、季铵盐类、络合铜等，还有预防纤毛虫病的硫酸锌、硫酸铜等。

微生态制剂种类主要包括芽孢杆菌、乳酸菌、光合细菌、EM复合菌等，其中芽孢杆菌制剂需定期使用。使用微生态制剂，可以促进有益菌形成生态优势，抑制有害菌的滋生；通过加强养殖代谢产物的快速降解，促进优良微藻的繁殖与生长，维持良好的藻相。

光合细菌制剂和乳酸菌制剂要根据水质状况不定期施用。光合细菌主要用于去除水体中的氨氮、硫化氢、磷酸盐等，起到缓解水体富营养化，平衡微藻藻相，调节水体 pH 值的作用；乳酸菌用于分解小分子有机物，去除水中亚硝酸盐、磷酸盐等物质，抑制弧菌滋生，起到净化水质、平衡微藻的藻相和保持水体清爽的效果。

（2）定期使用底质改良剂和适时使用补钙剂　养殖中后期每10～15 天定期使用沸石粉等底质改良剂，吸附澄清水中的悬浮颗粒杂物。底质改良剂有时配合微生物制剂一块同步使用。例如，将 EM 复合菌、光合细菌等与沸石粉联合使用，有利于把有益菌群沉降到池底，达到更好地调节水质、改良底质的效果；还可以配合固体增氧剂，增加养殖水体中的溶解氧含量，缓解水体缺氧压力。

由于对虾密度很高，在对虾集中蜕壳时，全池泼洒离子钙，用于补充对虾蜕壳时对钙质的大量需求，防止出现软壳虾现象。

（3）增氧机的开启使用　放苗前不定期开启增氧机，在增氧的同时使水体充分混合，达到水环境稳定一致的目的，以提高放苗成活率。由于池塘水深，为避免上下层水温的差异，放苗后即不间断开启增氧机，一是为了增氧，二是为了使养殖环境均匀一致，避免水体出现温跃层引起幼虾应激。放苗中后期随着对虾的不断生长，需氧量的增加，更要不间断开启增氧机。

在投喂饲料时，可减少增氧机的开启台数，有利于对虾摄食。

总之，整个养殖过程中，增氧机是不停的，所以电力资源是保证“汉沽养殖模式”养殖南美白对虾成功的关键因素。

（4）池塘的补水　养殖中后期，随着池塘蒸发水位下降，就要经常往池内补加新水。如果遇到降雨量小的年份，蒸发量会更大，更要注意新水的补充。为预防外来水源病原体带入池塘，所补加的新水一般以深井淡水为主。所以该养殖模式，池塘旁边打深井也是保证养殖成功与否的关键。利用深井向池内加水时，由于地下井水的水温低，直接加入池塘会引起池水局部温度的突变，引起对虾的应激反应，所以加水时应将水泵出水口向上抬起，让井水从空中落入池内，似下雨时的雨水，散落入池，以减少对虾的应激反应。同时，由于地下井水增加了与空气的接触面积，还有利于溶解氧的增加。

5. 日常管理与巡池

(1) 疾病的预防　南美白对虾养殖过程中，各种病害对养殖生产影响很大，一旦发生病害，轻者影响产量和经济效益，重者甚至绝收。因此病害的防控工作非常关键，要贯穿养殖过程的始终，也是搞好南美白对虾养殖生产的主要工作。

导致南美白对虾发病的因素很多，总结归纳起来不外乎以下三方面的原因。一是病原体的存在，即容易感染对虾导致对虾发病的细菌、病毒、寄生虫等病原微生物。二是对虾本身的健康状况，即内在因素。任何养殖环境都存在着引起对虾发病的病原微生物，如果对虾体质健康、抗病力强也许就不会发病；但是如果对虾自身的免疫力下降、健康状况差，就容易被病原体感染发病。三是养殖水环境，即外界因素。如果养殖水环境差，病原微生物就会大量繁殖，感染对虾引发虾病。这三种因素在对虾疾病的发生过程中关系密切。当养殖水环境的理化指标不适合南美白对虾的生存、生长，水中病原体的数量达到了致病量，对虾的健康状况、免疫力低下时，极容易感染发病。

因此，在养殖过程中，应当定期使用聚维酮碘、二氧化氯、溴氯海因等水体消毒剂对水体进行消毒，减少、杀灭病原体的数量；合理使用水环境保护剂、底质改良制剂等维持良好的养殖水环境；定期投喂对虾营养免疫制剂，加强对虾的自身免疫力。

(2) 养殖设施和池塘堤坝的维护　在养殖过程中，经常检查增氧机、水泵和其他配套设施是否运转正常，经常检查池塘堤坝是否有漏水现象。

(3) 每天早晚坚持巡池　观察水色的变化及对虾的活动情况、生长情况，并捞网检查对虾的摄食情况，发现问题及时解决。

养虾池的水色及透明度是反映池中浮游生物种类组成和数量的一个最简单的指标。池水以黄绿色、黄褐色为最佳，这种颜色的水中含有丰富的硅藻、绿藻等优质的藻类，是对虾优质的生物饵料。

池水透明度以30～40厘米为宜，若小于30厘米，说明浮游植物生物量高，应停止施肥。若大于50厘米甚至一望到底时，说明水中浮游生物过低，应当施肥。施肥的主要目的：一是促进池塘中藻类的生长繁殖，为对虾提供优质的生物饵料；二是降低透明度，使对虾在适宜的透明度下栖息生长；三是通过浮游植物的光合作用，增加水中的溶解氧含量，吸收二氧化碳，维持水中pH值的稳定。值得注意的是，如果池水颜色出现异常，则有可能是细菌或一些有毒藻类大量繁殖而致。

对虾的活动在正常情况下昼伏夜出，自然状态下白天多匍匐于水底或潜入泥沙中，仅在摄食时活动，夜间则活动频繁。如果白天对虾成群结队沿着池边有序游动，是饥饿的表现，说明投饵不足；如果白天对虾有独游现象并发现死虾，可能是对虾患病或水质败坏所致，应查明原因，采取措施。

巡池除了观察水色及对虾活动情况外，还应对对虾的体色、个体大小及身体某些部位的变化进行抽样观察。对虾体色鲜亮、甲壳透明、游动活泼、对外界刺激反应迅速是健康的表现。在巡池过程中若发现对虾个体大小不一，出现“祖孙虾”现象，可能是长期投饵不足造成的；如果对虾体表发红或肌肉发白，甲壳颜色变暗，鳃部发黑，身体某些部位出现黑色、白色、红色等颜色的斑点，是病态的表现，须请技术人员迅速做出诊断，并采取相应的治疗措施。

（4）养虾物资和用品的维护、记录、保养等工作　做好仓库中的饲料、药品、工具的管理工作，尤其要做好饲料、药品的仓储管理，做到防潮、防鼠害。防止饲料、药品积压仓库。进出仓物品做好登记。

（5）做好养殖全过程的相关记录　包括苗种的放养时间、数量、规格、密度等；饲料的投喂量及变化调整情况；施肥用药、发病死亡情况；收获产量及规格情况等，待收虾结束后整理成册，为第二年度南美白对虾的养殖提供理论数据和参考。便于建立养殖对虾产品质量可追溯制度。

（6）气象情况的收看与记录　每天收听、收看当地的气候状况，根据天气变化情况及时调整相应的饲养管理措施，并把气候变化情况记录成册，便于以后养殖参考。

6. 对虾收获

“汉沽养殖模式”每年养一茬虾，如果错过了对虾的收获时机，就会造成对虾产量和规格虽都很理想，但效益不理想，甚至遇到寒流冻死对虾的现象。对虾的收获时机与养殖效益密切相关。有的养殖者已把对虾养到商品规格，但是错过了最佳收获时间，造成“丰产不丰收”的现象。为了使养殖效益最大化，当养殖对虾达到商品规格时，若市场价格合适又符合预期收益，就应考虑及时收虾。若是养殖周边地区大面积发生虾病，预计可能会对自身的养殖生产产生不利影响时，也应考虑适时收虾。

收获时，可用水泵向池外抽水，把池塘水位降至一定深度后，用拉网收获对虾，当收获至池塘内虾少不便拉网时，继续向池外抽水（池塘水位降至50～60厘米）将虾集中，再拉网收获直至收净。南美白对虾拉网收获见图6-15、图6-16。

图6-15 拉网收获对虾

三、“汉沽养殖模式”的优缺点

(1) 优点 产量高，最高可达3000千克/亩。效益高，每亩净

图 6-16 拉网收虾

效益近 2 万元以上。养殖面积集中，出虾集中。池塘较小，相对管理成本较低。池塘面积较小，适合散户养殖。对环渤海盐碱地区无农业种植和畜牧养殖的地区较适宜。

（2）缺点 由于放养的密度较大，管理难度加大。虽然效益高，但风险也大。不适合养殖经验少的农户养殖。水环境一旦控制不好，极易引发疾病。由于养殖过程用药过多，相对药物残留严重，不适应目前无公害养殖形势。

第四节

江苏南通地区“小拱棚养殖模式”

南美白对虾养殖近几年成功率普遍不高，主要受病害、天气、苗种等多方面因素的影响。为此有些地区采用新的养殖模式比较好地控制和解决了这些问题，取得了理想的养殖效果。如在江苏南通如东等地兴起的“小拱棚养殖模式”，就获得了普遍的成功。取得成功的主要原因是因为这种模式整个养殖过程可控性强。但这种模式对养殖技术有较高要求，苗种、饲料、水质管理等每个环节都至关重要。

“小拱棚养殖模式”的主要特点：一是养殖池塘面积小（0.6亩左右），便于操作管理；二是对虾出池规格小（120～160尾/千克），养殖周期短；三是放养密度低，养殖产量低（660千克/亩左右）；四是一年两茬虾，反季节销售，效益高；五是可控性强，养殖成功率普遍高，养殖户连续几年均取得了较好的经济效益。

一、小拱棚建造及特点

小拱棚大都建造在海边潮间带以上、海水使用方便的区域。每个简易小拱棚占地面积1亩左右，实际有效养殖水面面积0.6亩左右，有效水深60厘米左右，棚高1.8米左右。整个温棚用弧形钢筋搭成，外面再盖上塑料薄膜，也有用毛竹棚架的。几个小棚配备一个蓄水池、一眼地下井，有相应的提水增氧以及水质分析设备。养殖前期硬件投入方面，1亩池塘约1万元。

每口塘长约40米、宽约10米，不配备表层水面增氧设施，全部采用底部气石增氧。养殖用水一般抽地下水或在潮间带打井利用海水。换水较少，养殖全过程始终增氧，常用微生物制剂调节水质。

利用太阳能自然增温，利用塑料薄膜保温，比一般土池延长生产周期60～80天，可养2茬虾。

由于小拱棚面积小、高度低，所以抗御自然灾害（主要是大风、暴雨天气）的能力大大加强。

这种模式是一种介于池塘养殖和工厂化养殖的过渡模式。

二、小拱棚养殖的优点

1. 养殖环境稳定

小拱棚养殖受外界环境影响小，水体环境稳定，有利于对虾的生长。大大减少了因应激反应而造成的病害，从而提高了对虾的生长速度和成活率。

2. 养殖过程可控性强

由于养殖面积小，再加上是棚内养殖，因此整个养殖过程实现了真正意义上的人为控制。应该说这也是这种模式与其他模式最大的区别。也是这种模式取得普遍成功的主要原因。比如过去很多养殖户认为高位池养虾要比小拱棚养虾先进，主要原因是前者排污比后者先进。但从实际养殖结果来看，前者的成功率远不如后者。主要原因是前者养殖全过程的可控性不如后者强。这种可控性主要体现在两方面：一是自然因素的可控性，主要体现在对天气因素的控制上，包括气温、水温、刮风、下雨等；二是人为因素的可控性，主要体现在对养殖技术的控制上，包括饲料投喂、水质调控、病害防治等。由此可见养殖过程的可控性对于养殖的成败具有决定性的作用。

3. 养殖风险低

池塘面积小，可控性强，降低了养殖风险。

4. 养殖效益高

养殖效益高主要有以下几方面的原因：一是利用塑料大棚保温或增温，延长了对虾的生长期，再加上放养密度低，一年可以养两茬虾（3 月放苗、7 月放苗），且反季节销售；二是养殖环境好且稳定，对虾生长速度快，饲料系数低，对虾发病率低，养殖成功率高。

其缺点是收虾时不适合多人拉网等操作，只能采用地龙网捕虾。

小拱棚养虾池塘见图 6-17、图 6-18。

图 6-17　小拱棚养虾池塘（尚未覆盖棚膜的池塘）

图 6-18　小拱棚养虾池塘（已覆盖棚膜的池塘）

三、小拱棚养殖南美白对虾的关键技术

1. 池塘准备

小拱棚建造完成或上一茬虾养殖结束后，整理池底，清除杂

草、砖块等杂物，把池底整平，并使池底向排水口方向略有坡度，然后在池塘的底部铺设、安装充气式增氧系统，即在池塘底部均匀安置散气管、散气石、纳米管等，依靠管道和安装在小拱棚外面的罗茨鼓风机连接，通过鼓风机直接将空气导入水体中，达到增氧效果。

池塘整理完成、增氧设备安装到位后，在放苗前20天，池塘内先进少量水，施用漂白粉、生石灰、茶籽饼、鱼藤精等药物杀灭池内的小型野生鱼类、虾类、蟹类和贝类。使用药物消毒除害时，一定将药物溶于水后在池塘内均匀泼洒，以保证池塘消毒除害彻底，不留死角。消毒完成后，将药液抽出池外。

2. 池塘进水

上述工作完成后，即往棚内池塘加水，一是使用地下井水或沙滤海水，可直接将水抽入棚内；二是使用蓄水池做水源，经过过滤、消毒等处理后再加入池内。不管使用何种水源，水泵的出水管口要绑缚80目的筛绢网袋以过滤用水或安装80目筛绢网箱过滤用水。一次性将水加到60～80厘米。

3. 池塘肥水培养基础饵料生物

虾池进水消毒2天后，即可肥水。如果是新建池塘，可以使用有机无机复合营养素。如果是养过虾的老池塘，池底有机质相对丰富，可直接使用无机复合营养素。使用有机肥料，一定要经过彻底发酵后再使用。考虑到小拱棚养殖水体小、水的缓冲能力较弱的特点，建议施肥遵循“宁少勿多”的原则。如果水体pH值偏高，可将乳酸菌制剂与米糠、红糖充分发酵后全池泼洒，能起到稳定pH值的作用。池水培养好后即可选择虾苗放养。

4. 虾苗选购与放养

养殖用水、苗种、饲料是保证养虾成功的物质基础，选择优质健康的虾苗是保证养殖成功的关键措施。

选择虾苗的标准，虾苗体长应在1.0厘米以上，规格整齐，无畸形，逆水游泳能力强，对外界刺激反应敏感，身体透明且无脏物、无病症。目前，南通地区小拱棚养虾基本都是放养一代虾苗。

虾苗运到后应将装有虾苗的塑料袋放池水中，使袋内外水温接近后，打开塑料袋向袋内缓慢加入池水直到袋满，然后使虾苗逐渐游入池塘内，见图 6-19。切忌虾苗购进后不进行适应性过渡，就将装有虾苗的塑料袋直接打开倒入池塘中；放苗时盐度差要控制在 0.3%以内，温差要控制在 2℃以内，一个池塘应尽可能地一次性把苗种放足，避免多次放苗。小拱棚模式养虾，放苗时间一般不受天气的影响，除非特别恶劣的暴风雨天气，即只要能运输就能放养，这也是小拱棚养虾的一大优点。

图 6-19 虾苗放养

放苗密度一般根据预计的产量和预计养成的规格等实际情况来确定，一般亩放苗量 8 万～12 万尾。放苗时间，第一茬一般在 3 月中下旬放苗，6 月中下旬就可以陆续上市，养殖周期 70～80 天；第二茬一般在 7 月上旬放苗，收获时间可根据对虾的健康状况、规格、市场需求等多方面的因素来决定。

5. 饲料投喂

选择饲料时应该首先考虑对虾配合饲料的质量，其次考虑对虾配合饲料的价格。购买大品牌饲料，产品质量与服务有保障。小拱棚模式由于水体小，极易受到污染。因此选择饲料时，在养殖饲料成本相差不大的情况下，要尽量选择价格高、饲料系数低的高效优质虾料，尽量不用价格低、饲料系数高的低效低质虾料。这是因为，高效优质饲料转化率高，代谢产物少，对水质污染轻，对虾生长速度较快，发病率低；低效低质饲料转化率低，代谢产物多，对水质污染重，对虾生长速度慢，发病率高。

高效优质对虾饲料必须同时具备以下几个特点：一是营养全面、配方合理、生产工艺先进、饲料原料优质、饲料转化率高，能够满足南美白对虾各生长阶段的营养需求；二是符合国家相关标准；三是水中稳定性好，饲料颗粒大小均匀、表面光洁度高。近几年，有的养殖户开始使用沉性膨化虾料，取得了良好的效果。

科学投喂饲料是保证南美白对虾养殖获得成功的重要保证，否则，不仅影响到对虾的正常生长，而且还会增加养殖水体的负担，加大养殖成本，不利于获得良好的效益。饲料投喂次数，一般日投喂 2～3 次。饲料投喂时间，如果日投喂 2 次，上午 9:00 和下午的 6:00 各 1 次；如果日投喂 3 次，上午的 8:00、下午的 3:00 和7:00 各 1 次。饲料日投喂量，一般按对虾体重的 2%～3%投喂，上午投喂量占日总投喂量的 40%～50%，下午投喂量占日总投喂量的 50%～60%。小拱棚模式养殖南美白对虾的饲料系数一般在1.00～1.25，如果饲料系数超过 1.25，就要从饲料质量和饲料投喂技术环节找明原因。当然，对虾发病情况除外。

由于小拱棚独特的构造，因此饲料投喂方法有别于其他养殖模式，一般有两种方法：一是通过池塘长方向中间设置的竹排或木板通道（图 6-20），人在上边行走往两边抛撒；二是如果没有中间通道，可沿着池塘的长方向两端拉一根聚乙烯细绳，人乘坐池内承重量 150～200 千克的浮筏或大型泡沫板，一手抓着细绳在水面行走，一手往两边抛撒饲料。

饲料投喂后要经常对摄食情况进行观察。其方法是在池中便于操作的位置安放 2 个饲料观察台，即料台。每次投喂饲料时，在料台上放置当次投喂量 1%的饲料，投喂饲料 1.5～2 小时后提起料台查看，根据料台上饲料的剩余情况和对虾胃饱满情况，结合料台

图 6-20　小拱棚池塘中间木板通道

上对虾的数量情况，适当调整饲料投喂量。

养殖过程中要根据对虾健康状况，适当投喂一些拌有维生素、益生菌、中草药、免疫多糖等的饲料，以增强对虾体质，提高其抗病能力。当对虾长到一定规格蜕壳相对集中时，池塘内要泼洒离子钙或在饲料中拌入一些钙离子制剂，以满足对虾蜕壳阶段对钙的需要。

小拱棚模式养虾投喂饲料一般不用考虑天气情况。但当水体中氨氮、亚硝酸盐等指标超标，造成水质或底质恶化时应少喂或不喂。发现水中对虾有红腿、黑鳃或水面有死虾等现象时，说明对虾可能发病，可停止投喂饲料。应及时请技术人员确诊，并采取相应措施，待对虾康复后逐渐恢复饲料投喂。

6. 水质调控

在养殖过程中实施的是全封闭的水环境管理模式，主要通过科学合理地运用水质、底质改良剂和有益的微生物制剂，以及强力增氧等技术措施，来进行水环境的调控与管理。

(1) 换水与降温　由于小拱棚模式第一茬虾放苗早、第二茬虾收虾晚，所以养虾要经过早春、晚秋两个低温季节。在低温季节水源水的温度和棚内池塘水的温度会存在很大差异，因此，在养殖过程中通常采取勤换少换水的措施，尽量减少因换水温差而引起南美白对虾的应激反应。

在夏季高温季节，棚的两端应根据池塘内水温情况及时通风降温，避免水温过高引起的对虾摄食量下降，影响生长。

(2) 施用各种微生态制剂、水质保护制剂、底质改良制剂等调节水质　养殖过程中每隔 10～15 天施用 1 次 EM 复合菌、芽孢杆菌等；水质出现老化，池塘内的有机物质增多，氨氮、亚硝酸盐、pH 过高或其他水质指标超过了南美白对虾的适应范围，就应施用乳酸菌和其他理化水质调节剂进行调节。池塘内养殖水体如果透明度大、单细胞藻类生长繁殖不足，就应使用肥水型光合细菌制剂等来及时肥水，也可以使用单细胞藻类生长素进行肥水。如果池塘内水体透明度过低，甚至出现黏稠状，说明池塘内藻类老化，藻相结构不合理，就应根据情况使用不同类型的菌制剂，及时分解水中的养殖代谢产物和有机质，降低养殖水体的富营养化，保持水中良好的单细胞藻类藻相，为养殖对虾创造一个良好的生长栖息环境。另外，微生态有益菌制剂的经常使用，也利于池塘内形成优良的菌相，抑制其他病原菌的生长繁殖，对预防虾病意义重大。

(3) 强力增氧　氧气不但是对虾生命活动之所需，而且丰富的溶解氧还能氧化分解池塘内的有机物质，起到改良水质的作用。因此，强力增氧是保证对虾养殖成功的关键措施之一。

自然条件下，池塘内水中溶解氧有 60%以上是靠浮游植物的光合作用产生的。但小拱棚内的光照强度弱于棚外，棚内池塘中浮游植物的生长繁殖和光合作用大幅降低，严重影响到水中溶解氧的含量。因此，强力增氧也就成了小拱棚养殖南美白对虾非常重要的保障措施。小拱棚模式养殖南美白对虾，由于池塘面积小且水浅、拱棚高度低，叶轮式增氧机、水车式增氧机等水面增氧设施无法安装，因此不适用于这种模式，一般采用管道微孔增氧设施增氧，即在池塘底部均匀安置散气管、散气石、纳米管等，依靠管道和安装在小棚外面的罗茨鼓风机连接，通过鼓风机直接将空气导入水体中，达到增氧效果。为了确保对虾养殖成功、保障池塘内溶解氧的持续供给，增氧机要昼夜不停地运转。小拱棚池塘管道微孔增氧见图 6-21。

图 6-21　小拱棚池塘管道微孔增氧

对虾养到一定规格，其生物量达到一个较高水平时，如果遇到连续阴雨天气、底质恶化的现象，很容易造成池塘缺氧。此时应及时使用固体增氧剂或液体增氧剂，增加池塘水溶解氧的含量，缓解池塘缺氧状况。选用固体增氧剂（如过氧化钙等），可全池投撒，用量一般为 2.5～3.3 千克/亩；如果选用液体增氧剂（如过氧化氢等），建议用特别制作的工具将液体增氧剂施入池底，在提高池塘水中溶解氧的同时，对改善池塘底层水环境效果更好。

7. 温度控制

由于经过早春、晚秋两个低温季节，为了保持水温，可使用小型取暖设施加温，如土暖炉等。土暖炉安装在养殖棚旁边的管理房内，通过管道与棚内的散热片相连接，在向棚内供热的同时还可以供管理人员做饭、烧水等生活之用。

8. 藻类培养

由于棚内空气流动不畅、光照强度弱，水中营养物质的分解速度会受到一定的影响，藻类能够直接吸收的营养元素相对缺乏，影响了水中单细胞藻类的生长繁殖。有时池塘水色会出现浑浊等异常现象。对此，池塘内在施用肥水型有益菌的同时，还要配合使用一定量的无机营养元素或氨基酸营养液，用以缓解单细胞藻类营养供给不足的问题，促进单细胞藻类的生长繁殖，保持水中单细胞藻类的良好藻相。

9. 虾病预防

对虾是否发病，影响因素很多。苗种的健康程度、水质和养殖从业者的技术管理水平往往是很重要的方面。所以，小拱棚模式投放的苗种都是健康状况较好的一代虾苗。另外，提高对虾抗病力和创造良好的水体环境也很关键，为此要做好以下工作：日常喂养中科学合理地投喂中草药、免疫多糖等以增强对虾的体质；饲料中拌喂益生菌，以改善对虾胃肠道等体内环境；养殖用水经常消毒以杀灭水中的病原微生物；定期使用水质改良制剂和底质改良制剂以及有益微生态制剂来调控水质，为对虾生长创造良好的环境。

10. 日常管理

“三分养、七分管”，科学管理非常重要，是保证南美白对虾养殖成功的关键。日常的管理工作除了投喂饲料、调节水质、开启增氧设施等具体工作以外，还要做好以下工作。

（1）观察水质　每天进棚看水，查看水色、透明度的变化等情况，定期检测水质指标，例如溶解氧、氨氮、亚硝酸盐、盐度、温度、pH 值等常规指标，根据水色变化和水质指标变化确定补水量和补水次数。

（2）观察对虾　每天观察对虾活动、在池塘内的分布、体色变化等情况，定期取样测量生长情况，检查对虾健康状况等。

（3）观察摄食　饲料投喂后，及时观察料台饲料剩余情况，确定合理投喂量。

（4）各种安全检查　及时检查增氧设施、各种加水机械设施的运转情况，棚膜的破损情况，饲料及药品储存情况等。

11. 对虾收获

对虾达到一定规格后，根据市场需求情况结合全年两茬养殖计划适时收捕。小拱棚养殖模式都是一次性收虾。主要采用“地笼”收捕。

总之，这种模式能否在当地持久地发展和在其他地区大面积推广应用有待商榷，将来应进一步对这种养殖模式进行调研和总结，评估其成功的关键点和可复制性，从而对其他地方的养殖有所借鉴。

第七章

膨化饲料及其在对虾养殖中的应用技术

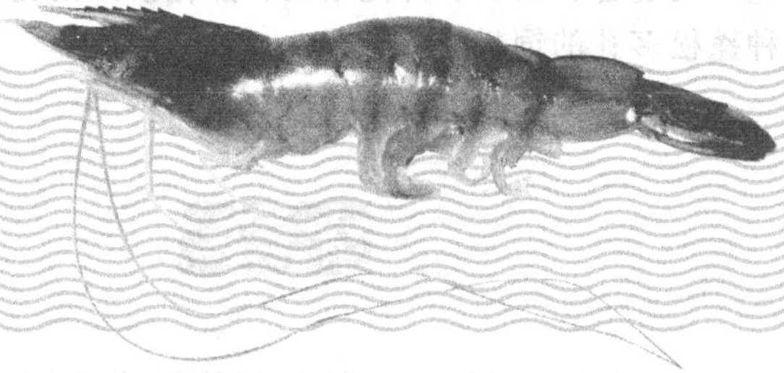

随着我国水产养殖业和水产饲料行业的快速发展，近几年来，膨化饲料在水产养殖中的应用技术得到了大力推广应用，给我国的水产养殖业和水产饲料行业带来了革命性的影响。目前膨化虾料已在全国各地推广使用，取得了较好的经济效益和生态效益。

第一节

膨化饲料的定义

膨化颗粒饲料是指粉料经过膨化加工技术生产的饲料。膨化加工是一项加工新技术，粉料在高温（110～200℃）、高压（25～100千克力/厘米^2[1]）以及高剪切力、高水分（10%～30%）的环境中，通过连续混合、调质、升温增压、熟化挤出模孔和骤然降压后形成一种蓬松多孔的饲料。

第二节

膨化虾料与硬颗粒虾料优缺点比较

一、膨化虾料的优点

1. 消化利用率提高（10%～20%）

其主要原因如下。

[1] 1千克力/厘米^2＝98.0665千帕。

（1）膨化加工工艺要求原料的粉碎粒度更细　膨化虾料由于加工工艺的要求，一般要求98%过80目筛，其粉碎粒度远远超过了硬颗粒料，从而提高了饲料的消化吸收率。

（2）高温膨化过程提高了淀粉的熟化度　碳水化合物在饲料中大多以淀粉的形式存在，在普通调质条件下（80～90℃）熟化度只有25%～40%，而在膨化条件下（110～120℃）可大大提高到80%～90%。膨化过程中饲料的淀粉发生糊化，高分子结构断裂，变成容易消化吸收的低分子葡萄糖、麦芽糖、麦芽糊精等。因此膨化可以大大提高饲料淀粉的消化吸收率。

（3）提高了蛋白质利用率　膨化过程中，可以钝化饲料中抗营养因子如抗胰蛋白酶因子、棉酚等，提高了植物蛋白利用价值，降低了配方成本；同时膨化过程中的高温、高压、剪切作用使蛋白质变性，结构变得疏松，饲料的可塑性增强，蛋白质表面积变大，增加了酶和蛋白质结合的面积，更有利于消化吸收。过去认为膨化加工对饲料利用率的提高主要是淀粉熟化度的原因，并不能提高蛋白质的消化率。但越来越多的研究发现，膨化加工可以提高蛋白质的消化率。

（4）提高了纤维的利用率　膨化过程能够使饲料中不溶性粗纤维分子的共价键断裂，成为可溶性粗纤维，同时破坏和软化纤维结构的细胞壁部分，释放出被粗纤维包裹的营养物质，从而增加了饲料的可消化性。

2. 水中稳定性好

膨化虾料水中稳定性好，其耐水稳定性一般在12小时以上，最长可达36小时。因此在投喂过程中浪费少，污染就少，水体环境好，虾发病率低，生长快 。

3. 高温、高湿热杀灭了原料中的有害病菌

物料经过瞬时加温温度可高达120～160℃，时间5～10秒，饲料中的有害病菌绝大多数被杀死。

4. 膨化虾料保质期更长

膨化过程使原料中微生物分解的脂肪酶完全失活，从而减轻了

饲料中脂肪的腐败；水分含量低5%左右，不容易霉变；挤压膨化加工通过降低细菌含量和氧化作用，使原料稳定性提高。因此膨化虾料比硬颗粒虾料更耐储存。

5. 饲料适口性好

一是膨化过程原料熟化、油脂渗透到表面，饲料气味好，诱食性强；二是淀粉在糊化过程中产生葡萄糖等低分子糖类，具有诱食效果；三是吸水性好，虾喜食。

二、膨化虾料缺点

热敏物质在膨化过程中损失严重。

1. 维生素

在膨化加工过程中，高湿、高温、高压的环境，会对维生素造成破坏，特别是对热和湿敏感性强的维生素如维生素 B_1、维生素 B_2、叶酸、维生素 C、维生素 A、维生素 K 等最容易受到破坏，其他维生素如烟酸、生物素、维生素 B_{12}、胆碱、肌醇等相对比较稳定。

一般通过三种方法来解决膨化加工对维生素的损失。一是超量使用维生素，补充膨化对维生素造成的损失。同时加入与维生素具有协同作用的其他营养物质来减轻膨化对维生素的破坏，比如维生素 E 和硒，钴和维生素 B_{12}。二是选用热稳定剂型的维生素，如维生素 A 微粒胶囊、微囊型维生素 E 醋酸酯、高稳型维生素 C 磷酸酯等。三是采用后喷涂添加维生素，如将脂溶性维生素用脂肪溶解后喷涂在饲料表面，取得比较好的效果；水溶性维生素其后喷工艺还待进一步研究。四是在投喂饲料前，先将配合饲料用维生素浸泡，然后再投喂。

2. 酶制剂失活

外源性酶的最适温度在35～40℃，最高不超过50℃。但膨化制粒过程中的温度达到120～150℃，并伴有高湿（引起饲料中较高的水分活度）、高压（改变酶蛋白的空间多维结构而变性）的环境，在这样的条件下，大多数外源性酶制剂的活性都将损失殆尽。因此膨化饲料中不应添加外源性酶制剂。

3. 活菌制剂活性丧失

目前，饲料中应用较多的外源性微生物制剂主要有乳酸杆菌、链球菌、酵母、芽孢杆菌等，这些微生物制剂对温度尤为敏感，当膨化制粒温度超过 120℃时其活性将全部丧失。因此在膨化饲料中也不应添加微生物制剂。

第三节

膨化饲料养虾关键技术要点

一、池塘清整与消毒

池塘的清整与消毒是对虾养殖过程中的首要环节。不论是哪个养殖品种，还是哪种养殖模式，都要对池塘进行彻底的清塘和消毒，这是保证对虾养殖成功、减少对虾发病的重要措施之一。具体的操作方法在前面的章节中已有叙述，这里不再重复赘述。

二、进水与肥水培养天然饵料生物

在对虾幼体（或幼虾）期间，还没有哪种人工配合饲料的营养效果能与摄食天然饵料相比，天然饵料可以促进对虾的生长，增强对虾的免疫能力和抗病能力。因此，如何提高对虾对天然饵料的利用至关重要。

通过肥水对培养和利用天然饵料生物具有重要意义。养殖池塘内可利用的天然饵料生物，不但可以直接转化为养殖对虾的产量，减少人工配合饲料的用量，降低养殖成本；还可以为对虾提供人工配合饲料所不具有的营养物质，促进对虾生长，增强其抗病力，最终达到提高养殖效益之目的。

具体的进水和肥水方法可参见本书第五章和第六章中的有关内容。

三、饲料投喂

沉性膨化饲料和普通硬颗粒饲料的投喂技术是有差异的，包括饲料的选择、日投喂量的确定、投喂的次数等。

1. 饲料选择

如何选择沉性膨化颗粒饲料，除了遵循选择普通硬颗粒饲料的方法外，还要另外从以下两个方面来鉴定其质量：一是饲料颗粒均匀程度，好的膨化饲料颗粒大小均匀一致，颗粒颜色一致，整包饲料中或整批次饲料中很少出现花粒；二是饲料颗粒在水中的沉降速度。由于绝大多数对虾都是以底栖生活为主的，其摄食行为均在池塘的底部进行，所以对虾饲料要选择沉性配合饲料，要求在水中的下沉速度要合理，既不能长时间悬浮于水中，更不能长时间漂浮于水面之上。

2. 日投喂量确定

沉性膨化颗粒饲料的日投喂量要略低于普通硬颗粒饲料。主要原因是膨化饲料的消化吸收率高，减少了用量。据南方部分养殖户提供的经验数据，膨化虾料可提高消化吸收率10%～35%，因此，膨化虾料日投喂量要按照略低于普通硬颗粒饲料的原则来确定。

3. 日投喂次数确定

沉性膨化饲料日投喂次数，可根据养殖品种、放养密度及养殖方式而定。南美白对虾放苗密度大、养殖产量高，日投喂饲料次数以3～4次为宜；中国对虾和斑节对虾放苗密度不是很高，养殖产量相对较低，日投喂饲料次数以2～3次为宜。

由于日本对虾的生态习性不同于其他品种，有白天潜沙的习性，日落后才出来摄食，一般日落0.5～1小时后摄食行为活跃。根据这一习性，日本对虾的放苗密度不高，养殖产量较低，因此日投喂饲料1次即可。饲料投喂一般在日落1小时后进行。为了充分利用池塘和养殖水体的生产潜力，养殖日本对虾的池塘可以适量套养部分滤食性的鱼类，以提高养殖的经济效益，减少单一养殖对虾的风险。

四、水环境管理

膨化虾料水中稳定性好，浪费少。同时由于消化吸收率高，排泄的氮磷等废物相比普通硬颗粒少。因此水质能保持相对较长时间的稳定性。但随着虾的生长，投饵量的增加，水体中的有机废物、氨氮、亚硝酸盐、硫化氢等也会逐渐增高，积累到一定程度，会影响到虾的生长和吃食。因此水质调控非常重要。

近几年，我们在养殖生产中为调控水质，重点在物理增氧、微生物改良水质两方面做了大量的工作，也取得了明显效果。增氧方面，采用微孔增氧机和叶轮式增氧机并用的方式，对水体进行立体增氧，增氧效果远远优于单独使用叶轮式增氧。尤其底层溶解氧的改善，可有效抑制有害微生物的滋生，加快有机废物的降解，降低有毒物质的含量，从而有效控制虾病的发生。在微生物方面重点选择了含有芽孢杆菌、硝化细菌的微生物制剂，由于这两种微生物都是好氧的，因此跟微孔增氧配合使用效果更佳。

总之，膨化虾料的研制和推广还有大量工作要做，营养需求方面、适口性方面、养殖技术方面等还要进行全面深入的研究，以期推动养虾业改革创新，取得更大发展。

第八章

对虾饲料营养成分分析

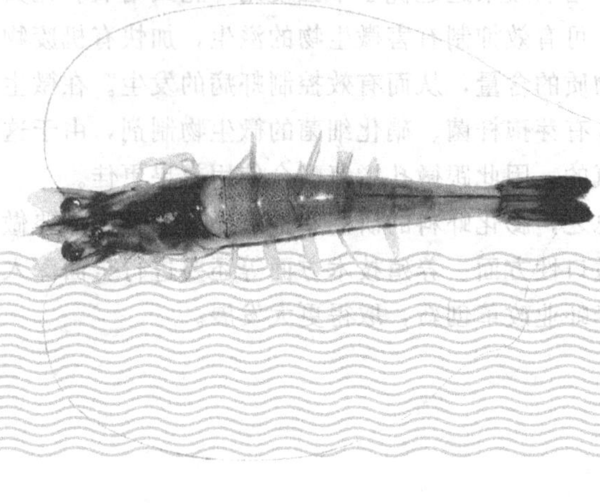

对对虾饲料和对虾饲料原料营养成分进行分析是对虾饲料生产企业必须做的重要工作，是保证对虾饲料质量的关键措施之一。化验员和质监部门及配方师都对饲料质量负有责任。而对虾饲料生产的技术核心是既要保证饲料的优质高效，又要保证不能存在对养殖对虾和人类健康有害的物质或因素。因此，在生产过程中，对饲料原料和饲料成品的检验分析十分重要。关于饲料质量，检验分析的指标项目很多，包括一些常规的营养成分和有害成分的分析等。现将部分常规项目的检验分析方法和饲料的定性分析方法汇总编纂在一起，供参考和使用。

第一节

对虾配合饲料的定性分析

一、对虾饲料的感官检测方法

1. 视觉

观察对虾饲料的形状、色泽，有无霉变、结块、虫咬、异物掺杂物等。

2. 味觉

通过舌舔和牙咬来检查味道，但应注意不要误尝对人体有害的物质。

3. 嗅觉

通过嗅觉来鉴别具有特征气味的饲料，并查看有无腐臭、霉臭、氨臭、焦臭等。

4. 触觉

取样放在手上，用手指来回搓捻，通过感触来察觉其物料粉碎粒度的大小、硬度、黏稠性、滑腻感、有无夹杂物及水分的多少。

5. 过筛

使用8目、16目、40目的筛子，测定混入的异物及原料或成品的大约粒度。

6. 放大镜

使用放大镜（或实体显微镜）鉴定，内容与视觉观察的内容相同。

二、显微镜检测技术

1. 原理

显微镜检测是指利用立体显微镜观察饲料之外观、组织或细胞形态、颗粒大小、色泽、软硬度、构造以及其不同的染色特性等，或用复式显微镜（高倍）观察细胞及组织结构，并以化学或其他分析方法（定性、定量）检查饲料原料的种类及异物的方法。

2. 基本步骤

单一饲料样品和混合饲料样品的观察程序相同。首先确定颜色和组织结构以获得最基本的资料。通常可以从饲料的气味（霉味、焦味、酚味、发酵味）和味道（苦味、酸味）获得进一步的资料。接着将样品通过筛分或浮选以便进行显微镜检测。

① 将立体显微镜设置在较低的放大倍数上，调准焦点。

② 从制备好的样品中取出部分撒在培养皿上，置于立体显微镜下观察。从粗颗粒开始，并且从培养皿的一端逐渐往另一端看去。

③ 观测立体显微镜下的试样，应把多余的和相似的样品组分扒到一边，然后再观察研究以辨认出某几种组分。

④ 调整到适当的放大倍数，审视样品组分的特点以便准确辨别。

⑤ 通过观察物理特点（颜色、硬度、柔性、透明度、半透明度、不透明度和表面组织结构）鉴别饲料的结构。所以，检测者必须练习、观察并熟记饲料的物理特点。

⑥ 不是饲料原料的额外试样组分，如若量小称为杂质，如若量大则称为掺杂物。鉴定步骤应依据样品进行安排，并非所有样品、每一样样品均需经过以上所有步骤，仅以能准确无误完成所要求的鉴定为目的。

第二节

对虾配合饲料的营养成分测定

一、饲料中水分的测定方法

1. 适用范围

本方法适用于测定配合饲料和单一饲料中水分的含量，但用作饲料的奶制品，动物、植物油脂和矿物质除外。

2. 测定原理

样品在 (105±2)℃烘箱内，在一个大气压下烘干，直至恒重，逸失的质量为水分。在该温度下干燥，不仅饲料中的吸附水被蒸发，同时一部分胶体水分也被蒸发，另外还有少量挥发油挥发。

3. 仪器设备

① 实验室用样品粉碎机或研钵。

② 分析筛：孔径 0.45 毫米 (40 目)。

③ 分析天平：感量 0.0001 克。

④ 称样皿：玻璃或铝制，直径 40 毫米以上，高度 25 毫米以下。

⑤ 电热式恒温烘箱：可控制温度为 (105±2)℃。

⑥ 干燥器：用变色硅胶或氯化钙做干燥剂。

4. 试样的选取和制备

① 选取有代表性的试样，其原始样量在1000克以上。

② 用四分法将原始样品缩至500克，再用四分法缩至200克，风干后粉碎至40目，装入密封容器，放阴凉干燥处保存。

③ 如试样是多汁的鲜样，或无法粉碎时，应预先干燥处理。称取试样200～300克做试验，置于已知质量的培养皿中，先在105℃烘箱中烘15分钟，然后立即降到65℃，烘干5～6小时。将烘干的样品放在室内空气中冷却4小时，称重，即得风干样品。重复上述操作，直到两次称重之差不超过0.5克为止。

5. 测定步骤

① 将洁净的称量瓶，在(105±2)℃烘箱中烘1小时，取出，在干燥器中冷却30分钟，称重，准确至0.0002克。重复以上操作，直至2次质量之差小于0.0005克为恒重。

② 在已知质量的称量瓶中称取两份平行试样，每份2～5克(含水量0.1克以上，样品厚度4毫米以下)，准确至0.0002克。

③ 将盛有样品的称量瓶不盖盖，在(105±2)℃烘箱中烘3小时(温度达105℃开始计时)，取出，盖好称量瓶盖，在干燥器中冷却30分钟，称重。

④ 再同样烘干1小时，冷却，称重，直至2次质量差小于0.002克。

6. 结果计算

(1) 计算公式

$$水分(\%)=(M_1-M_2)/(M_1-M_0)\times100\%$$

式中，M_1为105℃烘干前试样及称量瓶质量，克；M_2为105℃烘干后试样及称量瓶质量，克；M_0为已恒重的称量瓶质量，克。

(2) 重复性　每个试样应取两个平行样进行测定，以其算术平均值为测定结果。两个平行样测定值相差不得超过0.2%，否则重做。

精密度：含水率在10%以上，允许相对偏差为1%；含水率在

5%～10%时，允许相对偏差为3%；含水率在5%以下时，允许相对偏差为5%。

7. 注意事项

① 如果进行过预先干燥处理（指多汁的鲜样），则按下式计算原来试样中所含水分含量。

原试样总水分＝预干燥减重＋(1－预干燥减重)×风干试样水分

② 加热时试样中有挥发性物质可能与试样中水分一起损失，如青贮料中的挥发性脂肪酸（VFA）。

③ 某些含脂肪高的样品，烘干时间长反而会增重，乃脂肪氧化所致，应以增重前那次称量为准。

④ 含糖分高的、易分解或易焦化样品，应使用减压干燥法（70℃，80千帕以下，烘干5小时）测定水分。

二、饲料中粗蛋白质的测定方法

1. 主要内容与适用范围

本方法参照采用ISO 5983《动物饲料——氮含量的测定和粗蛋白含量计算》，该粗蛋白质含量的测定方法适用于配合饲料、浓缩饲料和单一饲料。

2. 引用标准

GB 601《化学试剂　滴定分析（容量分析）用标准溶液的制备》。

3. 原理

凯氏法测定试样中的含氮量，即在催化剂的作用下，用硫酸破坏有机物，使含氮量转化成硫酸铵。加入强碱进行蒸馏使氨逸出，用硼酸吸收后，再用酸滴定测出氮含量，乘以氮与蛋白质的换算系数6.25，计算出粗蛋白质含量。

此方法不能区别蛋白氮和非蛋白氮，只能部分回收硝酸盐和亚硝酸盐等含氮化合物。

其主要化学反应如下。

$2CH_3CHNH_2COOH + 13H_2SO_4 \longrightarrow$

$$(NH_4)_2SO_4 + 6CO_2\uparrow + 12SO_2\uparrow + 16H_2O$$

$$(NH_4)_2SO_4 + 2NaOH \longrightarrow 2NH_3\uparrow + 2H_2O + Na_2SO_4$$

$$H_3BO_3 + NH_3 \longrightarrow NH_4H_2BO_3$$

$$NH_4H_2BO_3 + HCl = H_3BO_3 + NH_4Cl$$

4. 试剂

① 硫酸（GB 625—77）：化学纯，含量为98%，无氮。

② 硫酸铜（GB 665—78）：化学纯。

③ 硫酸钾（HG3-920—76）：化学纯；或硫酸钠（HG3-908—76），化学纯。

④ 氢氧化钠（GB629—77）：化学纯，40克溶于100毫升蒸馏水中配制成40%的水溶液。

⑤ 硼酸（GB 628）：化学纯，2%水溶液（2克硼酸溶于100毫升蒸馏水配制而成）。

⑥ 混合指示剂：甲基红（HG3-958—76）0.1%乙醇溶液，溴甲酚绿（HG3-1220—79）0.5%乙醇溶液，两溶液等体积混合，在阴凉处保存期为3个月。

⑦ 0.05摩尔/升盐酸标准溶液（邻苯二甲酸氢钾法标定）：4.2毫升盐酸（GB622—77），分析纯，注入1000毫升蒸馏水配制而成。

⑧ 蔗糖（HG 3-1001）：分析纯。

⑨ 硫酸铵（GB 1396）：分析纯，干燥。

⑩ 硼酸吸收液：1%硼酸水溶液1000毫升，加入0.1%溴甲酚绿乙醇溶液10毫升，0.1%甲基红乙醇溶液7毫升，4%氢氧化钠水溶液0.5毫升，混合，置阴凉处，保存期为1个月（全自动程序用）。

5. 仪器设备

① 实验室用样品粉碎机或研钵。

② 分析筛：孔径0.42毫米（40目）。

③ 分析天平：感量0.0001克。

④ 消煮炉或电炉。

⑤ 滴定管：酸式（A 级），10 毫升和 25 毫升。

⑥ 凯氏烧瓶：100 毫升，250 毫升，500 毫升。

⑦ 凯氏蒸馏装置：常量直接蒸馏式或半微量水蒸气蒸馏式。

⑧ 锥形瓶：150 毫升，250 毫升。

⑨ 容量瓶：100 毫升。

⑩ 消煮管：250 毫升。

⑪ 定氮仪：以凯氏原理制造的各类型半自动、全自动蛋白质测定仪。

6. 试样的选取和制备

选取具有代表性的试样粉碎后全部通过 40 目筛，多次用四分法逐步缩减至 200 克，装于密封容器中，防止试样成分的变化。

液体或膏状黏液试样应注意取样的代表性，用干净的、可放入凯氏烧瓶的小玻璃容器称样。

7. 测定分析步骤

（1）试样的消煮　称取试样 0.5～1 克（含氮量 5～80 毫克）准确至 0.0002 克，无损失地放入凯氏烧瓶中，加入硫酸铜 0.9 克与试样混合均匀，再加入 25 毫升硫酸和 2 粒玻璃珠，将凯氏烧瓶置于消煮炉或电炉上小心加热，开始小火，待样品焦化，泡沫消失后，再加强火力（360～410℃）直至溶液透明、澄清后，然后再继续加热，至少 2 小时。

（2）氨的蒸馏

① 常量直接蒸馏法。将试样消煮液冷却，加入 200 毫升蒸馏水，摇匀，冷却。沿瓶壁小心加入 40%氢氧化钠溶液 100 毫升，立即与蒸馏装置相连，将蒸馏装置冷凝管末端浸入装有 50 毫升硼酸吸收液和 2 滴混合指示剂的锥形瓶内约 1 厘米处。轻轻摇动凯氏烧瓶，使溶液混合均匀后再加热蒸馏，直至流出体积为 150 毫升。降下锥形瓶，使冷凝管末端离开液面，继续蒸馏 1～2 分钟，并用蒸馏水冲洗冷凝管末端，洗液均需流入锥形瓶内，然后停止蒸馏。

② 半微量水蒸气蒸馏法。将试样消煮液冷却，加入 20 毫升蒸馏水，转入 100 毫升容量瓶中，冷却后用水稀释至刻度，摇匀，作

为试样分解液。将半微量蒸馏装置的冷凝管末端浸入装有20毫升2%硼酸吸收液和2滴混合指示剂的锥形瓶内。蒸馏装置的蒸汽发生器的水中应加入甲基红指示剂数滴、硫酸数滴，在蒸馏过程中保持此液为橙红色，否则需补加硫酸。准确移取试样分解液10～20毫升注入蒸馏装置的反应室中，用少量蒸馏水冲洗进样入口，塞好入口玻璃塞，再加入10毫升40%氢氧化钠溶液，小心提起玻璃塞使之流入反应室，将玻璃塞塞好，且在入口处加水密封，防止漏气。蒸馏4分钟，降下锥形瓶使冷凝管末端离开吸收液面，再蒸馏1分钟，用蒸馏水冲洗冷凝管末端，洗液均流入锥形瓶内，然后停止蒸馏。

说明：上述①、②两种蒸馏法测得的结果很相近，饲料厂可任选一种。

③ 蒸馏步骤的检验。精确称取0.2克硫酸铵，代替试样，按上述①、②步骤进行操作，测得硫酸铵含氮量为21.19%±0.2%，否则应检查加碱、蒸馏和滴定各步骤是否正确。

(3) 滴定　通过蒸馏吸收氨后的吸收液立即用0.05摩尔/升的盐酸标准液滴定，溶液由蓝绿色变成灰红色为终点。

8. 空白测定

称取蔗糖0.1克，代替试样，按"测定分析步骤"进行空白测定，消耗0.05摩尔/升盐酸标准溶液的体积不得超过0.3毫升。

9. 分析结果的表述

(1) 计算　见下式。

$$\text{粗蛋白质}(\%)=100\%\times[(V_2-V_1)\times N\times0.0140\times6.25]/(W\times V'\times V)$$

式中，V_2为滴定试样时所需标准酸溶液体积，毫升；V_1为滴定空白时所需标准酸溶液体积，毫升；N为盐酸标准溶液浓度，摩尔/升；W为试样质量，克；V为试样分解液总体积，毫升；V'为试样分解液蒸馏用体积，毫升；0.0140为与1.00毫升盐酸标准溶液［$c(HCl)$=1.000摩尔/升］相当的、以克表示的氮的质量；6.25为氮换算成蛋白质的平均系数。

(2) 重复性　每个试样取两平行样品进行测定，以其算术平均值为结果。

当粗蛋白质含量在25%以上时，允许相对偏差为1%。

当粗蛋白质含量在10%～25%时，允许相对偏差为2%。

当粗蛋白质含量在10%以下时，允许相对偏差为3%。

三、饲料中粗脂肪的测定方法（油重法）

1. 适用范围

本方法适用于各种混合饲料、配合饲料、浓缩饲料及单一饲料中的粗脂肪的测定。

2. 测定原理

用乙醚等有机溶剂反复浸提饲料样品，使其中脂肪溶于乙醚等，并收集于盛醚瓶中，然后将所有的浸提溶剂加以蒸发回收，直接称量盛醚瓶中的脂肪重，即可计算出饲料样品中的脂肪含量。此法测得的结果除脂肪外还有有机酸、磷脂、脂溶性维生素、叶绿素等，因而测得的结果称为粗脂肪或醚提取物。

3. 仪器设备

① 实验室用样品粉碎机或研钵。

② 分析筛：孔径0.45毫米（40目）。

③ 分析天平：感量0.0001克。

④ 电热恒温水浴锅：室温至100℃。

⑤ 恒温烘箱。

⑥ 索氏脂肪提取器：100毫升或150毫升。

⑦ 干燥器：用氯化钙（干燥级）或变色硅胶为干燥剂。

⑧ 滤纸或滤纸筒：中速，脱脂。

4. 试剂

无水乙醚（分析纯）或石油醚。

5. 试样的选取和制备

选取有代表性的试样，用四分法将试样缩减至500克，粉碎至40目，再用四分法缩减至200克，装入密封容器中，防止试样成分的变化或变质。

6. 测定步骤

① 索氏提取器应干燥无水。将抽提瓶（内有沸石数粒）在(105±2)℃烘箱中烘干30分钟，干燥器中冷却30分钟，称重。再烘干30分钟，同样冷却称重，2次称重之差小于0.0008克为恒重。

② 称取试样1～5克（准确至0.0002克），于滤纸筒中或用滤纸包好，并用铅笔注明标号，放入(105±2)℃烘箱中烘干2小时（或称测水分后的干试样，折算成风干样重）。滤纸筒应高于提取器虹吸管的高度，滤纸包长度应以可全部浸泡于乙醚中为准。

③ 将滤纸筒或滤纸包放入抽提管中，在抽提瓶中加无水乙醚60～100毫升，在60～75℃的水浴（用蒸馏水）上加热，使乙醚回流，控制乙醚回流次数为每小时约10次，共回流约50次（含油高的试样约70次）或检查抽提管流出的乙醚挥发后不留下油迹为提取终点。

④ 取出试样，仍用原提取器回收乙醚直至抽提瓶中乙醚几乎全部收完，取下抽提瓶，在水浴上蒸去残余乙醚。擦净瓶外壁。将抽提瓶放入(105±2)℃烘箱中烘干2小时，干燥器中冷却30分钟，称重。再烘干30分钟，同样冷却称重，两次称重之差小于0.001克为恒重。

7. 测定结果的计算

(1) 试样中粗脂肪的计算公式

$$粗脂肪(EE)=(M_2-M_1)/M\times100\%$$

式中，M为风干试样质量，克；M_1为抽提瓶质量，克；M_2为盛有脂肪的抽提瓶质量，克。

(2) 重复性　每个试样取两平行样进行测定，以其算术平均值为结果。粗脂肪含量在10%以上，允许相对偏差为3%。粗脂肪含量在10%以下时，允许相对偏差为5%。

8. 注意事项

① 全部称量操作，样品包装时要戴乳胶手套或棉手套。

② 使用乙醚时，严禁明火加热，保持室内良好通风，抽提时防止乙醚过热而爆炸。

③ 测定样品在浸提前必须粉碎烘干，以免在浸提过程中样品水分随乙醚溶解样品中糖类而引起误差。

④ 粗脂肪的测定也可采用脂肪提取仪测定。按各仪器操作说明书进行测定。

四、饲料中粗纤维的测定方法

1. 适用范围

本标准适用于各种混合饲料和单一饲料。

2. 原理

木质素粗纤维以纤维素为主，它不溶于水和有机溶剂，对稀酸和稀碱也相当稳定，样品脱脂后，用固定量的酸和碱，在特定条件下消煮样品，再用乙醚、乙醇除去醚溶物，经过高温灼烧扣除矿物质的量，所余量称为粗纤维。它不是一个确切的化学实体，只是在公认强制规定下，测出的概略养分。其中以粗纤维为主，还有少量半纤维素和木质素。脂肪含量在10%以上必须脱脂。

3. 仪器和设备

① 实验室用样品粉碎机或研钵。

② 分样筛：孔径0.45毫米（40目）。

③ 分析天平：分析天平感量0.0001克。

④ 电热恒温箱：可控制温度在130℃。

⑤ 高温炉：电加热，有高温计且可控制炉温在555～600℃。

⑥ 消煮器：有冷凝球的高型烧杯（500毫升）或有冷凝管的锥形瓶。

⑦ 过滤装置：抽真空装置，吸滤瓶和漏斗。

⑧ 滤器：200目不锈钢网或尼龙网，或G2号玻璃滤器。

⑨ 古式坩埚：30毫升，预先加入30毫升酸洗石棉悬浮液，再抽干，以石棉厚度均匀、不透光为宜。

⑩ 干燥器：以氯化钙（干燥剂）或变色硅胶为干燥剂。

4. 试剂

① 硫酸（GB 625—77）：分析纯，(0.255±0.005)摩尔/升，每100毫升含硫酸1.25克，应用氢氧化钠标准溶液标定。

② 氢氧化钠（GB 629—81）：分析纯，(0.313±0.005)摩尔/升，每100毫升含氢氧化钠1.25克，应用苯二甲酸氢钾法标定，不含或微含碳酸钠。

③ 酸洗石棉：市售或自制（中等长度），酸洗石棉在1：3的盐酸中煮沸45分钟，过滤后于550℃灼烧16小时，用（0.255±0.005)摩尔/升硫酸浸泡且煮沸30分钟，过滤，用少量硫酸溶液洗1次，再用纯净水洗净，烘干后于550℃灼烧2小时，其空白试验结果为每克石棉含粗纤维值小于1毫克。

④ 95%乙醇（GB 679—80）：化学纯。

⑤ 乙醚（HG 3-1002—76）：化学纯。

⑥ 正辛醇：分析纯，防泡剂。

5. 试样的选取和制备

取具有代表性试样，粉碎至40目，用四分法缩减至200克，放入密封容器，防止试样成分变质和变化。

6. 测定步骤

称取1～2克试样，准确至0.0002克，用乙醚脱脂（含脂肪量小于1%可不脱脂；含脂肪量1%～10%不是必须脱脂，但建议脱脂；含脂肪量10%以上必须脱脂，或用测定脂肪含量后的试样残渣），放入消煮器，加浓度准确为0.255摩尔/升的且已煮沸的硫酸溶液200毫升和1滴正辛醇，立即加热，应使其在2分钟内沸腾，且连续微沸腾30分钟左右，注意保持硫酸浓度不变，试样不应离开溶液粘到瓶壁上（可补加沸蒸馏水）。随后过滤，用沸蒸馏水洗至不含酸，取下不溶物，放入原容器中，加浓度准确且已沸腾的氢氧化钠溶液200毫升，同样准确微沸30分钟。立即在铺有石棉的古氏坩埚（铺两层玻璃纤维有利于过滤）上抽滤，先用硫酸溶液25毫升洗涤，再用沸蒸馏水洗至洗液为中性。用乙醇15毫升洗残渣，再将古式坩埚和残渣放入烘箱，于130℃±2℃下烘2小时，在干燥器中冷却至室温，称重。再于550℃±25℃的高温炉中灼烧30分钟，于干燥器中冷却至室温后称重。

7. 测定结果的计算

（1）计算公式

$$粗纤维=(W_1-W_2)/W\times 100\%$$

式中，W_1为130℃烘干后坩埚及试样残渣质量，克；W_2为550℃灼烧后坩埚及试样残灰质量，克；W为试样（未脱脂时）质量，克。

（2）重复性　每个试样应取两平行样进行测定，以其算术平均值为结果。粗纤维含量在10%以下，允许相对偏差（绝对值）为0.4%。粗纤维含量在10%以上，允许相对偏差为4%。

五、饲料中粗灰分的测定方法

1. 适用范围

本方法适用于各种动物配合饲料和各种单一饲料中粗灰分的测定。

2. 原理

试样中的有机质经过550℃灼烧分解后所得灰分残渣，对所得的灰分称量。灰分用质量百分数表示。残渣中主要是氧化物、盐类等矿物质，也包括混入饲料中的砂石、土等，因而称为粗灰分。

3. 仪器与设备

① 实验室用样品粉碎机或研钵。

② 分样筛：孔径0.45毫米（40目）。

③ 高温炉：电加热，可控制温度，带温度计。高温炉中摆放煅烧盘的地方，在550℃时温差不超过20℃。

④ 分析天平：感量为0.001克。

⑤ 坩埚：瓷质，容积30毫升。

⑥ 干燥箱：温度控制在（103±2）℃。

⑦ 干燥器：盛有效的干燥剂。

4. 试样的选取和制备

取有代表性的试样，粉碎至40目，多次用四分法逐步将试样缩至200克，装于密封容器，防止试样的成分变化和变质。

5. 测定步骤

① 将干净的坩埚放入高温炉，在550℃±20℃条件下灼烧30分钟，取出，在空气中冷却1～2分钟，放入干燥器冷却30分钟，称重。再重复灼烧，冷却称重，直至2次重量之差小于0.0005克为恒重。

② 在已知恒重的坩埚中称取试样2～5克（灰分重0.05克以上），准确至0.0002克，在电炉上小心炭化，再放入高温炉，于550℃±20℃条件下灼烧3小时，取出，在空气中冷却大约1分钟，再放入干燥器中冷却30分钟，称重。再同样灼烧1小时，冷却称重，直至2次质量之差小于0.001克为恒重。

6. 分析结果的计算和表述

(1) 粗灰分含量（%）

$$粗灰分=(M_2-M_0)/(M_1-M_0)\times100\%$$

式中，M_0为恒质空坩埚质量，克；M_1为坩埚加试料的质量，克；M_2为灰化后坩埚加灰分的质量，克。

所得结果应表示至0.1%。

(2) 重复性　每个试样应取两平行样进行测定，以其算术平均值为结果。粗灰分含量在5%以上，允许相对偏差为1%；粗灰分含量在5以下，允许相对偏差为5%。

六、饲料中钙含量的测定方法（高锰酸钾滴定法）

1. 适用范围

本方法适用于配合饲料、浓缩饲料和单一饲料中钙的测定。

2. 测定原理

将试样中的有机物破坏，钙变成溶于水的钙离子，并与盐酸反应生成氯化钙，然后在溶液中加入草酸铵溶液，使钙成为草酸钙白色沉淀，然后用硫酸溶液溶解草酸钙，再用高锰酸钾标准溶液滴定游离的草酸根离子。根据高锰酸钾标准溶液的用量，可计算出试样中钙含量。

主要化学反应式如下。

$$CaCl_2+(NH_4)_2C_2O_4\longrightarrow CaC_2O_4\downarrow+2NH_4Cl$$

$$CaC_2O_4+H_2SO_4\longrightarrow CaSO_4+H_2C_2O_4$$

$$2KMnO_4+5H_2C_2O_4+3H_2SO_4\longrightarrow 10CO_2\uparrow+2MnSO_4+8H_2O+K_2SO_4$$

3. 仪器和设备

① 实验室用样品粉碎机或研钵。

② 分析筛：孔径 0.45 毫米（40 目）。

③ 分析天平：感量 0.0001 克。

④ 高温炉：电加热，可控制温度在（550±20)℃。

⑤ 坩埚：瓷质。

⑥ 容量瓶：100 毫升。

⑦ 滴定管：酸式，25 毫升或 50 毫升。

⑧ 玻璃漏斗：6 厘米直径。

⑨ 定量滤纸：中速，ϕ7～9 厘米。

⑩ 移液管：10 毫升，20 毫升。

⑪ 烧杯：200 毫升。

⑫ 凯氏烧瓶：250 毫升或 500 毫升。

4. 试剂及配制

① 盐酸（GB 622—77)：分析纯，配制成盐酸溶液，1∶3（体积比)。

② 硫酸（GB 625—77)：分析纯，配制成硫酸溶液，1∶3（体积比)。

③ 氨水（GB 631—77)：分析纯，配制成氨水溶液，1∶1（体积比)。

④ 草酸铵（HG 3-976—81)：分析纯，配制成草酸铵溶液，溶解 42 克分析纯草酸铵（HG 3-976）于水中，稀释至 1000 毫升。

⑤ 甲基红指示剂：0.1 克分析纯甲基红（HG 3-958）溶于 100

毫升的95%乙醇中。

⑥ 浓硝酸。

⑦ 氨水溶液：1∶50（体积比）。

⑧ 高锰酸钾标准溶液：$c(1/5KMnO_4)=0.05$ 摩尔/升。

a. 配制标准溶液：称取高锰酸钾（GB643）约1.6克溶于800毫升水中，煮沸10分钟，再用水稀释至1000毫升，冷却静置1～2天，用烧结玻璃滤器过滤，保存于棕色瓶中。

b. 标定：称取草酸钠（GB 1289—77 基准物，105℃干燥2小时，存于干燥器中）0.1克，准确至0.0002克，溶于50毫升蒸馏水中，再加硫酸溶液10毫升，将此溶液加热至75～85℃。用配制的高锰酸钾标准溶液滴定。溶液呈粉红色且1分钟不褪色为终点，滴定结束时，溶液温度在60℃以上。高锰酸钾标准溶液浓度计算公式如下。

$$N=\frac{W}{V\times\frac{134.0}{2}}\times1000=\frac{W}{V\times0.0670}$$

式中，W 为草酸钠质量，克；V 为滴定时消耗高锰酸钾溶液体积，毫升；$\frac{134.0}{2}$为草酸钠相对分子质量的二分之一。

5. 试样的选取和制备

取具有代表性试样，用多次四分法缩减至200克，粉碎至40目，装入密封容器中，防止试样成分的变化或变质。

6. 测定步骤

(1) 试样分解

① 干法：称取试样2～5克于坩埚中，准确至0.0002克，在电炉上低温炭化至无烟为止。再将其放入高温炉，于(550±20)℃下灼烧3小时（或测定粗灰分后继续进行）。在盛有灰分的坩埚中加入1∶3盐酸溶液10毫升和浓硝酸数滴，小心煮沸。将此溶液转入100毫升容量瓶中，并以热蒸馏水洗涤坩埚及漏斗中滤

纸，冷却至室温后，用蒸馏水稀释至刻度定容，摇匀，为试样分解液。

② 湿法（用于无机物或液体饲料）：称取试样 2～5 克于凯氏烧瓶中，准确至 0.0002 克。加入硝酸（GB 626，化学纯）30 毫升，加热煮沸，至二氧化氮黄烟逸尽，冷却后加入 70%～72%高氯酸（GB 623，分析纯）10 毫升，小心煮沸至溶液无色，不得蒸干（危险!）。冷却后加蒸馏水 50 毫升，并煮沸驱逐二氧化氮，冷却后转入 100 毫升容量瓶中，用蒸馏水稀释定容至刻度，摇匀，为试样分解液。

（2）试样的测定

① 草酸钙的沉淀及其洗涤：用移液管准确吸取试样分解液 10～20 毫升（含钙量为 20 毫克左右）于烧杯中，加入蒸馏水 100 毫升、甲基红指示剂 2 滴，滴加 1∶1 氨水溶液至溶液由红变橙黄色，再滴加 1∶3 盐酸溶液至溶液又呈红色（pH 2.5～3.0）为止。小心煮沸，慢慢滴加草酸铵溶液 10 毫升，且不断搅拌。若溶液由红变橙色，应补滴 1∶3 盐酸溶液至红色，煮沸数分钟后，放置过夜使沉淀陈化（或在水浴上加热 2 小时）。

用滤纸过滤。用 1∶50 的氨水溶液洗沉淀 6～8 次，至无草酸根离子为止（用试管接取滤液 2～3 毫升，加 1∶3 硫酸溶液数滴，加热至 80℃，再加高锰酸钾溶液 1 滴，溶液呈微红色，且 30 秒不褪色）。

② 沉淀的溶解与滴定：将沉淀和滤纸转移入原烧杯中，加 1∶3 硫酸溶液 10 毫升、蒸馏水 50 毫升，加热至 75～85℃，立即用 0.05 摩尔/升高锰酸钾标准溶液滴定至溶液呈微红色，且 30 秒不褪色为止。

③ 空白：在干净烧杯中加滤纸 1 张，1∶3 硫酸溶液 10 毫升，蒸馏水 50 毫升，加热至 75～85℃后，用高锰酸钾标准溶液滴至微红色且 30 秒不褪色即可。

7. 测定结果的计算

（1）试样中钙的质量分数

$$w_{Ca}=\frac{(V-V_0)\times N\times \frac{40}{2}}{W\times \frac{V'}{100}}\times\frac{100}{1000}=\frac{(V-V_0)\times N\times 200}{W\times V'}\times 100\%$$

式中，W 为试样质量，克；V 为 0.05 摩尔/升高锰酸钾标准溶液滴定用体积，毫升；V_0 为测定空白时高锰酸钾标准溶液滴定用体积，毫升；N 为高锰酸钾标准溶液浓度；V' 为滴定时移取试样分解液体积，毫升；$\frac{40}{2}$ 为钙的相对分子质量的二分之一。

(2) 重复性　每个试样应取两个平行样进行测定，以其算术平均值为分析结果。

钙含量在 5%以上，允许相对偏差 3%；钙含量在 5%～1%时，允许相对偏差 5%；钙含量在 1%以下，允许相对偏差 10%。

8. 注意事项

① 高锰酸钾溶液浓度不稳定，至少每月需要标定 1 次。

② 每种滤纸空白值不同，消耗高锰酸钾标准溶液的用量不同，至少每盒滤纸做 1 次空白测定。

③ 洗涤草酸钙沉淀时，必须沿滤纸边缘向下洗，使沉淀集中于滤纸中心，以免损失。每次洗涤过滤时，都必须等上次洗涤液完全滤净后再加，每次洗涤不得超过漏斗体积的 2/3。

七、饲料中总磷的测定方法（钼黄比色法）

1. 适用范围

本方法适用于配合饲料、浓缩饲料、预混合饲料和单一饲料中总磷量的测定。

2. 测定原理

先将试样中有机物破坏，使磷游离出来，在酸性溶液中，用钒钼酸铵处理，生成黄色的 $(NH_4)_3PO_4\cdot NH_4VO_3\cdot 16MoO_3$（磷-钒-钼酸复合体），在波长 420 纳米下进行比色测定。

此法测得结果为总含磷量，其中包括动物难以吸收利用的植酸磷。

3. 仪器和设备

① 实验室用样品粉碎机或研钵。

② 分析筛：孔径 0.45 毫米（40 目）。

③ 分析天平：感量 0.0001 克。

④ 分光光度计：10 毫米比色池，并可在 420 纳米下用 10 毫米比色池进行比色测定吸光度。

⑤ 高温炉：电加热，可控制炉温度在（550±20）℃。

⑥ 坩埚：瓷质。

⑦ 容量瓶：100 毫升和 1000 毫升。

⑧ 具塞比色管或容量瓶：50 毫升。

⑨ 刻度移液管：1.0 毫升，2.0 毫升，3.0 毫升，5.0 毫升，10 毫升。

⑩ 凯氏烧瓶：250 毫升或 500 毫升。

⑪ 可调温电炉：1000 瓦。

4. 试剂及配制

① 盐酸（GB 622）：化学纯，溶液。1∶1（体积比）水溶液。

② 浓硝酸（GB 626）：化学纯。

③ 钒钼酸铵显色试剂：称取偏钒酸铵（HG 3-941—76，分析纯）1.25 克，加硝酸 250 毫升。

另称取钼酸铵（GB 657，分析纯）25 克，加蒸馏水 400 毫升将其溶解成水溶液，在冷却条件下将此溶液倒入上述溶液，且加蒸馏水调至 1000 毫升，避光保存。如生成沉淀则不能继续使用。

④ 磷标准溶液：将磷酸二氢钾（GB 1274，分析纯）在 105℃干燥 1 小时，在干燥器中冷却后称 0.2195 克，溶解于蒸馏水中，定量转入 1000 毫升容量瓶中，加硝酸 3 毫升，用蒸馏水稀释到刻度，摇匀，即成为 50 微克/毫升的磷标准溶液。

5. 试样的选取和制备

取有代表性试样，用粉碎机粉碎至 40 目，多次用四分法逐步缩减至 200 克，装入密封容器中保存待用，防止试样成分的变化或变质。

6. 测定步骤

(1) 试样的分解

① 干法：称取试样2～5克于坩埚中（准确至0.0002克），在电炉上低温炭化至无烟为止，再将其放入高温炉于(550±20)℃条件下灼烧3小时（或测灰分后继续进行），取出冷却，在盛灰坩埚中加入1∶1盐酸溶液10毫升和浓硝酸数滴，小心煮沸约10分钟。将此溶液转入100毫升容量瓶中，并用蒸馏水洗涤坩埚及漏斗中滤纸，冷却至室温后，用蒸馏水稀释至刻度定容，摇匀，为试样分解液。

② 湿法（用于无机物或液体饲料）：称取试样2～5克于凯氏烧瓶中（准确至0.0002克）。加入硝酸（GB 626，化学纯）30毫升，小心加热煮沸，至二氧化氮黄烟逸尽，冷却后加入70%～72%高氯酸（GB 623，分析纯）10毫升，继续加热煮沸至溶液无色，不得蒸干（危险!）。冷却后加蒸馏水50毫升，并煮沸驱逐二氧化氮，冷却后转入100毫升容量瓶中，用蒸馏水定容至刻度，摇匀，为试样分解液。

(2) 标准曲线的绘制　准确移取磷标准溶液（50微克/毫升）0、1.0毫升、2.0毫升、4.0毫升、5.0毫升、6.0毫升、7.0毫升、8.0毫升、9.0毫升、10.0毫升、12.0毫升、15.0毫升于50毫升容量瓶中，各加入钒钼酸铵显色试剂10毫升。用蒸馏水稀释至刻度，摇匀，放置10分钟以上。以0毫升溶液为参比，用10毫米比色池，在420纳米波长下，用分光光度计测定各溶液的吸光度。以磷含量为横坐标、吸光度为纵坐标绘制标准曲线。

(3) 试样的测定　准确移取试样分解液1～10毫升（含磷量50～750微克）于50毫升容量瓶中，加入钒钼酸铵显色试剂10毫升，按“标准曲线的绘制”的方法显色和比色测定，以空白为参比，测得试样分解液的吸光度。用标准曲线查得试样分解液的磷含量。

7. 测定结果计算

（1）样品中总磷质量分数

$$w_{\mathrm{P}}=\frac{X}{W\times\frac{V}{100}}\times\frac{100}{10^6}=\frac{X}{W\times V\times 100}$$

式中，W 为试样质量，克；V 为比色测定时所移取试样分解液的体积，毫升；X 为由标准曲线查得试样分解液含磷量，微克。

所得结果应精确到两位小数。

（2）重复性　每个试样称取两个平行样进行测定，以其算术平均值为结果。

含磷量在 0.5%以上（含 0.5%），允许相对偏差 3%；含磷量在 0.5%以下，允许相对偏差 10%。

8. 注意事项

① 比色时，待测液磷含量不宜过浓，最好控制在 1 毫升含磷 0.5 毫克以下。

② 待测液在加入试液后应静置 10 分钟，再进行比色，但不能静置过久。

八、真蛋白质的测定方法

1. 适用范围

本方法适用于各种配合饲料和混合饲料。

2. 测定原理

蛋白质能够变成不溶于水的状态而与植物中其他氮的化合物分离开来。甚至简单的加热也能使一些蛋白质沉淀。当加入沉淀剂（如硫酸铜）时，则蛋白质沉淀作用进行得更完全、更迅速。按测定粗蛋白质的方法测定沉淀物中的氮含量，再乘以 6.25 即为样品中的真蛋白质含量。

3. 仪器和设备

① 测定粗蛋白质的全部仪器设备。

② 烧杯：200 毫升，250 毫升。

③ 水浴锅：室温到100℃。

④ 电热式恒温烘箱：可控温度50～60℃。

4. 溶液和试剂

① 测定粗蛋白质的全部试剂和溶液。

② 10%硫酸铜（$CuSO_4 \cdot 5H_2O$）溶液。

③ 25%氢氧化钠（NaOH）溶液。

④ 10%氯化钡（$BaCl_2$）溶液。

5. 试样制备

与测定粗蛋白质的试样制备完全相同。

6. 测定步骤

① 真蛋白质沉淀：称取1～2克试样倒入200～500毫升烧杯中，加50毫升蒸馏水并加热至沸腾。如试样含有许多淀粉，则在40～50℃水浴中加热10分钟。然后加入20毫升硫酸铜溶液，再加入20毫升氢氧化钠溶液，充分摇匀混合并放置1小时以上。至沉淀沉淀后，用滤纸过滤，并用热蒸馏水冲洗沉淀数次，将沉淀无损地移入滤纸中并以热水洗净，直至洗涤液中加入氯化钡溶液不发生硫酸钡白色沉淀为止。

② 将沉淀与带滤纸的漏斗一同进行干燥（50～60℃，1～2小时）。然后将带沉淀的滤纸卷成细筒或球状，无损地移至凯氏烧瓶中。

③ 按测定粗蛋白质的方法进行消煮、蒸馏、滴定。

④ 空白测定：除不称取试样外，其余均同上述操作。

7. 结果计算

与粗蛋白质结果计算方法相同。

九、无氮浸出物的测定方法

无氮浸出物主要是糖类物质，因其成分复杂，通常情况下不测定，是从100%中减去水分、粗蛋白质、粗脂肪、粗纤维、粗灰分后余下的成分。

无氮浸出物＝100％－(水分＋粗蛋白质＋粗脂肪＋粗灰分＋粗纤维)

十、饲料中砂分的测定

1. 原理

样品经灰化后，再以酸处理，酸不溶性炽灼残渣为砂分。

2. 试剂

15％盐酸，以分析纯盐酸（浓度 36％～38％）配制。

3. 设备

马弗炉、高温炉、干燥器、分析天平。

4. 测定步骤

将预先用稀盐酸煮过 1～2 小时并洗净的 50 毫升坩埚在 550～600℃高温炉中加热 30 分钟，取出，在空气中冷却 1 分钟，放入干燥器中冷却 30 分钟，后取出称重，精确至 0.001 克。

称取 5.000 克试样，精确至 0.001 克，先在电炉上逐渐加热，使试样充分炭化，而后将坩埚移入高温炉中，550～600℃条件下灼烧 4 小时，至颜色变白。如仍有灰粒，在高温炉中继续加热 1 小时，如仍有可疑黑点存在，则放冷后用水湿润，在烘箱中烘干，然后再转入高温炉中至灰化完全。取出，冷却。用 15％盐酸 50 毫升，移至 250 毫升的烧杯中，然后用约 50 毫升蒸馏水充分冲洗坩埚，洗液并入烧杯，小心加热煮沸 30 分钟。用无灰滤纸趁热过滤，并用热蒸馏水洗净至流下洗液不呈酸性为止。而后将滤纸和残渣一起移入原坩埚中，先在烘箱中烘干，再移入 550～600℃高温炉中灼烧 30 分钟，取出在空气中冷却 1 分钟，再在干燥器中冷却 30 分钟，后精确称重，精准至 0.001 克。

5. 结果计算

按下列公式计算砂分的含量。

$$砂分=\frac{(m_2-m_0)}{(m_1-m_0)}\times100\%$$

式中，m_0为坩埚质量，克；m_1为坩埚加试样质量，克；m_2为烧灼后坩埚加试样质量，克。

十一、盐分的测定

1. 适用范围

本方法适用于各种配合饲料、单一饲料。检测范围氯元素含量为6～60毫克。

2. 原理

使试样中存在的氯化物溶于水，若样品含有有机物质，则需进行澄清和过滤，氯化物形成氯化银沉淀，除去沉淀后，用硫氰酸铵回滴过量的硝酸银，根据消耗的硫氰酸铵的量，计算出样品中氯化物的含量。

3. 试剂与溶液

本方法所使用试剂除特殊规定外均为分析纯。水为蒸馏水。

① 硝酸。

② 正已烷。

③ 硫酸铁（60克/升）溶液。称取硫酸铁[$Fe_2(SO_4)_3 \cdot xH_2O$] 60克，加水微热溶解后，再加水至1000毫升定容。

④ 硫酸铁指示剂。250克/升的硫酸铁水溶液，过滤除去不溶物，与等体积的浓硝酸混合均匀。

⑤ 氨水溶液。1+19水溶液。

⑥ 硫氰酸铵（NH_4CNS，0.02摩尔/升）溶液。称取硫氰酸铵1.52克，溶于1000毫升水中。

⑦ 氯化钠标准储备溶液。基准级氯化钠，于500℃灼烧1小时，干燥器中冷却保存。称取5.8454克溶解于水中，转入1000毫升容量瓶中，用水稀释至刻度摇匀。此氯化钠标准储备液的浓度为0.1摩尔/升。

⑧ 氯化钠标准工作溶液。准确吸取氯化钠标准储备溶液20毫升于1000毫升容量瓶。用水稀释至刻度，摇匀。此氯化钠标准溶液的浓度为0.02摩尔/升。

⑨ 硝酸银标准溶液（$AgNO_3$，0.02摩尔/升）。称取3.4克硝

酸银溶于 1000 毫升水中，储存于棕色瓶中。

a. 体积比：吸取硝酸银溶液 20 毫升，加硝酸 4 毫升、指示剂 2 毫升，在剧烈摇动下用硫氰酸铵溶液滴定，滴至终点为持久淡红色。由以下公式计算两溶液的体积比（F）。

$$F=\frac{20}{V_2}$$

式中，F 为硝酸银与硫氰酸铵溶液的体积比；20 为硝酸银溶液的体积，毫升；V_2为硫氰酸铵溶液的体积，毫升。

b. 标定：准确移取氯化钠标准溶液 10 毫升于 100 毫升容量瓶中，加硝酸 4 毫升、硝酸银标准溶液 25 毫升，振荡使沉淀凝结，用水稀释至刻度，摇匀，静置 5 分钟，干过滤入干三角瓶中。吸取溶液 50 毫升，加硫酸铁指示剂 2 毫升，用硫氰酸铵溶液滴定出现淡红棕色，且 20 秒不褪色即为终点。硝酸银标准溶液浓度（c）计算公式为

$$c=\frac{m\times\frac{20}{1000}\times\frac{10}{100}}{0.05845\times\left(V_1-FV_2\times\frac{100}{50}\right)}$$

式中，c 为硝酸银标准溶液浓度，摩尔/升；m 为氯化钠质量，克；V_1为硝酸银标准溶液体积，毫升；V_2为硫氰酸铵溶液体积，毫升；F 为硝酸银与硫氰酸铵溶液的体积比；0.05845 为与 1 毫升硝酸银标准溶液（摩尔/升）相当的以克表示的氯化钠质量。

所得结果应表示至四位小数。

4. 仪器设备

① 粉碎机或研钵。实验室用样品粉碎机或研钵。

② 分样筛：孔径 0.45 毫米（40 目）。

③ 分析天平：分度值 0.1 毫克。

④ 刻度移液管：10 毫升，2 毫升。

⑤ 移液管：50 毫升，25 毫升。

⑥ 酸式滴定管：25 毫升。

⑦ 容量瓶：100 毫升，1000 毫升。

⑧ 烧杯：250 毫升。

⑨ 滤纸：快速，直径 15 厘米。

5. 样品的选取与制备

选取有代表性的样品，粉碎至 40 目，用四分法逐步缩减至 200 克，密封保存，以防止样品组分的变化和变质。

6. 测定步骤

(1) 氯化物的提取　称取样品质量（氯含量在 0.8%以内，称取样品 5 克左右；氯含量在 0.8%～1.6%，称取样品 3 克左右；氯含量在 1.6%以上，称取样品 1 克左右），准确至 0.0002 克，准确加入硫酸铁溶液 50 毫升、氨水溶液 100 毫升，搅拌数分钟，放置 10 分钟，用干的快速滤纸过滤。

(2) 滴定　准确吸取滤液 50 毫升于 100 毫升容量瓶中，加浓硝酸 10 毫升、硝酸银标准溶液 25 毫升，用力振荡使沉淀凝结，用水稀释至刻度，摇匀静置 5 分钟，干过滤入 150 毫升瓶中静置（或过夜）沉化，吸取滤液 50 毫升，加硫酸铁指示剂 10 毫升，用硫氰酸铵溶液滴定，出现淡红色，且 30 秒不褪色即为终点。

7. 结果计算

(1) 计算　盐分含量用氯元素的百分含量来表示，计算公式为

$$w_{\mathrm{Cl}}=\frac{(V_1-V_2F\times100/50)c\times150\times0.0355}{m\times50}\times100\%\text{或}$$

$$w_{\mathrm{NaCl}}=\frac{(V_1-V_2F\times100/50)c\times150\times0.05845}{m\times50}\times100\%$$

式中，m 为样品质量，克；V_1 为硝酸银溶液体积，毫升；V_2 为滴定消耗的硫氰酸铵溶液体积，毫升；F 为硝酸银与硫氰酸铵溶液体积比；c 为硝酸银溶液的浓度，摩尔/升；0.0355 为与 1.00 毫升硝酸银标准溶液[$c(AgNO_3)$=1.000 摩尔/升]相当的以克表示的氯元素的质量；0.05845 为与 1.00 毫升硝酸银标准溶液[$c(AgNO_3)$=1.000 摩尔/升]相当的以克表示的氯化钠的质量。

(2) 允许误差　每个样品应取 2 份平行样进行测定，以其算术平均值为分析结果。氯含量在 3%以下时，允许相对偏差 0.05%；

氯含量在3%以上，允许相对偏差5%。

十二、脂肪酸的测定

1. 原理

将油脂中混合脂肪酸进行皂化、甲酯化，用石油醚或正己烷提取后，进行气相色谱的脂肪酸分析测定。

气相色谱法是在色谱柱内壁涂有一层不易挥发的高沸点有机化合物的液薄膜作为固定相，流动相是气体，载气。当样品由载气运过柱子时，其组分与固定相相互作用。当各组分与固定相的作用程度不同时就会发生分离。相互作用最小的先分离出来，相互作用最大的后分离出来。

2. 试剂与器材

① 1摩尔/升 KOH-甲醇溶液：取氢氧化钾56克，用甲醇溶解，定容至1000毫升。

② 1摩尔/升 HCl-甲醇溶液：甲醇溶液500毫升，称重。将分析纯盐酸溶液滴加到氯化钙中产生氯化氢，通入500毫升甲醇溶液中，一定时间后再称重，直到原甲醇溶液增加了36.5克即可。

③ 纯正己烷或石油醚。

④ 冷冻干燥机。

⑤ 恒温水浴锅。

⑥ 气相色谱仪 HP6890。

⑦ 氢火焰离子化检测器。

⑧ 007-CW色谱柱。

柱温（程序升温）：150℃（1分钟）经15℃/分钟升到200℃，再经2℃/分钟升到250℃。

汽化室温度为250℃，检测器温度为250℃。氮气压力4千克力/厘米^2，氢气压力2～3千克力/厘米^2，空气压力4千克力/厘米^2。

3. 实验操作

(1) 样品处理　将适量样品进行冷冻干燥，在研钵中充分磨细。也可以取鲜样直接匀浆。

（2）样品测定　称取干燥样品 50 毫克左右（根据脂肪含量而定），于带螺盖 10 毫升刻度试管中，加 1 摩尔/升 KOH-甲醇溶液 4 毫升，旋紧管盖，在 75～80℃水浴中保温 15 分钟，取出，待冷却后加 1 摩尔/升 HCl-甲醇溶液 5 毫升，继续在 75～80℃水浴中保温 15 分钟，取出，冷却后加正己烷 1 毫升充分振荡萃取 1 分钟。静置分层（需要时稍加水有利于分层），使脂肪酸甲酯转入正己烷层。用微量进样器取上清液 1 微升，上机进样，进行气相色谱分析。

4. 数据处理

（1）定性分析（峰的识别）　比较未知峰与同样条件下测得的脂肪酸标样的保留时间，对脂肪酸进行定性分析。

（2）定量分析　组分的含量与峰面积成正比，根据面积归一法求出脂肪酸的含量。

十三、油脂酸价的测定方法

1. 适用范围

本法适用于商品植物油油脂酸价的测定。

2. 实验原理

油脂暴露于空气中一段时间后，在脂肪水解酶或微生物繁殖所产生的酶的作用下，部分甘油酯会分解产生游离的脂肪酸，使油脂变质酸败。通过测定油脂中游离脂肪酸含量来反映油脂新鲜程度。游离脂肪酸的含量可以用中和 1 克油脂所需的氢氧化钾质量（毫克），即酸价来表示。通过测定酸价的高低来检验油脂的质量。

3. 设备仪器和试剂

① 碱式滴定管（25 毫升）。

② 锥形瓶（150 毫升）。

③ 量筒（50 毫升）、称量瓶等。

④ 天平（感量 0.001 克）。

⑤ 氢氧化钾标准溶液：$c(KOH)=0.1$ 摩尔/升。

⑥ 中性乙醚-乙醇（2∶1）混合溶剂：临用前用 0.1 摩尔/升碱液滴定至中性。

⑦ 指示剂：1%酚酞乙醇溶液。

4. 测定步骤

称取均匀试样 3～5 克（M）注入锥形瓶中，加入中性乙醚-乙醇混合溶液 50 毫升，摇动使试样溶解，再加 2～3 滴酚酞指示剂，用 0.1 摩尔/升碱液滴定至出现微红色在 30 秒不消失，记下消耗的碱液体积（V）。

5. 计算

油脂酸价 X（毫克 KOH/克油）按下式计算。

$$X = (V \times c \times 56.1)/M$$

式中，V 为滴定消耗氢氧化钾溶液体积，毫升；c 为氢氧化钾溶液浓度，摩尔/升；56.1 为氢氧化钾的相对分子质量；M 为试样质量，克。

两次测定结果允许差不超过 0.2 毫克 KOH/克油，求其平均数，即为测定结果，测定结果取小数点后第一位。

注意：测定深色油的酸价，可减少试样用量，或适当增加混合溶剂的用量，以酚酞为指示剂，终点变色明显；测定蓖麻油的酸价时，只用中性乙醇，不用混合溶剂。

附 录

附录 1

无公害食品 渔用配合饲料安全限量

渔用配合饲料的安全指标限量应符合附表 1-1 的规定。

附表 1-1 渔用配合饲料的安全指标限量

项目	限量	适用范围
铅(以 Pb 计)/(毫克/千克)	≤5.0	各类渔用饲料
汞(以 Hg 计)/(毫克/千克)	≤0.5	各类渔用饲料
无机砷(以 As 计)/(毫克/千克)	≤3	各类渔用饲料
镉(以 Cd 计)/(毫克/千克)	≤3	虾类配合饲料
	≤0.5	其他渔用配合饲料
铬(以 Cr 计)/(毫克/千克)	≤10	各类渔用饲料
氟(以 F 计)/(毫克/千克)	≤350	各类渔用饲料
游离棉酚/(毫克/千克)	≤150	冷水性鱼类、海水鱼类配合饲料
	≤50	各类渔用饲料
氰化物/(毫克/千克)	≤50	各类渔用饲料
多氯联苯/(毫克/千克)	≤0.3	各类渔用饲料
异硫氰酸酯/(毫克/千克)	≤500	各类渔用饲料
噁烷硫酮/(毫克/千克)	≤500	各类渔用饲料

续表

项目	限量	适用范围
油脂酸价(KOH)/(毫克/千克)	≤2	渔用育苗配合饲料
	≤6	渔用育成饲料
	≤3	鳗鲡配合饲料
黄曲霉毒素 B_1/(毫克/千克)	≤0.01	各类渔用饲料
六六六/(毫克/千克)	≤0.3	各类渔用饲料
滴滴涕/(毫克/千克)	≤0.2	各类渔用饲料
沙门菌/(CFU/25 克)	不得检出	各类渔用饲料
霉菌(不含酵母菌)/(CFU/克)	≤3×10^4	各类渔用饲料

附录2

对虾饲料质量的简单判定方法

对虾饲料的质量标准，首先要看对虾的生长指标。简单实用的检验方法为，采用水泥池或玻璃钢槽观察对虾生长。具体操作如下。

在水泥池或玻璃钢槽中使用过滤海水养殖体长6～8厘米的对虾数十尾，水温控制在25～28℃，盐度控制在2.5%～3.2%，养殖30～40天，优质的对虾饲料系数在1.5以内。对虾旬生长速度，中国对虾应达到0.7厘米以上，斑节对虾、南美白对虾、日本对虾应达到1.0厘米以上。对虾甲壳光滑，手感较硬，脱壳正常。饲料颗粒大小均匀、水中稳定性2～3小时，水中软化时间30分钟。常规指标（粗蛋白质、粗脂肪、粗纤维、粗灰分、水分）符合要求。除常规指标外还应达到其他指标（详见附表2-1）。

附表2-1　对虾饲料除常规成分指标外应达到的其他指标

项目	标准	备注
粗脂肪	≥3%	其中鱼油≥2.0% (20∶5n3≥0.4%,22∶6n3≥0.4%)； 磷脂≥1.0%
钙	2.0%～3.5%	
磷	1.5%～2.5%	
铜	35毫克/千克	
钴	10毫克/千克	
硒	1.0毫克/千克	

续表

项目	标准	备注
有效维生素 C	0.05%～0.10%	LAPP-维生素 C≥4.0%;包膜维生素 C≥1.0%
肌醇	0.40%	
氯化胆碱	0.4%～0.6%	
胆固醇	0.30%	
维生素 E	0.05%	

附录3

掺假豆粕的鉴定

豆粕因其蛋白质含量高，通常都在40%以上，利用好等，是加工饲料时所用的最好的植物蛋白质饲料原料，一些不法分子为谋取暴利，将泥沙、沸石粉、玉米粒、玉米秸等物质与纯豆粕混合后，用机器压制成片，再碾碎制成外观上与未成熟豆粕非常相似的假豆粕，这种掺假豆粕由于经过特殊加工，外观与纯豆粕十分相近，只是结块偏多，豆香味很淡或无豆香味，如不经仔细鉴别，很容易上当，现将豆粕简易鉴别方法介绍如下。

1. 外观鉴别法

指人用感觉器官对饲料的外观形状、颗粒大小、颜色、气味、质地等指标进行鉴定，纯豆粕呈不规则碎片状，浅黄色到淡褐色，色泽一致，偶有少量结块，闻有豆粕固有豆香味，如果颜色金黄、颗粒均匀，有豆香气味的是好豆粕；反之，如果颜色灰暗，颗粒不均，有霉变气味的，不是好豆粕，而掺入了沸石粉、玉米等杂质。掺假豆粕颜色浅淡，色泽不一，结块多，剥开后用手指捻，可见白色粉末状物，闻之稍有豆香味，掺杂量大的则无豆香味，如果将假豆粕粉碎后，再与豆粕比较，色差更是显而易见，真品为浅黄褐色，在粉碎过程中，假豆粕粉尘大，装入玻璃容器中粉尘会黏附于瓶壁，而纯豆粕则无此现象。

2. 外包装鉴别法

颗粒细、容量大、价格廉，这是绝大多数掺杂物所共同的特点，饲料中掺杂了这类物质后，必定是包装体积小，而重量增加。

3. 水浸鉴别法

取需检验的豆粕25克放入盛有250毫升的玻璃杯中浸泡2～3

小时，然后用木棒轻轻搅动，若掺假可以看出分层，上层为豆粕（饼），下层为泥沙。

4. 显微镜检查法

取待检样品和纯豆粕样品各一份置于培养皿中，并使之分散均匀，分别放于显微镜下观察：纯豆粕外壳的表面光滑，有光泽，并有被针刺时的印迹；豆仁颗粒无光泽，不透明，呈奶油色；玉米粒皮层光滑，半透明，并带有似指甲纹路和条纹，这是玉米粒区别于豆仁的显著特点。另外玉米粒的颜色也比豆仁深，呈橘红色。

5. 碘酒鉴别法

取少许豆粕放在干净的瓷盘中，铺薄铺平，在其上面滴几滴碘酒，过 6 分钟，其中若有物质变成蓝黑色，说明可能掺有玉米、麸皮、稻壳等。

6. 容重测量鉴别法

任何饲料原料都有一定的容重，如果有掺杂物，容重就会发生改变，因此，测定其容重也是判断豆粕是否掺假的方法之一。具体方法是用四分法取样，然后将样品非常轻而仔细地放入 1000 毫升的量筒内，使之正好到 1000 毫升刻度处，用匙子调整好容积，然后将样品从量筒内倒出并称量，每一样品重复做 3 次，取其平均值为容重，一般纯大豆粕容重为 594.1～610.2 克/升，将测得的结果与之比较，如果超出较多，说明该豆粕掺假。

附录4

鱼粉掺假检验

一、化学方法

1. 鱼粉中掺尿素的测定

方法一：5克鱼粉加入2支试管中，其中1支加入少许黄豆粉，各加蒸馏水5毫升，振摇后置60～70℃水浴中放30分钟，取出后滴加6滴0.1%甲酚红指示剂，如果加黄豆粉的试管出现深紫红色，说明掺有尿素，无尿素呈黄色或棕黄色。

方法二：取鱼粉2克于烧杯中，加水20毫升，搅拌后放置几分钟后过滤，取样品滤液2毫升于白色蒸发皿中，加3滴0.1%甲酚红指示剂，再加6滴黄豆液（5克黄豆粉加水100毫升浸泡1小时，取其滤液），静置5分钟，若有尿素存在即呈深紫色且散开像蜘蛛网样。无尿素呈黄色。

2. 鱼粉中掺入植物性杂质的检验

取1～2克鱼粉于50毫升烧杯中，加入10毫升水加热5分钟，冷却，滴入2滴碘化钾溶液，观察颜色变化，如果溶液颜色立即变为蓝色表明试样中有淀粉存在。

另取鱼粉1克置于表面皿中，用间苯三酚溶液浸湿，放置5～10分钟，滴加浓盐酸2～3滴，观察颜色，如果试样呈深红色，则表明试样中含有木质素。

3. 鱼粉中掺入铵盐的检验

取鱼粉试样1～2克于试管中，加10毫升水振摇2分钟，静置20分钟，取上清液2毫升到蒸发皿中，加入1摩尔/升氢氧化钠溶液1毫升置水浴上蒸干，再加水数滴和生豆粉约10毫克，静置2～

3 分钟，加奈斯勒试剂 2 滴。如试样有黄褐色沉淀产生则表明有尿素存在。

鱼粉中掺有铵态氮物质的检验方法：取鱼粉 1～2 克，加水 10 毫升，振摇 2 分钟，静置 20 分钟，取上清液 2 毫升加 1 摩尔/升氢氧化钠 1 毫升，加奈斯勒试剂 2 滴。如试样有黄褐色沉淀表明有 NH_4^+ 存在。

4. 鱼粉中掺入鞣革粉的检验

取鱼粉试样 1～3 克于坩埚中置于电炉上炭化到烟散尽，于 550～660℃高温炉中灰化 30 分钟，直到全变为灰白色，加入 2 摩尔/升硫酸溶液 10 毫升搅拌，加二苯基卡巴腙溶液数滴，观察颜色变化，如呈紫红色表明鱼粉中掺有鞣革粉。

二、物理方法

1. 感官检查法

根据鱼粉成分的形状、结构、颜色、质地、光泽度、透明度、颗粒度等特征来检查。

(1) 标准鱼粉一般为颗粒大小均匀一致、稍显油腻的粉状物，可见到大量疏松呈粉末的鱼肌纤维及少量的骨刺、鱼鳞、鱼眼等物；颜色均一，呈浅黄、黄棕或黄褐色；手握有疏松感，不结块，不发黏，不成团；有浓郁的烤鱼味，略有鱼腥味。

(2) 鱼粉色泽随鱼种而异，一般鱼粉呈淡黄色或淡褐色，沙丁鱼粉呈红褐色，白鱼粉为淡黄或灰白色。加热过度或含油脂高者，颜色加深。如果鱼粉色深偏黑红，外观失去光泽，闻之有焦煳味，为储藏不当引起自燃的烧焦鱼粉。如果鱼粉表面深褐色，有油臭味，是脂肪氧化的结果。如果鱼粉有氨臭味，可能是储藏中脂肪变性。如果色泽灰白或灰黄，腥味较浓，光泽不强，纤维状物较多，粗看似灰渣，易结块，粉状颗粒较细且多成小团，触摸易粉碎，不见或少见鱼肌纤维，则为掺假鱼粉，需要进一步检验。

2. 漂浮法

取少许样品放入洁净的玻璃杯子中，加入 10 倍体积的水，剧烈搅拌后静置。观察水面漂浮物和水底沉淀物，如果水面有羽毛碎片或植物性物质（稻壳粉、花生壳粉、麦麸等）或水底有沙石等矿物质，说明鱼粉中掺入该类物质。

3. 气味测试法

根据样品燃烧时产生的气味判别是否掺入植物性物质。真品燃烧时是毛发燃烧的气味，如果出现谷物干炒的芳香味，说明掺入植物性物质。

另外还可以根据气味辨别是否掺入尿素。取样品 20 克放入小烧瓶中，加 10 克生大豆粉和适量水，加塞后加热 15～20 分钟，去掉塞子后如果能闻到氨气味，说明掺入尿素。

4. 气泡鉴别法

取少量样品放入烧杯中，加入适量稀盐酸或白醋，如果出现大量气泡并发出吱吱声，说明掺有石粉、贝壳粉、蟹壳粉等物。

5. 显微镜检法

显微镜检法是最常用的一种方法，可以识别出大多数掺假物，但因为需要使用立体显微镜，故一般常用于大中型饲料企业或养殖场。使用显微镜检法需要熟悉一些常见掺假物的典型显微特征。谷壳粉中谷壳碎片外表面有纵横条纹；麦麸中麦片外表面有细皱纹，部分有麦毛；棉籽饼中棉籽壳碎片较厚，断面有褐色或白色的色带呈阶梯形，有些表面附有棉丝；菜籽饼中菜籽壳为红褐色或黑色，较薄，表面呈网状；贝壳粉颗粒方形或不规则，色灰白，不透明或半透明；花生壳有点状或条纹状突起，也有成锯齿状；碱处理的骨粒出现小孔。

附录 5

对虾体长体重对照表

（中国对虾 $W=0.012L^3$，斑节对虾 $W=0.0156L^{3.00967}$，W 为体重，L 为体长）

体长/厘米	体重/(克/尾)		体重/(千克/万尾)		体重/(尾/千克)	
	中国对虾	斑节对虾	中国对虾	斑节对虾	中国对虾	斑节对虾
1.0	0.012	0.0159	0.12	0.16	8.4 万	6.4 万
1.5	0.040	0.0529	0.40	0.53	2.6 万	1.9 万
2.0	0.096	0.1256	0.96	1.30	1.0 万	0.8 万
2.5	0.187	0.2459	1.87	2.46	0.6 万	0.4 万
3.0	0.324	0.4257	3.24	4.26	0.3 万	0.24 万
3.5	0.514	0.6770	5.14	6.77	0.2 万	0.15 万
4.0	0.768	1.0119	7.68	10.12	1300	988
4.5	1.093	1.4424	10.93	14.42	900	693
5.0	1.500	1.9806	15.00	19.80	660	505
5.5	1.996	2.6386	19.96	26.39	500	379
6.0	2.592	3.4285	25.92	34.28	384	292
6.5	3.295	4.3624	32.95	43.62	302	229
7.0	4.116	5.4524	41.16	54.52	242	183
7.5	5.092	6.7107	50.92	67.10	200	149
8.0	6.114	8.1494	61.14	81.50	162	122

续表

体长/厘米	体重/（克/尾）		体重/（千克/万尾）		体重/（尾/千克）	
	中国对虾	斑节对虾	中国对虾	斑节对虾	中国对虾	斑节对虾
8.5	7.369	9.5804	73.69	95.80	136	104
9.0	8.748	11.6279	87.48	116.28	110	86
9.5	10.28	13.6986	102.80	137.00	96	73
10.0	12.00	16.1290	120.00	161.13	82	62
10.5	13.89	18.5185	138.90	185.18	72	54
11.0	15.97	21.2766	159.70	212.77	62	47
11.5	18.25	24.3900	182.50	243.90	54	41
12.0	20.73	27.7778	207.30	277.78	48	36

•REFERENCES•

参考文献

[1] 麦康森．无公害渔用饲料配制技术［M］．北京：中国农业出版社，2002.

[2] 周嗣泉．鳖的营养与饲料［M］．北京：北京技术文献出版社，1999.

[3] 曹煜成，文国梁，李卓佳，等．南美白对虾高效养殖与疾病防治技术［M］．北京：化学工业出版社，2014.

[4] 李爱杰．水产动物营养与饲料科学［M］．北京：中国农业出版社，1994.

[5] 魏文志，钱刚仪，王秀英，等．淡水鱼健康高效养殖［M］．北京：金盾出版社，2009.

[6] 王克行．虾蟹类增养殖学［M］．北京：中国农业出版社，1997.

[7] 梁萌青，艾庆辉，刘峰．2012 年执业兽医资格考试应试指南［M］．北京：中国农业出版社，2012.

[8] 石文雷，陆茂英．鱼虾蟹高效益饲料配方［M］．北京：中国农业出版社，1998.

[9] 杨丛海，黄倢等．对虾无公害健康养殖技术［M］．北京：中国农业出版社，2002.

[10] 文国梁，李卓佳等．南美白对虾安全生产技术指南［M］．北京．中国农业出版社，2012.

[11] 苟中华．南美白对虾养殖的 3 种典型模式［J］．齐鲁渔业，2008，（7）：19-20.

[12] 黄文文，郑昌区，霍雅文等．凡纳滨对虾不同生长阶段的蛋白质需要量［J］．动物营养学报，2014，26（9）：2675-2686.

[13] 杨志强，曹俊明，朱选等．凡纳滨对虾对 7 种蛋白原料的蛋白质和氨基酸的消化率［J］．饲料工业，2010，30（2）：24-27.

[14] 唐晓亮，曹俊明，朱选等．7 种饲料原料蛋白质和氨基酸对凡纳滨对虾的影响［J］．饲料研究，2010，（2）：5-8.

[15] 钟爱华，李明云．凡纳滨对虾饲料添加剂的研究进展［J］．水产科学，2001，30（10）：649-652.

[16] 刘兴旺．凡纳滨对虾营养生理研究进展［J］．广东饲料，2001，20（9）：33-35.

[17] 周歧存，王用黎，黄文文等．凡纳滨对虾幼虾的缬氨酸需要量［J］．动物营养学报，2015，27（2）：459-468.

[18] 李广丽，朱春华，周歧存．不同蛋白质水平的饲料对南美白对虾生长的影响［J］．海洋科学，2001，25（4）：1-4.

[19] 李勇，夏苏东，于学权等．高密度养殖凡纳滨对虾的蛋白质生态营养需要量［J］．中国水产科学，2010，17（1）：78-87.

[20] 李 勇，王雷，蒋克勇等．水产动物营养的生态适宜与环保饲料［J］．海洋科学，2004，3：76-78.

[21] 郭冉，梁桂英，刘永坚等．糖和蛋白质水平对饲养于咸淡水中的凡纳滨对虾生长、体营养成分组成和消化率的影响［J］．水产学报，2007，31（3）：355-360.

[22] 孙燕军．南美白对虾营养需求的研究［J］．北京水产，2004，（1）：11-13.

[23] 杨奇慧，周歧存．凡纳滨对虾营养需要研究进展［J］．饲料研究，2005，（6）：50-53.

[24] 赵红霞，吴建开，周萌等．南美白对虾营养与饲料研究进展［J］．饲料研究，2006，（5）：46-51.

[25] 荣长宽，梁素秀，岳炳宜．中国对虾对 17 种饲料的蛋白质和氨基酸的消化率［J］．水产学报，1994，18（2）：131-137.

[26] 梁萌青，徐明起，朱伯清等．影响对虾生长的抗营养素研究［J］．饲料工业，1999，20（12）：39-41.

[27] 韩斌，周洪琪，华雪铭．凡纳滨对虾对玉米蛋白粉表观消化率的研究［J］．水产养殖，2009，30（4）：24-25.

[28] 周歧存，麦康森，刘永坚等．动植物蛋白源代替鱼粉研究进展［J］．水产学报，2005，29（3）：404-410.

[29] 刘福佳，杨俊江，迟淑艳等．低盐度条件下的凡纳滨对虾幼虾亮氨酸营养需求［J］．中国水产科学，2014，21（5）：963-972.

[30] 黄凯，王武，卢洁．南美白对虾幼虾饲料蛋白质的需要量［J］．中国水产科学，2003，10（4）：318-324.

[31] 王兴强，马甡，董双林．盐度和蛋白质水平对凡纳滨对虾存活、生长和能量转换的影响［J］．中国海洋大学学报，35（1）：33-37.

[32] 黄磊，詹勇，许梓荣．蟹类胆固醇需要量的最新研究［J］．饲料研究，2004，（11）：41-43.

[33] 黄凯，王武，孔丽芳等．低盐度水体南美白对虾对饲料中钙、磷的需求［J］．中国海洋大学学报：自然科学版，2004，（2）：209-216.

[34] 黄凯，王武，石祖秀等．低盐度水体中饲用磷酸二氢钙对南美白对虾生长的影响［J］．淡水渔业，2004，（6）：15-18.

[35] 王兴强，马甡，董双林等．饲料中添加氯化钠对凡纳滨对虾存活、生长和能量收

支的影响［J］. 海洋科学，2006，30（11）：64-68.
［36］李二超，曾嶒，禹娜等．两种盐度下凡纳滨对虾饲料中的最适动植物蛋白比［J］. 水产学报，2009，33（4）：650-657.
［37］黄磊，詹勇，许梓荣．虾蟹类胆固醇需要量的最新研究［J］. 饲料研究，2004，（11）：41-43.
［38］王文娟，杨俊江，迟淑艳等．低盐度环境下凡纳滨对虾营养需求研究进展［J］. 饲料博览，2012，（4）：51-53.
［39］魏凯，孙龙生，安振华等．虾类对晶体氨基酸或微囊氨基酸利用效果的研究进展［J］. 动物营养学报，2012，24（10）：1871-1877.
［40］刘艳妮，程开敏．对虾钙磷营养与生理研究进展［J］. 中国饲料，2006，（4）：31-33.
［41］唐媛媛，陈曦飞，艾春香等．凡纳滨对虾的维生素和矿物质营养需求研究进展［J］. 饲料工业，2012，33（12）：23-29.
［42］王文娟，迟淑艳，谭北平等．凡纳滨对虾对 13 种动物性饲料原料营养物质表观消化率的研究［J］. 动物营养学报，2012，24（12）：2402-2414.
［43］刘襄河．凡纳滨对虾对蛋白质饲料原料消化率的研究及饲料配方实践［D］. 厦门：集美大学，2011.
［44］刘襄河，孔江红，周晔等．南美白对虾对四种蛋白质原料的离体消化率和酶解动力学研究［J］. 饲料工业，2009，30（24）：27-30.
［45］熊益民．凡纳滨对虾适宜蛋能比研究及添加酪氨酸、脯氨酸对其的影响［D］. 广州：中山大学，2013.
［46］胡毅．凡纳滨对虾饲料配方优化及几种饲料添加剂的应用［D］. 青岛：中国海洋大学，2007.
［47］曾雯娉．凡纳滨对虾幼虾对赖氨酸、蛋氨酸、精氨酸和苯丙氨酸需要量的研究［D］. 湛江：广东海洋大学，2012.
［48］夏明宏．凡纳滨对虾幼虾对生物素、烟酸、叶酸和胆碱需要量的研究［D］. 宁波：宁波大学，2014.
［49］王用黎．凡纳滨对虾幼虾对苏氨酸、亮氨酸、色氨酸和缬氨酸需要量的研究［D］. 湛江：广东海洋大学，2013.
［50］叶建生，马甡，王兴强等．虾类营养免疫学研究进展［J］. 海洋湖沼通报，2007，（4）：167-176.
［51］杨奇慧．植物蛋白源与鱼粉组合对凡纳滨对虾（*LitoPenaeus vannamei* Boone）幼虾营养生理效应研究［D］. 雅安：四川农业大学，2010.
［52］杨奇慧，谭北平，周小秋等．植物蛋白质复合物替代凡纳滨对虾饲料中鱼粉的研究［J］. 动物营养学报，2014，26（6）：1486-1495.
［53］韦振娜．凡纳滨对虾（*Penaeus vannamei*）对植物蛋白源的利用研究［D］. 湛

江：广东海洋大学，2010.
[54] 陈义方．不同规格凡纳滨对虾对蛋白质和蛋氨酸需要量研究［D］．上海：上海海洋大学，2012.
[55] 张加润．斑节对虾饲料鱼粉替代研究及商品饲料环境安全性评价［D］．上海：上海海洋大学，2013.
[56] 李松青，林小涛，李卓佳等．摄食对凡纳滨对虾耗氧率和氮、磷排泄率的影响［J］．热带海洋学报，2006，25（2）：44-48.
[57] 刘立鹤，郑石轩，郑献昌．南美白对虾最适蛋白需要量及饲料蛋白水平对体组分的影响［J］．水利渔业，2003，23（2）：11-13.
[58] 王吉桥，徐锟．对虾对营养物质的需要量［J］．大连水产学院学报，2002，17（3）：196-208.
[59] 王彩理，刘丛力，滕瑜．南美白对虾的营养需求及饲料配制［J］．天津水产，2008，（3～4）：7-12.
[60] 黄凯，王武，卢洁．南美白对虾幼虾饲料蛋白质的需要量［J］．中国水产科学，2003，10（4）：318-324.
[61] 郭冉，梁桂英，刘永坚等．糖和蛋白质水平对饲养于咸淡水中的凡纳滨对虾生长、体营养成分组成和消化率的影响［J］．水产学报，2007，31（3）：355-360.
[62] 黄凯，王武，孔丽芳等．低盐度水体南美白对虾对饲料中钙、磷的需求［J］．中国海洋大学学报：自然科学版，2004，（2）：209-216.
[63] 郭志勋，陈毕生，徐力文等．饲料中铜的添加量对凡纳滨对虾生长、血液免疫因子及组织铜的影响［J］．中国水产科学，2003，10（6）：526-528.
[64] 郭志勋，陈毕生，徐力文等．蛋氨酸铜和硫酸铜在凡纳对虾饲料中的应用效果比较［J］．南方水产，2005，1（2）：56-60.
[65] 黄凯，王武，卢洁等．饲料中钙、磷和水体盐度对南美白对虾幼虾生长的影响［J］．海洋科学，2004，28（2）：21-26.
[66] 黄建华，马之明，周发林等．池塘养殖斑节对虾的生长特性［J］．海洋水产研究，2006，27（1）：14-20.
[67] 王平，李婷，李义军等．高位池精养斑节对虾（*Penaeus monodon*）的生长规律［J］．海南大学学报：自然科学版，2011，29（3）：264-269.
[68] 施永海，张根玉，刘建忠等．室内工厂化养殖斑节对虾的生长特性［J］．上海海洋大学学报，2009，18（6）：703-707.
[69] 盛鹏程，尹文林，姚嘉赟等．免疫增强剂在虾类养殖上的应用现状和研究进展［J］．农业灾害研究，2014，4（01）：31-35.

化学工业出版社同类优秀图书推荐

ISBN	书名	定价/元
26873	龟鳖营养需求与饲料配制技术	35
26429	河蟹营养需求与饲料配制技术	29.8
25846	冷水鱼营养需求与饲料配制技术	28
21171	小龙虾高效养殖与疾病防治技术	25
20094	龟鳖高效养殖与疾病防治技术	29.8
21490	淡水鱼高效养殖与疾病防治技术	29
20699	南美白对虾高效养殖与疾病防治技术	25
21172	鳜鱼高效养殖与疾病防治技术	25
20849	河蟹高效养殖与疾病防治技术	29.8
20398	泥鳅高效养殖与疾病防治技术	20
20149	黄鳝高效养殖与疾病防治技术	29.8
22152	黄鳝标准化生态养殖技术	29
22285	泥鳅标准化生态养殖技术	29
22144	小龙虾标准化生态养殖技术	29
22148	对虾标准化生态养殖技术	29
22186	河蟹标准化生态养殖技术	29
00216A	水产养殖致富宝典（套装共8册）	213.4
20397	水产食品加工技术	35
19047	水产生态养殖技术大全	30
18240	常见淡水鱼疾病看图防治	35
18389	观赏鱼疾病看图防治	35
18413	黄鳝泥鳅疾病看图防治	29